浙江省重点教材建设项目

高等职业教育园林园艺类专业规划教材

花卉设施栽培技术

主　编　张椿芳　　陈际伸
副主编　娄喜艳　　徐绒娣
参　编　何月秋　　刘常春
　　　　张少华　　施佳敏

U0255499

机械工业出版社

本书分为四大项目，系统介绍了花坛类花卉的生产、优质盆花的生产、鲜切花的周年生产、水生花卉的生产四大类花卉的栽培管理技术。本书内容是从一线生产流程、学习操作步骤要点、单元考核评价再到基础理论知识链接的一个完整的学习过程。本书表现形式一目了然、易于理解，可作为高职高专园艺技术及相关专业学习用书，同时也可作为园艺单位技术人员、园林绿化工考证及相关岗位培训参考用书。

本书配有电子课件，凡使用本书作为教材的教师可登录机械工业出版社教育服务网 www.cmpedu.com 下载。咨询邮箱：cmpgaozhi@ sina.com。咨询电话：010 - 88379375。

图书在版编目（CIP）数据

花卉设施栽培技术/张椿芳，陈际伸主编. —北京：机械工业出版社，2015.5
高等职业教育园林园艺类专业规划教材
ISBN 978-7-111-50130-5

Ⅰ.①花… Ⅱ.①张…②陈… Ⅲ.①花卉 - 观赏园艺 - 设施农业 - 高等职业教育 - 教材 Ⅳ.①S629

中国版本图书馆 CIP 数据核字（2015）第 092037 号

机械工业出版社（北京市百万庄大街 22 号 邮政编码 100037）
策划编辑：覃密道 责任编辑：覃密道 王靖辉 李俊慧
责任校对：王 欣 封面设计：马精明
责任印制：常天培
北京圣夫亚美印刷有限公司印刷
2018 年 8 月第 1 版第 1 次印刷
184mm×260mm·15 印张·367 千字
0001—1900 册
标准书号：ISBN 978-7-111- 50130-5
定价：39.00 元

前　言

本书是在教育部《关于全面提高高等职业教育教学质量的若干意见》（教高〔2006〕16号）的指导下，宁波城市职业技术学院展开了项目课程的建设，大力推行工学结合，积极与行业企业合作开发课程的基础上，根据技术领域和职业岗位（群）的任职要求，参照相关的职业资格标准，改革课程体系和教学内容编写而成的。本书作为园艺技术专业核心课程的教材，不仅需要适应当前职业技术教育的发展要求，而且应该结合生产实际，以培养高素质、复合型的高级专门技术人才。

在编写工作开展之前，编写人员收集了大量实际工作中经常用到的资料，结合自身实践经历，在编写模式上突破传统的学科体系，不再刻意追求理论的系统性和完整性，而更注重实用性和应用性，突出以市场（就业）为导向、以能力为本位的职业教育指导思想，变知识模块为能力模块，以每个完整的能力模块为一个独立的任务，完成一个任务即掌握了一种生产技术。在编写过程中，力求突出以工作中的具体项目和任务的完成为主线，突出花卉现代化设施栽培技术的特色，做到概念简要、图表实用，并收集了大量新的栽培技术。

本书由宁波城市职业技术学院张椿芳、陈际伸任主编。参加编写的人员还有商丘工学院娄喜艳、宁波植物园徐绒娣、宁波城市职业技术学院何月秋，浙江虹越花卉股份有限公司刘常春、张少华、施佳敏，由张椿芳统稿。

本书在编写过程中得到了浙江省教育厅、浙江省高职教育农林牧渔类专业教学指导委员会、宁波城市职业技术学院各级领导的大力支持，在此表示由衷的感谢。同时还得到了奉化市天竺园艺有限公司竺军、浙江虹越花卉股份有限公司严静的帮助，并为本书提供了大量来自生产第一线的资料和素材，在此表示衷心的感谢！同时参考了有关著作和资料，在此向有关作者表示由衷的感谢！

为方便学生更直观地了解花卉设施栽培各项技术，书中插入了二维码，读者可通过扫码软件扫描二维码，即可在手机、IPAD 等设备上读取相关视频。

由于编者水平有限，时间仓促，书中疏漏和不妥之处在所难免，恳请各位专家和同仁批评指正。

编　者

目　　录

项目 ① 花坛类花卉的生产

教学目标

1. 掌握经济型花圃建立的各项考虑因素包括选址、规模、规划以及所需的设施设备等。另外能够根据所种花卉的种类、习性以及生长阶段、气候变化等合理使用设施设备。

2. 掌握花坛花卉的穴盘育苗技术，并能根据花卉的习性、生长周期、上市需求等制订合理的生产计划。

3. 掌握穴盘苗的上营养钵技术以及在营养钵的养护措施。

工作任务

1. 花圃建立。
2. 穴盘育苗。
3. 上营养钵养护。

任务1 花圃建立

教学目标

＜知识目标＞

1. 掌握选址、规模控制、使用规划对花圃建立的影响作用。

2. 掌握设施中尤其是现代化温室内的各种加温保温、降温、通风、遮阳、补光等设备的规格、作用等。

3. 掌握必要生产工具的挑选常识以及使用后的清洁、储藏的重要性。

＜技能目标＞

1. 能综合考虑多种因素，建立一个经济、实用的花圃。

2. 能根据花卉种类、习性、生长阶段、气候条件合理使用生产设施设备。

3. 能根据生产需要合理选择恰当的工具并能安全、正确使用、操作工具以及对使用后的工具进行及时的清洁处理并正确储藏。

＜素质目标＞

1. 培养工作中安全、正确使用劳动工具的习惯，以确保自身安全和保护工具。

2. 培养爱惜工具，节约劳动成本，不浪费的工作习惯。

教学重点

1. 如何建立一个经济实用的花圃。

2. 如何正确使用生产性大棚、现代化温室里的各种设备，调节生长环境，给予花卉最适合的生长环境条件。

3. 如何根据需要正确选择、使用合适的工具并对使用后的工具进行恰当的清理、储藏。

教学难点

1. 建立经济有效的花圃。

2. 正确使用花圃的一系列设施设备，使得生产环境完全满足花卉生长所需。

【实践环节】

一、花圃建立准备工作

1. 选址

选择标准：平地、但不能积水，离家较近，有充足水源、光线，通电、交通便利等。

2. 规模控制

规模要求：根据生产需要以及生产者本身实力来控制。

3. 规划设计

规划设计：生产区、简易管理房、工具材料仓库、场地道路、蓄水池及给水排水管网沟渠等；另外还有露地生产面积；生产用地和非生产用地面积的比例等。

二、配套设施设备

1. 大棚（图1-1）

2. 生产性温室

1）温室通风系统。

2）温室外遮阳系统。

3）双层内遮阳/内保温系统（齿条传动）。

4）湿帘—风扇降温系统。

5）微喷系统及自来水系统。

6）环流风机。

7）移动苗床。

8）温室加温系统。

9）电气控制系统。

图1-1　大棚实景图

10）其他必备设施：浇水喷头和胶水管、蓄水池、给肥给药设备、简易围墙及管理房等。

3. 生产性工具、容器

（1）工具

1）铁锹。锹身平或略弯曲，长方形，用于取草皮、翻地、拌介质、挖种植穴及花坛、花境的修边。

2）圆头铁锹。钢制锹身弯曲并略带尖头，用途广泛，用于翻地、移覆盖物和其他松软材料、拌介质、起挖植株等。

3）翻土叉。带4个正方形或长方形的大型钢叉，是松土、挖介质的极好工具。

4）小铲子。小的勺形金属刀片和塑料或者木制铲身，用于挖小穴、铲介质、取挖小植株、清除杂草等。

5）小手叉。3～4个同向弯曲的短金属或塑料齿，用于松土、敲碎介质、除杂草、掘球或起挖小植株等。

6）便携式喷雾器。有一个金属或塑料桶与水泵相连，用于把液态肥直接喷洒在叶面上进行叶面追肥，或喷洒杀虫剂杀虫等。

7）手枝剪。带1～2个剪切刀片的单手操作工具。用于对植株进行修剪等造型。

8）手推车。1～2个车轮支撑的斗式车，是移送覆盖物、肥料、介质等不可缺少的工具。它使用灵活，非常便于使用者的操作。

（2）容器

1）穴盘。其主要用于播种和小型材料的扦插繁殖，有多种规格，通常长是宽的2倍，如5×10、6×12、8×16、10×20、12×24等（图1-2）。

图1-2 穴盘实景图

2）营养钵。其主要用于穴盘苗长大后的栽培以及长距离的运输等，有多种规格。钵的口径为8～13cm，钵的高度为8～13cm，底部的直径较口径相对小1～2cm，钵底中央有一个小圆孔，孔径约1cm，以便排水。营养钵体积的选择要根据育苗的品种和苗龄大小而定（图1-3）。

图1-3　营养钵实景图

3）加仑盆。在花坛花卉的栽培上其用途如营养钵。但是牢度更好、价格也更贵，一般容量比营养钵大，主要种植稍大规格的植株。

（3）工具的清洁和养护　工具使用后，用木制或塑料刮刀刮掉粘在锹身或叉齿上的泥土。用金属刷刷掉金属刀面上的锈斑，然后用沾油的抹布揩擦防锈。如果用刮削器刮不净土，可用水冲洗然后彻底干燥。用干的抹布擦净手柄，去除黏着的泥土，用砂纸打磨后涂抹密封胶，使手柄光滑。

经过一天的劳作后，及时对工具进行必要的清洁，对保持工具的最佳工作状态以及延长使用寿命是非常必要的。工具的清洁通常包括以下几个步骤：

1）刮掉金属刀片上的湿土，以免生锈，但绝不能用金属工具相互刮擦，否则两种都会受损，一般用硬刷子刷土或在工具储藏室附近放一筐沙，将工具的金属部分插入沙中搅动以除掉泥土，金属部分清洁后涂一薄层机油、柴油或喷点润滑剂以防生锈。

2）工具手柄部分的保养也很重要。清洁光滑的手柄使用起来更舒服，而且手不易起泡。可用砂纸轻轻打磨手柄上突起的粗糙疤痕，用油漆、桐油或其他保护漆涂抹手柄有利于木制品的保护，一旦手柄损坏应及时更换。

3）修剪工具应及时刷净树枝碎屑，清除已变干的树汁，根据需要检查刀片是否松动，并将其紧固。

4）戴上手套，固定铁锹使锹身内侧朝向里，将锉子贴于刀口与斜面吻合。

5）推动锉刀，从刀片的一边向另一边用力锉到底。

6）对有疤痕的刀口用锉多锉几下，使刀缘光滑、均匀。

7）把刀片翻转过来保持锉的宽面对着刀片，来回推拉，锉平"毛口"，用沾油的抹布擦净。

（4）工具的储藏　擦掉或洗净金属部件上的泥土，完全干燥，用油抹布擦拭金属部件以防生锈。擦净手柄时用砂纸打磨疤痕，刷上油漆或桐油，更换损坏的手柄。秋天收藏前，先将工具磨锋利以备第二年之需。同时将工具悬挂在干燥处，用钢绒或金属刷除去锈斑，再上油。储藏工具的场地一定要干燥并且光线好，这样工具不会生锈且易于寻找。另外储藏室应设有存放工具的支架、悬挂工具的挂架或存放配件的搁板。长柄工具可以挂在墙壁的挂物架上。

【理论知识】

1. 选址

1）用于花坛花卉生产的土地，宜选平地或低斜度的缓坡平整地。

2）有良好的、合乎花卉生产要求的充足水源。河道水最理想，投资最小。如不能满足，则可考虑采用地下水，但目前城市及附近农村的地下水大部分已受污染，因此必须保证采到的地下水能达到生产要求。如果地下水也不能解决，则可考虑挖塘收集大棚雨水与地表径流。

3）拥有良好的自然水源的同时，还需排除场地被水淹没的隐患。

4）生产场地的光照必须充裕。平原地区，需避免光线被遮挡；高山地带，避免选择深山坳，以选择向阳、光照时间相对较长的南坡平缓地为宜。

5）道路畅通，以方便大货车进出。

6）通电必不可少。

7）专业生产花坛花卉的花圃离城市用花区不宜太远。

2. 规模

规模为5亩以下，为业余生产或附带生产，一般不能像专业生产一样赢得市场和利润；规模为5～10亩，如果为花圃集中地，经营压力尚小，如果为孤立花圃，则压力较大，其获益和赢得市场的能力都不强；规模为10亩以上且全部用于花坛花卉生产，可年产10万盆以上花坛花成品，则具备基本的经济规模；专业生产花坛花卉的公司，则至少要有30亩以上的生产场地和30万盆以上的花坛花卉年产量。

3. 规划

不论规模大小，场地都需要规划。实施正式的规划设计，为日后的生产经营活动提供便利，且经济实用。简易的场地，除了生产区外，也必须有简易管理房、工具材料仓库、场地道路、蓄水池及给水排水管网沟渠等。以一个10亩的花圃为例，除了上述内容外，其生产区除了保护地外，还要考虑安排一定面积的露地生产面积。一般情况下，露地生产面积以不超过总生产面积的30%为宜。正规的场地还要建立一个专用于生产操作和包装运输的准备房。生产场地与非生产场地面积之比以4∶1为宜。

4. 设施设备

（1）大棚　花坛花需要在保护地栽培。最基本的保护地设施，南方多采用钢管单体大棚，北方多采用日光温室。钢管单体大棚一般为6m宽，30m长。根据场地具体情况，其长度可根据需要缩短或加长。大棚搭好后按要求盖上塑料薄膜，拉上压膜绳即可使用。大棚支架高度1m以下安装固定裙膜。两侧主膜可上卷，便于通风。更简易的大棚可用毛竹片搭建或在钢房大棚中加毛竹片以减少钢管用量，但在台风和雪压影响较大的区域，不提倡使用。图1-4为钢管单体大棚结构简图。

（2）生产性温室

1）温室通风系统（图1-5）。顶部通风系统：为了尽可能利用自然通风资源，温室的天

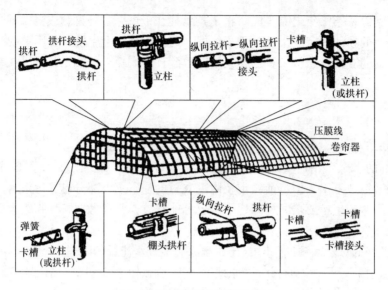

图 1-4 钢管单体大棚结构简图

窗应独立启闭，采用手动、电动控制；顶部通风口的开窗角度为 20°~30°。侧面通风系统：温室侧面通风系统通常在安装水帘处采用侧翻窗，电动开启，也可采用齿轮齿条传动。

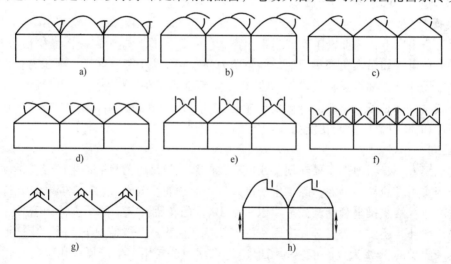

图 1-5 温室通风系统

a) 谷肩开启 b) 半拱开启 c) 顶部单侧开启 d) 顶部双侧开启
e) 顶部竖式开启 f) 顶部全开式开启 g) 顶部推开式开启 h) 充气膜叠层垂幕式开启

2) 温室外遮阳系统（图 1-6）。夏季，由于进入温室的太阳辐射热负荷太高，温室内环境对植物的生长不利；当使用温室外遮阳系统时，由于阻隔了大部分太阳辐射进入温室，在具有良好通风条件的温室中，可将室内温度控制在比室外气温低 3~5℃ 的水平。一般温室外遮阳系统移动方向沿屋脊方向，遮阳率通常为 70%，安装高度通常为 5.60m。

3) 温室内遮阳及内保温系统（图 1-7）。温室内遮阳及内保温系统通常分别安装在内部桁架的上下两端，上部为内遮阳系统，采用遮阳网；下部为内保温系统，采用铝箔网。内遮阳及内保温系统均采用齿轮齿条传动，原理相同，所不同的是内遮阳系统的作用是遮阳，而内保温系统的作用是既能遮阳又能保温。保温幕布是一种内用型、既可遮阳又可保温的幕布，一般情况下南北向运动。它可保护室内作物免受阳光和低温的影响。

图1-6 温室外遮阳系统

图1-7 温室内遮阳及保温系统

4）湿帘—风扇降温系统（图1-8）。湿帘—风扇降温系统是利用水的蒸发降温原理实现降温目的。降温系统的核心是能确保水均匀地淋湿整个湿帘墙。空气穿过湿帘介质时，与湿帘介质表面进行的水汽交换将空气的温度降低。它是一种最经济有效的降温方法。湿帘—风扇降温系统由湿帘箱、循环水系统、轴流式风机和控制系统四部分组成。湿帘保证有大的湿表面与流过的空气接触，以便空气与水有充分的时间接触，使空气达到近似饱和，与湿帘相配合的高效风机

图1-8 湿帘—风扇降温系统

足够保证温室内外空气的流动，将室内高温高湿气体排出，并补充足够的新鲜空气。为了避免昆虫、灰尘、柳絮等异物进入或附在湿帘上影响湿帘通风降温效果，通常还在密封窗内湿帘外采用防虫网进行阻隔。

5）微喷系统（图1-9）及自来水系统。微喷头产生的水量流量均匀，主要用于室内灌溉，同时能增湿、除尘，有利于催芽育苗。而自来水系统通常设置在温室走道处，每跨设置一个水龙头。

6）环流风机（图1-10）。利用循环风扇的主要目的是组织室内空气流动与循环，防止温度、湿度和二氧化碳分层，使之分布均匀。通常采用国产低噪声轴流风机，采用南北方向串联式布置，隔跨反向循环通风。为适应温室内高温高湿的特点，风机的风叶、风筒、安全网全部采用热镀锌钢制作，外部再采用静电喷塑处理，从而具有优异的防腐性能和美观的外表。通常风机安装高度不低于2.1m，每跨2台。循环风机可由计算机控制，也可手动控制。

7）移动苗床。一般苗床用材为：

图 1-9　温室喷雾器微喷系统

图 1-10　温室环流风机

立柱：20mm×40mm×2mm 方管。

横杆：20mm×40mm×2mm 方管。

边框：4mm×4mm×2.5mm 铝合金。

网片：4mm×10mm×3mm。

轨道：42mm×2mm 圆管。

所用钢材均经热镀锌处理。移动苗床便于节约用地和操作。

8）温室加温系统（图1-11）。加温系统可以是燃煤加温机，也可以是电加温机，这个根据生产的实际需要选择。

9）电气控制系统。电气控制系统由总控制柜以及温室控箱、电线、电缆等组成。

10）其他必备设施设备。其他必备设施包括浇水喷头、冷库（图1-12）、肥料配比机（图1-13）、自动播种机（图1-14）、pH检测仪（图1-15）、胶水管、蓄水池、给肥给药设备、简易围墙及管理房等。

图1-11　温室加温系统

图1-12　冷库

图1-13　肥料配比机

图1-14　自动播种机

【拓展知识】

花圃即花卉场圃，是专门进行花卉生产或栽培的场所。对于专业性的花圃来说，经营管理水平的高低不但决定着花卉生产的成败，也决定着生产的经济效益，因此满足园林美化和市场对花卉的需求，做到保质保量地及时供应，不但要研究花卉的栽培管理技术，还要研究花圃的经营业务，掌握商品信息，有计划地进行生产和供销。

一、规划

花圃的规划是建立花圃的第一步，而花圃地的区划尤其显得重要。根据功能的不同，一般把花圃划分为生产用地和非生产用地两种。一般非生产用地面积不能超过花圃面积的20%。

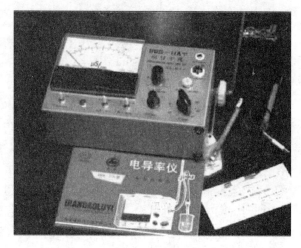

图 1-15　pH 检测仪

1. 生产用地的区划

（1）播种区　播种区是培育播种苗的区域，是苗木繁殖任务的关键部分。应选择全圃自然条件和经营条件最有利的地段作为播种区。

（2）营养繁殖区　营养繁殖区是培育扦插苗、压条苗、分株苗和嫁接苗的区域，与播种区要求基本相同。

（3）移植区　移植区是培育各种移植苗的区域，由播种区、营养繁殖区中繁殖出来的苗木，需要进一步培养成较大的苗木时，则应移入移植区中进行培育。

（4）大苗区　大苗区是培育植株的体形、苗龄均较大并经过整形的各类大苗的耕作区。在大苗区培育的苗木出圃前不再进行移植，且培育年限较长。大苗区的特点是株行距大，占地面积大，培育的苗木大、规格高、根系发达，可以直接用于园林绿化建设。

2. 非生产用地的区划

（1）道路系统的设置　一级路（主干道）：苗圃内部和对外运输的主要道路，多以办公室、管理处为中心。设置一条或相互垂直的两条路为主干道，通常宽为6~8m。二级路：通常与主干道相垂直，与各耕作区相连接，一般宽为4m，其标高应高于耕作区10cm。三级路：沟通各耕作区的作业路，一般宽为2m。

（2）灌溉系统的设置　苗圃必须有完善的灌溉系统，以保证水分对苗木的充分供应。灌溉系统包括水源、提水设备和引水设备三部分。水源：主要有地面水和地下水两类。提水设备：现在多使用抽水机（水泵），可依苗圃育苗的需要，选用不同规格的抽水机。引水设备：有地面渠道引水和暗管引水两种。明渠：即地面引水渠道。管道灌溉：主管和支管均埋入地下，其深度以不影响机械化耕作为度，开关设在地面使用方便之处。

（3）排水系统的设置　排水系统对地势低、地下水位高及降雨量多而集中的地区更为重要。排水系统由大小不同的排水沟组成，排水沟分为明沟和暗沟两种，目前采用明沟较多。

（4）防护林带的设置　为了避免苗木遭受风沙危害应设置防护林带，以降低风速，减少地面蒸发及苗木蒸腾，创造小气候条件和适宜的生态环境。

（5）建筑管理区的设置　该区包括房屋建筑和圃内场院等部分。前者主要指办公室、宿舍、食堂、仓库、种子储藏室、工具房、车棚等；后者包括劳动集散地、运动场以及晒场、肥场等。

二、管理

1. 成本管理

成本管理就如同"计划经济"，只有有效地做好成本计划、成本控制、成本核算，才能赚取最大的利润值。对于一个中型及以上的苗圃来说，建议采取分块承包制，这样既节约了管理成本，又提高了工人的工作效率。当然，成本管理还包括其他诸多层面，如合理施肥、适时用药、适季修剪、提高成活率及中耕除草等。

2. 技术管理

对于技术管理来说应因地制宜，具体可以划分为四季，依据不同季节的气候特点及植物的生长规律来进行有效的管理，促进苗木的快速、健壮生长，从而缩短生产周期，实现盈利的目的。

（1）冬季管理　冬是春的开始也是秋的延续，此时虽迈入冬季，但部分苗木的木质化程度仍未完全完成，极易受到突然寒潮的伤害。故此时应密切关注天气变化，提前做好防寒准备，并做好冬剪工作，为苗木第二年春天的生长储存养分及提高苗木的抗寒性，以保证苗木安全越冬。具体管理措施如下：

1）冬剪。除去苗木下部弱枝、徒长枝、交叉枝、病虫枝等，并随着冬剪工作，完成苗木的整形、定干。

2）病虫防治。此时病虫防治工作，主要体现在清理易发病虫害圃间的杂草、落叶。将杂草、落叶进行集中烧毁，以破坏病虫害的越冬环境。并配合使用石硫合剂，对易感病虫害的苗木进行树干涂白处理。

3）深施基肥。基肥的肥效较慢，故应在苗木的生长期到来之前完成施肥工作，只有这样才能为春季苗木的生长提供充足的养分。

4）越冬防寒。随着冬季的来临，应提前做好新栽苗木及不耐寒苗木的越冬保暖措施。

5）苗木存活率统计。做好本年度苗木存活率的统计核查工作，为第二年田间补苗做好生产准备。

（2）春季管理　随着气温回暖、雨水增多，一些感温性强的苗木开始萌芽，病虫害也随之而来。此时，应及时加强对苗圃的早春管理，具体措施如下：

1）施肥。对于冬季未完成施肥工作的，应抓紧施肥，并在苗木发芽前完成施肥工作。

2）清沟排水。此时属于苗圃管理上的相对淡季，应抓紧时间完成苗圃排水沟的清理工作，为雨季的到来提前做好排涝准备。

3）清除冬草。对于成年苗木来说，基本上不会受到冬草的危害，但对于小苗及地被来说，随着气温的回升，受冬草的危害就较大。此时应加强冬草的清理工作。特别是南方，部分冬草对小苗及地被的危害相当大。

4）虫害防治。此时对于北方来说，基本上不会受到任何虫害的影响。但在南方，随着气温升高、天气干旱及苗木嫩芽的萌发，极易发生蚜虫危害。应引起注意，提前做好防治工作。

5）病害防治。主要针对繁殖圃及花卉生产，此时主要病害有猝倒病、立枯病、炭疽病等，此类病害是繁殖圃及花卉生产中的大敌，而且会伴随着整个生产周期，应引起高度重视。

6）做好苗木的繁殖、移栽、补苗工作。

7）做好抗旱工作。遇到春旱年份，应及时浇水抗旱。

（3）夏季管理　夏初是苗木一年中生长的第一个高峰期，但也是病虫害高发期。此时应加大管理力度，具体管理措施如下：

1）防旱、防涝：遇到干旱天气，要及时进行灌溉。苗木速生期的灌溉要采取多量少次的方法，每次要浇透浇匀，且尽量避开中午阳光最强烈的时候浇水（特别是小苗、新栽苗及地被等植物）。此时也是阵雨多发期，雨前、雨后应及时做好清沟排水工作。

2）除草：夏季是田间杂草生长的旺盛期，必须做好杂草的清理工作，应尽量做到"除早、除小、除了"的原则。并结合使用一些触杀性的除草剂，来达到控制田间杂草的目的。

3）虫害防治：随着苗木的旺盛生长，田间大量的食叶害虫（如刺蛾类、天蛾类、蚕蛾类）、蛀干害虫（如天牛类、蠹蛾类）及地下害虫（主要是蛴螬）危害苗木。此时应加强田间调查，提前做好害虫预测，并及时、合理地采取防治措施。

4）夏剪：夏剪相对于冬剪来说工作量较小，主要做好苗木的抹芽、过密枝的疏剪及分蘖枝的清除工作。如果此时不能及时对苗木采取修剪措施，不仅会造成苗木的营养消耗，而且会加大冬剪的工作量，还会影响苗木的品质。

5）追肥：为了满足苗木的旺盛生长需求，应及时地对苗木进行追肥，追肥以速效肥为主。尽量采取沟施、穴施的方法，以提高肥料的利用率。

6）防风：夏季天气风云莫测，大风天气极易给苗木造成损伤，应提前做好大树及新栽苗木的防风工作。

（4）秋季管理　秋季管理与夏季管理基本类似，具体管理措施如下：

1）除草。初秋仍是田间杂草猖獗的时候，必须加强田间杂草的清除管理工作，并可结合除草进行田间松土。

2）防旱、防涝。秋季是苗木生长的第二高峰期，遇到干旱天气应及时进行田间灌溉。遇到秋雨连阴天，应及时排涝。

3）虫害防治。此时仍是蛀干害虫及地下害虫的高发期，应加强防治力度。

4）科学施肥。对于小苗及地被植物来说，秋季应加强磷、钾肥的施用，以促进其木质化程度，提高其苗木的抗逆性。尽量减少或停止施用氮肥。

5）繁殖、移栽。秋季气温适宜，应及时进行苗木扦插繁殖、移栽等工作。

3. 总结、完善

建立长效管理机制，不断总结、完善花圃的管理，为花圃的健康、持续发展夯实基础。具体应做好以下几点：

1）做好成本记录，为花圃的成本管理提供参考。

2）做好田间管理记录，为花圃的生产给予技术支持。

3）做好病虫害防治记录，建立病虫害发生规律档案，以便更好地控制病虫害的发生。

4）制定花圃管理制度，以便维持正常的生产秩序。

5）制订花圃的销售计划，用以缩短苗木的运转周期，从而获取更大的利润。

新建花圃和新从事该行业者，一般花坛花生产经验都不够，所以要使花圃能够顺利地进行生产并产生效益，就必须从外界寻求技术支持，注意以下几点：

1）请技术人员定期来花圃做现场指导示范，并针对问题提出解决办法。

2）请技术熟练的师傅做技术负责。

3）与种子种苗供应商挂钩，由他们作全面的技术后盾，还可与他们结成联合体。

4）与老花圃结成紧密的合作伙伴，与他们合作，充分发挥地域差异上的优势、品种上的优势以及规模上的优势，也可请他们派人驻场指导。

5）到老花圃学习或参加专业培训班，最初一次最好能在3个月以上。

实训1 参观生产性温室

一、实训目的

1. 了解花卉生产的栽培设施及温室的构造、类型。

2. 了解温室环境的调控依地区不同、温室类型不同、生产规模不同、品种不同而有很大的不同，掌握具体环境、具体花卉生产上设备的使用。

二、实训设备和器件

数码相机（或具拍照功能的手机）、笔记本、笔、卷尺等。

三、实训地点

当地较大专业花卉生产企业。

四、实训步骤

参观访问花卉生产企业，并请有实践经验的技术人员现场讲解介绍。完成调查统计表（表1-1），还可提出改进建议。

表1-1　温室调查统计表

温室类型：　　　　地区：　　　　主要生产品种：　　　　生产规模：

设施种类	名称	规格	操作方法	使用季节　月至　月
保温设施				
加温设施				
降温设施				
调光设施				
加湿设施				
除湿设施				
灌溉设备				

五、实训分析与总结

1. 设施配置方面的建议：从价格、当地使用效率、使用成本等方面分析所看到的设施设备配置的必要性、合理性等。

2. 操作方法方面的建议：对设施设备的操作复杂性、难度等进行分析。

【评分标准】

参观生产性温室评价标准见表1-2。

表1-2　参观生产性温室评价标准

考核内容要求	考核标准（合格等级）
1. 掌握温室配置设备的名称 2. 掌握设备的规格、操作方法 3. 正确使用该设备	1. 能准确说出设备名称、规格、操作方法以及正确使用该设备；并能认真完成调查表格，填写内容90%以上正确无误。考核等级为A 2. 能比较准确说出设备名称、规格、操作方法以及基本正确使用该设备；并能认真完成调查表格，填写内容80%以上90%以下正确无误。考核等级为B 3. 能比较准确说出设备名称、规格、操作方法以及基本正确使用该设备；并能比较认真完成调查表格，填写内容60%以上80%以下正确无误。考核等级为C 4. 基本不能准确说出设备名称、规格、操作方法以及基本不能正确使用该设备；不能认真完成调查表格，填写内容正确率60%以下。考核等级为D

任务2　穴盘育苗

**教学目标**

<知识目标>

1. 了解生产计划制订的重要性。

2. 掌握花坛类花卉的育苗特点。

3. 掌握华东地区常见的大约30种花坛花卉的育苗知识。

4. 掌握穴盘育苗的特点。

<技能目标>

1. 能根据订单或者现有设施设备制订合理的年度生产计划。

2. 能运用机械或人工点播、撒播进行穴盘育苗工作。

<素质目标>

1. 具备一定的经营头脑，有比较敏锐的市场洞察力。

2. 具备对专业知识深入研究的钻研精神，能根据植物的表现去制定相应的栽培措施。

教学重点

1. 如何合理制订年度生产计划。

2. 华东地区常见的大约30种花坛花卉的穴盘育苗技术。

教学难点

1. 如何通过综合分析市场需求、自身生产条件、生产技术等因素制订最为合理的生产计划。

2. 能在排除种子原因以后，对育苗失败进行有效的原因分析。

3. 穴盘苗的管理。

【实践环节】

一、生产计划制订与品种选择

1. 采购种子

初次生产种苗，在制定生产量后，可以按种子80%的发芽率和80%的成品率计算采购种子量。

采购种子量＝生产计划量÷［80%的种子发芽率（高于80%的均可按80%计算，低于80%的则按实际计算）×80%的成品率］。

2. 生产计划（表1-3）

表1-3　年度花坛花卉生产计划

编号	产品	规格	生产月份安排											
			9月	10月	11月	12月	1月	2月	3月	4月	5月	6月	7月	8月
1	矮牵牛	12～13cm口径营养钵	播种	上营养钵				出售						
2	百万小铃	12～13cm口径营养钵		扦插	上营养钵			出售						
3	三色堇	12～13cm口径营养钵	播种	上营养钵		出售								
4	鸡冠花	12～13cm口径营养钵							播种	上营养钵	出售			
5	一串红	12～13cm口径营养钵							播种	上营养钵		出售		

二、育苗生产

1. 穴盘基质

（1）拌介质　泥炭∶珍珠岩∶蛭石＝6∶2∶2，5%甲基托布津可湿性粉剂800倍液。浇水至手握介质成团，手松开即散的程度。

（2）装介质　将充分拌匀并浇好水的介质用小铁锹铲入穴盘和托盘。注意不要用手或铲子去压平介质面，而是轻轻抖动使表面平整即可。

2. 播种

（1）大粒种子播种　如一串红的种子播种，学生分组，在每个穴盘孔穴里点一颗，注意要求尽量把种子点于孔穴的中央位置并且每个孔穴只点一颗，以防止浪费种子以及一个孔穴发多个幼苗影响生长（图1-16）。

（2）小粒种子播种　如鸡冠花、彩叶草的种子播种，学生分组，把种子与河沙按1∶10的比例拌匀，然后均匀地撒播于托盘内（图1-17、图1-18）。

花坛花卉育苗之一　种子育苗技术

图 1-16　穴盘点播

图 1-17　撒播拌种

图 1-18　撒播

3. 栽培技术

（1）覆盖　大粒种子用珍珠岩覆盖（图 1-19），小粒种子用细沙面土覆盖（图 1-20），根据种子大小，覆盖要均匀，厚薄适当。

（2）喷水　用喷壶喷透水或喷雾（图 1-21）。

（3）施肥与喷药　根据所种草花种类不同，参照后面相关理论知识采取不同的操作管理，区别加以对待。

（4）经常检查出苗情况　出苗 50% 后可逐渐去除覆盖物，进入正常管理。

（5）移苗　对前期撒播入托盘的幼苗进行移苗。将托盘内的幼苗小心地用小勺子的柄轻轻挖出，尽量不要弄伤根系，移入穴盘内。经过在穴盘中的进一步生长便于下次的上

图 1-19　穴盘点播后覆盖

盆并且为幼苗的生长提供更好的生长空间。

（6）拼盘补苗　对前期种入穴盘的幼苗进行补苗。经过发芽，一般发芽率为70% ~ 80%，并且小苗的大小也有差异，为了节约大棚空间和统一管理，需将穴盘中没有萌发的盘土用小勺子的柄挖去补入新的穴盘苗，并且同时注意尽量让一个穴盘中苗的大小、生长势一致。便于后期浇水、施肥或出售。

图1-20　撒播覆盖

图1-21　撒播喷雾

【理论知识】

一、华东地区常见花坛花卉的形态、习性及育苗管理

1. 矮牵牛 _Petunia hybrida_（图1-22）

（1）形态及习性　茄科矮牵牛属。多年生草本，常作一、二年生栽培。性较喜温，稍耐寒，在干热的夏季开花繁茂。忌雨涝，雨水过多，叶子容易出现病害，而且少花，直接影响观赏效果。晴天的观赏效果特佳。在杭州一般采用保护地条件进行栽培，用于大规模商品生产的矮牵牛，一般均采用种子繁殖。矮牵牛是花坛花卉中色彩最丰富的品种之一，有花坛"皇后"之美称，颜色包括红色、粉色、玫红色、白色、紫色、蓝色、双色等，植株高度一般控制在20~25cm。在品种选择上，虽然大花型品种的观赏效果在晴天非常美观，但其抗雨性、雨后恢复能力不及中花型和小花型品种。

花坛花卉育苗之二
穴盘苗的管理

（2）播种育苗　矮牵牛种子每克为10000粒左右，在长江中下游地区保护地条件下，一年四季均可播种育苗，但考虑用花条件限制及高温对开花的影响，一般花期控制在"五一""国庆"，所以播种时间在10~11月和6~7月。因种子过于细小，穴盘育苗须是丸粒化种子，可用288穴、128穴、200穴等规格穴盘。矮牵牛种子细小，播种不能覆盖任何介质，否则会影响种子发芽。一般4~7天出苗。

第一阶段（图1-23）：播后3~5天为胚根展出期，温度22~24℃。加盖两层90%遮阳网，确保种子发芽时的湿度。

第二阶段（图1-24）：继续保持介质适当的湿度，但不能过干，过干易产生"回苗"；也不能过湿，过湿影响根的发育，易产生病害。第一对真叶出现后，开始施用50mg/kg的氮肥或20-10-20水溶性肥料，注意通风，阴天可适当揭去遮阳网，让种苗逐渐见光。

第三阶段（图1-25）：出现2～3对真叶，生长迅速。温度可降低到18～20℃，每隔7～10天，可间施0.1%的尿素或20－10－20的水溶性肥料和N－P－K为15－15－15的0.1%的复合肥（复合肥要求含N、K可高一些，P的要求相对较低）或14－0－14的水溶性肥料。注意通风，防止病害产生，每隔一周喷施50%百菌清可湿性粉剂或50%甲基托布津可湿性粉剂800～1000倍液。

图1-22　矮牵牛

图1-23　矮牵牛育苗第一阶段

图1-24　矮牵牛育苗第二阶段

图1-25　矮牵牛育苗第三阶段

第四阶段：根系已完好形成，出现3对真叶，温度、湿度、施肥要求同第三阶段，仍要注意通风、防病工作。

注意：由于矮牵牛的苗期较长，温度偏低、水分偏干或偏湿、施肥过量等容易引起僵苗。

2. 三色堇 *Viola tricolor*（图1-26）

（1）形态及习性　堇菜科堇菜属。多年生草本，常作二年生栽培，喜欢凉爽环境，性较耐寒，在保护地条件下生产，可

图1-26　三色堇

用于"元旦""春节"花坛、花境，三色堇植株高度一般为15～20cm。因为三色堇具备一定的耐寒、耐热能力，花期长，可持续至"五一"前夕，不存在羽衣甘蓝早期抽薹、叶片腐烂等现象，又能耐低温。

在长江中下游地区，三色堇在冬季花坛花卉生产中占据着相当重要的位置。

（2）播种育苗 三色堇种子每克为600～1200粒。采用保护地栽培，一般播种时间为7～10月。一般6～10天陆续出苗。

第一阶段：播后6～10天胚根展出，其余同矮牵牛。必须保证温度在26℃以下。

第二阶段：第一片真叶出现（10～15天），温度可适当调低至17～24℃，促进幼苗生长。真叶长出两片后，可开始施以氮肥，早期喷施50mg/kg的20-10-20的水溶性肥料，一周左右喷药（50%百菌清可湿性粉剂或50%甲基托布津可湿性粉剂800～1000倍液），以防治苗期猝倒病。阴天可适当揭去遮阳网，让种苗逐渐见光。

第三阶段：成苗期，可充分见光，保证气温不要超过35℃以上，否则需加以遮阴以降温。用14-0-14的水溶性肥料（浓度50mg/kg）喷施，仍应做好通风工作，防治病害同第二阶段。

第四阶段：根系已完好形成，有5～6片真叶，温度、湿度要求同第三阶段，适当控制水分，可以增加复合肥或14-0-14的水溶性肥料的使用次数，加强通风，准备移栽上盆。

3. 一串红 *Salvia splendens*（图1-27）

（1）形态及习性 唇形科鼠尾草属。一年生草本。喜光，喜温暖，较耐高温，但盛夏气温过高时生长发育转弱，30℃以上生长迟缓，植株和开花会有不良表现。10℃以下叶片泛黄、脱落，5℃以下便会受冻害。现今用于大规模商品生产的一串红，几乎全部用种子繁殖，株高一般为20～35cm。

（2）播种育苗 一串红种子每克为220～300粒。在长江中下游地区保护地条件下，一年四季均可播种。"五一""国庆"等节日的用量较大，所以其播种时间以12月和6月为主。一般5～10天出芽。

图1-27 一串红

第一阶段：播后4～5天胚根展出。温湿度同前。

第二阶段：主根长至1～2cm，长出第一片真叶可开始施肥，施肥浓度以50mg/kg的20-10-20水溶性肥料为主。

第三阶段：种苗进入快速生长期。由于一串红对过高的EC值较敏感，可每隔5～10天交替施用70～100mg/kg的20-10-20和14-0-14水溶性肥料。可适当控制水分，促进根系生长。介质和环境的温度可适当控制在18℃左右。此阶段后期，植株根系可以长至3～5cm，苗高也有3～4cm，有2～3对真叶。

第四阶段：本阶段根系已完好形成，有3对真叶，温度和湿度要求同第三阶段。适当控制水分，施用50～100mg/kg的14-0-14水溶性肥料，加强通风，防止徒长。

4. 鸡冠花 *Celosia cristata*（图1-28）

（1）形态及习性 苋科青葙属。一年生草本花卉。喜干热温暖气候，喜强光，能耐高温，不耐低温，15℃以下叶片泛黄，5℃以下便会受冻害。现今用于大规模商品生产的鸡冠花在生产上多用种子繁殖。其分为两大类，一类为冠状或头状，另一类为羽状。株高一般为 20～45cm。

（2）播种育苗　鸡冠花种子每克为 1200～1600粒。在长江中下游地区保护地条件下，春季和夏季可播种。供花期从 4 月下旬到 11 月中旬，在夏季和"国庆"等节日期间的用量较大，所以其播种时间以 3～7 月为主。一般 4～7 天出苗。

第一阶段：播后 2～4 天胚根展出。温湿度同前。

第二阶段：主根长至 2～3cm，长出第一片真叶。子叶展开后可开始施肥，施肥浓度以 50～75mg/kg 的 20－10－20 水溶性肥料为主。

图 1-28　鸡冠花

第三阶段：进入快速生长期。适当控制水分，有利于根系的生长。每隔 5～7 天交替施用 75～100mg/kg 的 20－10－20 和 14－0－14 水溶性肥料。此阶段后期，植株根系可以长至 4～5cm，苗高也有 3～4cm，真叶 2～3 对。

第四阶段：本阶段根系已完好形成，有 3 对真叶，温度和湿度要求同第三阶段。适当控制水分，施用 75～150mg/kg 的 14－0－14 肥料，加强通风，防止徒长。

5. 百日草 *Zinnia elegans*（图 1-29）

（1）形态及习性　菊科百日草属植物，原产于南北美洲（以墨西哥为中心）。通常作一年生栽培，喜光、喜温，较喜湿润，又能耐一定干旱，性强健，栽培土壤要求疏松、肥沃。土壤瘠薄、过于干旱，将直接影响花朵的数量、重瓣率、花色、花径大小。用于规模化商品生产的百日草盆栽一般采用种子繁殖，偶有生产者为降低生产成本采用扦插繁殖，但质量上达不到一定的要求。应用于生产的主要品种有大花重瓣型"梦境"，多花单瓣型"水晶""恒星"，中花单瓣型"丰盛"等系列。其可选颜色有红色、玫红色、粉红色、黄色、白

图 1-29　百日草

色、橙色等。百日草各品种之间高度虽有差异，但一般均控制为 20～30cm。其既适合在花坛、花境中使用，在艺术摆花中也是一种极好的材料。

（2）播种育苗　百日草种子大花型每克为 125 粒左右，中花型每克为 300 粒左右，多花型每克为 1500 粒左右。用量最大的是在国庆节期间的花坛、摆花以及花境中，播种时间一

般以 6~7 月为宜。播种介质采用较为疏松的人工介质，介质要求 pH 为 5.8~6.2，EC 值为 0.75mS/cm，经消毒处理后，播种介质温度保持 22~24℃，3~5 天即出苗。

第一阶段：播种后 3 天，胚根展出，介质湿润程度应相对干燥一点，过于湿润容易造成种子腐烂。但在此阶段保持种子四周的湿润和充足的氧分非常重要，所以播种后覆盖一层薄的粗片蛭石非常有利于种子发芽，覆盖厚度以不见种子为度。进行敞开式育苗的，必须加盖遮阳网，保证湿度、降低温度（在发芽室环境下进行播种的，可给予适当补光）。此阶段不需要施肥。

第二阶段：保持土壤相对湿润，不能过湿，也不能过干，过湿容易引起病害，过干会导致种苗萎蔫。此时主根长至 1~2cm，子叶展开，开始长出第一对真叶，小苗可逐步见光。可开始施肥，一般采用 50mg/kg 20-10-20 的水溶性肥料，氮素能促进营养生长。

第三阶段：种苗进入快速生长期，应加强水分管理，进行从干到湿再到干的循环过程，这样有利于幼苗的根系生长，也能避免植株徒长，此阶段应注意病虫害防治，可适当追施 0.1% 的尿素或复合肥，复合肥种类可使用 N-P-K 比例为 15-15-15 的肥料（或根据市场供应情况，N、K 含量可以稍高一些，P 含量可偏低）。条件许可的情况下，介质和环境温度适当降低至 20℃左右，但在床播保护地条件下进行播种，很难进行温度控制，此阶段又需要全光照环境，否则容易引起小苗徒长。根据苗期长势，适当控制水分。注意大环境的通风，以防止病害产生。每隔一周喷施 50% 百菌清可湿性粉剂或 50% 甲基托布津可湿性粉剂 800~1000 倍液。若在此阶段出现徒长，应马上喷 2000mg/L 比久（B9）以控制高度。

第四阶段：根系已完好形成，有 3~4 对真叶时，出现徒长，应立即喷施 B9 控制高度，温度、湿度要求同第三阶段。经过炼苗阶段，准备移栽上盆。

6. 报春花 *Primula malacoides*（图 1-30）

（1）形态及习性　报春花科报春花属植物，原产于中国。性耐寒，通常作二年生花卉栽培，用于冬春季供花上市。喜排水良好的土壤。较三色堇耐寒，除了用于盆花之外，在长江流域开始大面积地用于冬季花坛布置，效果不错。

（2）播种育苗　每克种子约有 1150 粒，发芽最适温度为 15~18℃，播种后要保持较高的湿度，最佳条件下需要的发芽天数为 10~25 天。夏季播种温度不要超过 20℃，长江流域需在高山上育苗才能成功。

7. 半支莲 *Portulaca tuberosa*（图 1-31）

图 1-30　报春花　　　　　　　　　　图 1-31　半支莲

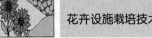

（1）形态及习性　马齿苋科马齿苋属植物，原产于南美巴西。好温暖而不耐寒，喜强光，耐干旱和瘠薄土壤，耐扦插。通常作一年生花卉栽培。

（2）播种育苗　夏季开花，每克种子约8400粒，发芽最适温度为21～24℃，最佳条件下需要的发芽天数为7～10天。

8. 波斯菊 *Cosmos bipinnatus*（图1-32）

（1）形态及习性　菊科秋英属植物，原产于墨西哥，通常作一年生花卉栽培，茎细而直立，分枝性好，夏季开花，不耐霜冻，忌酷暑潮湿。地栽50～60cm，花大，花径7～10cm。

（2）播种育苗　每克种子125～180粒，发芽需要黑暗条件，用粗蛭石进行覆盖，发芽最适温度为20～25℃，最佳条件下需要的发芽天数为5～7天。

9. 彩叶草 *Coleus blumei*（图1-33）

图1-32　波斯菊　　　　　　　　　　　　　　图1-33　彩叶草

（1）形态及习性　唇形科鞘蕊花属植物，原产于爪哇。多年生草本，作一、二年生花卉栽培，喜高温、湿润、阳光充足，土壤要求疏松肥沃，耐半阴地，忌干旱，耐寒力弱，适宜生长温度为15～35℃，10℃以下叶面易枯黄脱落，5℃以下枯死。颜色有金色、翡翠绿色、玫瑰红色、红天鹅绒色、绯红色等。株高25～30cm。

（2）播种育苗　彩叶草种子每克3500～4300粒，在长江中下游地区保护地条件下，一年四季均可播种。由于受用花条件的限制，"五一"用花在12月播种；"国庆"用花在5月播种。播种宜采用较疏松的人工介质，采用床播、箱播，有条件者可采用穴盘育苗。介质要求pH为6～7，EC值为0.25～0.75mS/cm，经消毒处理，播种后保持介质温度为25～30℃，6～8天出苗。

第一阶段：播种后4～5天胚根长出。为了防止翘根和保湿，播种后需覆盖一层介质，以不见种子为度。发芽时需要光照，不用施肥。

第二阶段：介质仍需要保持湿润，为了防止徒长，要避免过湿，增强光照，子叶完全展开后，可开始施肥，以浓度为50mg/kg的20-10-20水溶性肥料为主。

第三阶段：此阶段为种苗的快速生长期，每隔3～4天可施一次肥料，施肥浓度为50mg/kg，水溶性肥料20-10-20与14-0-14交替施用，适当控制水分，加强通风，有利调节植株高度和促进根系生长，生长温度保持在20℃左右，此阶段后期，植株根系可长至4～6cm，苗高达3cm，2对真叶。

第四阶段：降低温度，减少养分，加强通风。此时施用 14 - 0 - 14 的水溶性肥料，浓度为 100mg/kg，使植株健壮，茎矮的适合移植。本阶段已形成良好的根系，有 3 对真叶。

10. 长春花 *Catharanthus roseus*（图 1-34）

（1）形态及习性　夹竹桃科长春花属植物，原产于南亚、非洲东部及美洲热带。多年生草本，喜强光，喜温暖，能耐强光。生长适宜温度为 15 ~ 35℃，低于 15℃停止生长。10℃以下叶片泛黄、脱落，5℃以下便会受冻害。长春花可用扦插繁殖，但不常用。现今用于商品化生产的长春花，几乎全部用种子繁殖。颜色有红斑白色、红芯粉红色、黄斑玫红色、草莓色、玫瑰色、椰子色、红色、杏色、蓝色、白色等。各系列植株高度虽然各不相同，但一般为 20 ~ 30cm。

图 1-34　长春花

（2）播种育苗　长春花种子每克为 700 ~ 750 粒。长春花是多年生草本植物，在条件适合的情况下，一年四季均可开花。但在长江流域因气候太冷，常作一年生花卉栽培，播种时间主要集中在 1 ~ 4 月。播种宜采用较疏松的人工介质，可床播、箱播育苗，有条件的可采用穴盘育苗。介质要求 pH 为 5.8 ~ 6.2，EC 值为 0.5 ~ 0.75mS/cm，经消毒处理，播种后保持介质温度为 22 ~ 25℃。

第一阶段：播种后 4 ~ 6 天胚根展出。初期保持育苗介质的湿润，不用施肥，温度保持在 25 ~ 26℃。长春花种子是嫌光性种子，在黑暗条件下能较好地发芽，需要用粗蛭石或黑色薄膜轻微覆盖。

第二阶段：介质温度控制在 22 ~ 24℃，胚根一露出就要控制水分含量，介质稍干后浇水可以促进发芽，控制病害。此阶段需加强光照，使日照时间达到每天 12 ~ 18h，主根可长至 1 ~ 2cm，子叶展开，长出第一片真叶。土壤 pH 控制在 5.5 ~ 5.8，EC 值小于 0.75mS/cm，子叶充分展开后可开始施肥，施肥用 50 ~ 75mg/kg 的 14 - 0 - 14 和 20 - 10 - 20 水溶性肥料，每 7 天交替施用。这一阶段，在胚芽顶出介质后，子叶尚未展开时，应特别注意保持空气中的湿度，避免因空气过干而导致种皮不能脱落，特别是在温度较低时，更有可能发生。这一阶段持续 7 ~ 10 天。

第三阶段：介质温度控制在 20 ~ 25℃，温度低于这一范围发病的概率会增加，生长减慢。介质要保持见干见湿，但不能缺水萎蔫。长春花需要温暖而干燥的环境，在这样的环境下有利于植株的根系发育。土壤 pH 控制在 5.5 ~ 5.8，EC 值小于 1mS/cm。施肥可每隔 5 ~ 7 天交替施用 100 ~ 150mg/kg 的 20 - 10 - 20 和 14 - 0 - 14 水溶性肥料。这一阶段持续 14 ~ 21 天。

第四阶段：介质温度控制在 18 ~ 20℃，当介质适当干透以后再浇水，施用 100 ~ 150mg/kg 的 14 - 0 - 14 的水溶性肥料，加强通风，防止徒长。这一阶段持续 7 天。

11. 雏菊 *Bellis perennis*（图 1-35）

（1）形态及习性　菊科雏菊属植物，原产于欧洲至西亚。多年生草本植物，常作二年生花卉栽培。喜冷凉、湿润，较耐寒，在 3 ~ 4℃的条件下可露地越冬，要求富含腐殖质、肥沃、排水良好的沙质壤土。株高8～15cm，叶基部簇生，匙形或倒卵形，头状花序，单生，高出叶面，舌状花，花朵小巧玲珑，花期为12月至第二年5月，花期长，花径2～3cm，播后12～14周开花。雏菊主要有红色、白色、混色、粉红色、玫瑰色等颜色。这些品种的高度虽然不同，但一般都在10～20cm之间。

（2）播种育苗　雏菊种子很小，每克种子有4900～6600粒，多在9月播种。长江流域一般在7月下旬即开始播种，元旦为盛花期。播种选用疏松、透气的介质。介质经消毒处理，最好再用蛭石覆盖薄薄一层，以不见种子为度。因雏菊种

图1-35　雏菊

子很小，不宜点播，所以一般用撒播，当苗长有2～3片真叶即可移植一次。播种用介质pH以5.8～6.5为宜，EC值在0.5～0.75mS/cm较适宜，播后保持18～20℃的温度，80%～90%的湿度，5～8天发芽。在江浙一带还可春播，但育苗长势和开花都不如秋播苗。所以一般不用春播。

第一阶段：播种后保持18～22℃的温度和80%～90%的湿度。5～8天胚根长出。发芽后仍要保持介质的湿润，不需要施肥，需要给予光照，但发芽时光照不能太强，仍要适当遮阴。在7～8月，中午前后仍要遮阴进行降温。

第二阶段：此阶段湿度为70%～80%，能使其根扎入介质吸收养分供其子叶的伸展，温度控制在16～20℃，等到第一对真叶展开即可开始施肥，以50mg/kg的20-10-20水溶性肥料为主。此阶段过后即可开始用288穴或128穴盘进行一次移植。

第三阶段：此阶段为苗的快速生长期，要防止介质过湿，以50mg/kg的20-10-20和14-0-14的水溶性肥料交替施用。由于气温的高低和蒸腾的大小，一般2～3天浇一次液肥，而不再浇水。这是种苗生产中一种较科学的水肥管理方法。如果按传统方法，隔一段时间浇一次肥，则浓度相对加至70～100mg/kg。但在浇水或施肥之间应让介质稍干一下，利用干湿交替来促进苗的生长和根系的发育。当苗长有2～3对真叶，苗高3～4cm，根系发育基本完全时，即可进行下一阶段的炼苗。

第四阶段：此阶段苗的根系已长好，已有3对真叶。可考虑上盆前的炼苗过程。温度同上一阶段，湿度略有降低。此阶段水分控制尤其重要。施用14-0-14水溶性肥料，否则苗很容易徒长。所以要有充足的阳光，加强通风，控制温度和湿度，防止其徒长。

12. 桂竹香 *Cheiranthus cheiri*（图1-36）

（1）形态及习性　十字花科桂竹香属植物，原产欧洲南部。二年生或多年生草本植物，高20～70cm。茎直立，分枝。叶披针形，长3～7cm，宽1～1.5cm。长总状花序顶生，花瓣4枚，花大，直径2～2.5cm，单瓣或重瓣，有橙黄、橘黄、褐黄、紫红等色，有香味。长角果条形，具扁4棱，长4～7.5cm，种子2行，卵形，长2～2.5mm，褐色，无翅。花期4～6月。喜阳光充足，喜肥，耐寒，忌热，怕涝，宜生长于排水良好的土壤。

（2）播种育苗　秋冬播种，4～6月开花，每克种子约400粒，发芽最适温度18～25℃，最佳条件下需要的发芽天数为5～10天。

13. 猴面花 *Mimulus luteus*（图 1-37）

图 1-36　桂竹香

图 1-37　猴面花

（1）形态及习性　玄参科沟酸浆属植物，原产于北美、智利。多年生草本，作一年生花卉栽培。高约 30cm，茎粗壮中空，叶对生、卵圆形，花单生叶腋或为顶生稀疏之总状花序；萼筒状，五角形，具五齿，花筒圆柱状，二唇形，上唇 2 裂，下唇 3 裂开张，喉部常膨大，2 强雄蕊，着生花冠筒上。花色多样，交替开花，花期很长。性喜凉爽、湿润和阳光充足的环境，夏忌炎热，忌积水，喜冷凉气候，较耐寒但不能受冻害。生长适温 25℃ 左右。

（2）播种育苗　每克种子约 800 粒，发芽适温 18~21℃，好光性种子，发芽天数为 7~10 天。

14. 藿香蓟 *Ageratum houstonianum*（图 1-38）

（1）形态及习性　菊科藿香蓟属植物，原产美洲热带。多年生常作二年生花卉栽培。花小而丛生，头状花序密生枝顶。耐修剪，剪后可再次开花。短日照植物，喜光，耐半阴，不耐寒，遇酷暑生长缓慢，适应性强，耐扦插，株型整齐，园林效果好，是花坛和镶边用花的常用品种，也适合作盆花。

（2）播种育苗　每克种子 6600 粒，发芽阶段需光，覆盖少量蛭石来保持水分，发芽最适温度 24~25℃，在最适条件下需要 7 天发芽。

图 1-38　藿香蓟

图 1-39　角堇

15. 角堇 *Viola cornuta*（图 1-39）

（1）形态及习性　堇菜科堇菜属植物，原产于北欧、西班牙、比利牛斯山。同属品种

约有 500 种，株高 10～30cm，花径 2.5～4cm，花繁多。喜凉爽环境，耐寒性强，耐热性比三色堇略好。角堇栽培宜选用肥沃、排水良好、富含有机质的壤土或沙质壤土。南方多秋播，北方多春播。条件适宜情况下，播种到开花所需的时间为 10 周。

（2）播种育苗　每克种子 1300～1400 粒，发芽适温为 15～20℃，覆盖粗蛭石，一周左右发芽。

16. 金莲花（旱金莲）*Tropaeolum majus*（图 1-40）

（1）形态及习性　旱金莲科旱金莲属植物，原产南美。喜凉爽，但不畏寒，能耐 0℃ 低温，叶圆形、似荷叶，蔓生性好，花繁多，橙黄色，适合盆栽或吊篮栽培。

（2）播种育苗　春季或秋季开花，冬季种植，每克种子约 7 粒，发芽需要黑暗条件，用粗蛭石进行覆盖，发芽温度为 18～21℃，最佳条件下需要的发芽天数为 7～14 天。

17. 金鱼草 *Antirrhinum majus*（图 1-41）

图 1-40　旱金莲　　　　　　　　　　　　　　　图 1-41　金鱼草

（1）形态及习性　玄参科金鱼草属植物，原产于南欧、地中海沿岸及北非。较耐寒，−2℃ 时不受冻害，但 5℃ 下已停止生长，不耐高温。

（2）播种育苗　每克种子 6000 粒，发芽阶段需要光照，种子不需要覆盖，发芽最适温度 21～24℃，最佳条件下需要的发芽天数为 7～14 天。

18. 孔雀草 *Tagetes patula*（图 1-42）

（1）形态及习性　菊科万寿菊属植物，原产于墨西哥。一年生草本植物。暖季型植物，喜光，喜温暖，能耐高温，但在盛夏气温高、长日照时种植，宜采用生长调节剂控制植株高度。叶对生，羽状全裂，裂片披针形，具明显的油腺点。头状花序顶生，具长总梗，中空。植株高度 20～30cm，花茎 3～7cm，总苞钟状。舌状花有长爪，边缘常皱曲。耐瘠薄土壤，耐移栽，病虫害少，但以肥沃、深厚、富含

图 1-42　孔雀草

腐殖质、中性偏碱、排水良好的沙壤土为宜。孔雀草品种较多，冷凉季节宜用株形较大的品种，炎热季节宜用株形较矮品种。

（2）播种育苗　孔雀草种子的每克粒数在 290~350 之间。在长江中下游地区的保护地条件下，一年四季均可播种。但由于用花条件的限制，以"五一""国庆"两个节日的用花量最大。又由于孔雀草的播种要求气温高于 15℃（或有加温保温条件），因此长江中下游一带的播种期在 11 月至第二年 8 月。气候暖和的南方可一年四季播种，在北方则流行春播。如果是在早春育苗，应注意确保一定的生长温度，尽量避免生长停滞。播种宜采用较疏松的人工介质为宜，床播、箱播育苗，有条件的可采用穴盘育苗。介质要求 pH 为 6.0~6.2（稍高于其他品种），EC 值小于 0.75mS/cm，经消毒处理，播种后用蛭石稍稍覆盖。孔雀草的发芽适温为 22~24℃，发芽时间为 5~8 天。

第一阶段：播种后 2~5 天露白（胚根显露）。孔雀草种子发芽无须光照，通常在播种后覆盖一层薄薄的介质，建议以粗片蛭石为好，这样既可以遮光，又可以保持育苗初期介质的湿润。保持介质湿润，但要防止过湿，温度保持在 22~26℃。

第二阶段：从胚根显露至子叶完全展开约 7 天。一旦胚根显露，就要降低湿度，并要在介质略干后再浇水以利于更好的发芽和根的生长。给予 4500~7000lx 的光照，并保持介质 pH 为 6.0~6.2，EC 值小于 0.75mS/cm，介质温度为 20~21℃。如果所使用的介质不含有营养启动剂，则可以在子叶完全展开时施以 50mg/kg 的 14-0-14 水溶性肥料。

第三阶段：此阶段为种苗快速生长期。孔雀草的种苗生长要防止湿度过高，所以在两次浇水之间要让介质干透，当然不能使介质过干而导致小苗枯萎。保持介质 pH 为 6.0~6.2，EC 值小于 1.0mS/cm，介质和环境温度可适当降低至 18℃。每隔 5~10 天时间交替施用 100~150mg/kg 的 20-10-20 和 14-0-14 水溶性肥料。如果介质温度低于 18℃，则避免施用硝酸铵。此阶段后期，植株根系可以长至 3~5cm，苗高也有 3~4cm，2~3 对真叶。

第四阶段：此阶段为炼苗期。本阶段根系已形成完好，有 3 对真叶，温度可降低至 15℃，但最好不要低于 15℃。如果需要，此阶段可施以 100~150mg/kg 的 14-0-14 水溶性肥料，但要避免施用硝酸铵。与第二阶段一样，在两次浇水之间要让介质干透，并加强通风，防止徒长。

19. 六倍利 *Lobelia speciosa*（图 1-43）

（1）形态及习性　桔梗科半边莲属植物，原产于美国。冬季种植，春季或秋季开花。花色丰富，适合花坛镶边和较低的绿篱用，株形适合吊篮摆放。

（2）播种育苗　每克种子约 35000 粒，发芽需要黑暗条件，用粗蛭石进行覆盖，发芽温度 24℃，最佳条件下需要的发芽天数为 14~20 天。

20. 紫罗兰 *Matthiola incana*（图 1-44）

（1）形态及习性　十字花科紫罗兰属植物，原产于欧洲地中海沿岸。喜光，喜凉爽气候和通风良好环境，忌燥热。冬季喜温和气候，但也能耐短暂的 -5℃ 低温。喜疏松肥沃、土层深厚、排水良好的土壤。

图 1-43　六倍利

（2）播种育苗　夏季开花，不耐霜冻，每克种子约 630 粒，发芽阶段需要光照，种子不需要覆盖，发芽最适温度为18~21℃，最佳条件下需要的发芽天数为7~10天。

21. 美女樱 *Verbena hybrida*（图1-45）

（1）形态及习性　马鞭草科马鞭草属植物，原产于巴西、秘鲁及乌拉圭等地。不耐寒，不耐热，耐扦插。花小但多，春秋效果佳，夏季炎热多雨地区植株易患病退化。

（2）播种育苗　每克种子约420粒，发芽阶段不需要光照，发芽最适温度20~25℃，最佳条件下需要的发芽天数为10~20天。

22. 美人蕉 *Canna generalis*（图1-46）

（1）形态及习性　美人蕉科美人蕉属植物，原产于北美。喜温暖湿润气候，在

图1-44　紫罗兰

全年气温高于16℃的环境下，可终年生长开花。当气温低于7℃时地上部受寒害，地下根茎在土温低于7℃时也受寒害。喜疏松肥沃、排水良好的土壤，具有一定的耐涝能力。性喜阳光，耐半阴。

（2）播种育苗　春季播种，每克种子3~7粒，嫌光性种子，发芽最适温度为21~24℃，最佳条件下需要的发芽天数为7~10天。生育适温为10~30℃。

图1-45　美女樱

图1-46　美人蕉

23. 南非万寿菊 *Osteospermum ecklonis*（图1-47）

（1）形态及习性　菊科南非万寿菊属植物，原产于非洲。喜冷凉、通风的环境。

（2）播种育苗　每克种子约80粒，发芽温度为18~21℃，最佳条件下需要的发芽天数为7~10天。

24. 千日红 *Gomphrena globosa*（图1-48）

（1）形态及习性　苋科千日红属植物，原产于印度。夏季开花，喜炎热干燥气候，不

耐霜冻，耐热耐旱，适宜夏季用花。

（2）播种育苗　每克种子约360粒，发芽需要黑暗条件，育苗时用粗蛭石进行覆盖，发芽最佳温度为25℃，最佳条件下需要的发芽天数为10～14天。

图1-47　南非万寿菊

图1-48　千日红

25．石竹 *Dianthus chinensis*（图1-49）

（1）形态及习性　石竹科石竹属植物，原产于中国。多年生草本常作二年生花卉栽培，耐寒性较强、喜肥和阳光，在肥沃的沙质壤土中生长最为适宜，高温高湿生长较弱，有四季开花的品种，但越夏问题比较难解决。现用于规模化生产的石竹，几乎均采用播种繁殖，但也可通过分株和扦插繁殖。颜色有玫红色、绯红色、紫色、深红色、紫色白边、白色等。植株高度通过控制，一般都在20～30cm之间。

图1-49　石竹

（2）播种育苗　石竹种子每克一般为800～1200粒。在长江中下游地区一般均采用保护地栽培，虽然可以露地越冬，但长势不能满足花坛要求。一般播种时间选择在9～11月，可供应春节和"五一"花坛应用。播种宜采用较为疏松的人工介质，可采用床播、箱播或穴盘育苗，介质要求pH为3.8～6.2，EC值为0.5～0.75mS/cm，经消毒处理，播种后保持介质温度18～24℃，床播时，需避光遮阴，6～7天出苗。

第一阶段：经5～7天胚根展出，播种后必须始终保持种子中等湿润，需覆盖粗蛭石，保证种子四周充分湿润，覆盖以不见种子为度。在保护地环境下播种，必须加盖双层遮阴网，一方面保证土壤湿润，另一方面种子发芽后，直接见光，容易造成根系生长不良。此阶段不需要施肥。若为"春节"供应花，播种时间一般提前至9月，此时，还会出现短时的高温天气，必须注意采取及时的降温措施，否则会严重影响种子发芽和幼苗的生长，一般要避免正午的太阳直射，加盖遮阴网或人工降温或使用湿帘降温。供应"五一"节的花卉生产，播种时间一般在10月以后，气温下降后，种苗生产相对容易很多。

第二阶段：至第一片真叶出现（7～10天），此阶段土壤适宜温度为17～24℃，湿度中等即可，浇水前一般在土壤偏干时再浇，浇则浇透，并提供一定的光照，促进幼苗生长。真叶长出两片后，可开始施淡肥，早期喷施尿素（浓度控制在0.1%以下）或20－10－20的水溶性肥料（浓度控制在50mg/kg）。此阶段若遇气温较高时，应注意病虫危害和环境的通风工作，防病应做到以防为主，定期喷药（用50%百菌清可湿性粉剂或50%甲基托布津可湿性粉剂800～1000倍液进行防治），以防治苗期猝倒病。

第三阶段：成苗期，小苗生长迅速，床播的可先移植一次，移至穴苗盘或苗床均可，植株可充分见光，若气温超过35℃以上，只需在中午太阳直射时稍加遮阴以降温。水肥管理，除了追施尿素外，可适当增加复合肥（浓度控制在0.1%左右）或者14－0－14的水溶性肥料（浓度50mg/kg）。肥料浓度不可过高，以免造成肥害。浇水前可先让土壤干透，但要保证植株叶片不出现萎蔫为度。此阶段仍应做好通风、防治病害的工作。

第四阶段：根系已完好形成，有5～6片真叶，温度、湿度要求同第三阶段，适当控制水分，可以增加复合肥或14－0－14的水溶性肥料的使用次数，加强通风，经过炼苗阶段，准备移栽上盆。

26. 四季海棠 *Begonia semperflorens*（图1-50）

（1）形态及习性　秋海棠科秋海棠属植物，原产于南美巴西。多年生草本。喜温暖湿润气候，不耐高温、低温和干旱环境。繁殖以播种为主，也可扦插，通过种子育苗的植株株形圆整丰满，扦插植株分散。目前常用的品种主要分成绿叶的和红铜叶的两大类。绿叶的品种有"超级奥林匹亚""天使"等；红铜叶的品种有"鸡尾酒""员老"等。原来的四季海棠基本上都是单瓣花，现在也出现了重瓣花品种，如"皇后"等。

（2）播种育苗　四季海棠种子每克为70000～80000粒。因为其种子特别细小，而且发芽时对湿度有特殊要求，所以它是

图1-50　四季海棠

播种育苗中种苗生产难度最大、成功率极低的种类之一。四季海棠在保护地内可以全年播种，在长江中下游地区主要在春秋开花，非常适宜在"五一""国庆"群体摆放或花坛种植，也适宜作为盆栽观赏。"五一"节开花的四季海棠要求在10月上旬播种，有加温条件的可以推迟到11月中旬。赶"国庆"节开花的需要在5月中旬播种，夏季应注意降温遮阴。

第一阶段：从播种到胚根展出大约需10天。种子开始发芽时，介质温度要保持在25℃左右，而且空气湿度要接近100%。由于四季海棠种子特别细小和发芽对高湿的要求，保证介质的细粒均匀和较好的保湿能力显得非常重要，因此，播种之前的介质准备要比较充分，建议采用泥炭和蛭石各50%配比，并经过消毒处理。介质要求pH为6.0～6.5，EC值小于0.75mS/cm。播种后不需要覆盖，建议穴盘上盖无纺布或玻璃等保湿，并经常观察介质表土的干湿，喷雾加湿。保持湿度的目的是种子保持在湿润状态可以充分地吸取水分并顺利伸展胚根。四季海棠发芽需要一定光照，如果在室内条件下发芽，建议提供一定光照，但不管在室内还是在室外，光照度最好不要超过1000lx。

第二阶段：胚根伸展出来后，要求介质的湿度降低，胚根需要一定的氧气进行呼吸作用，但还需要湿度在80%左右。在这个阶段，四季海棠种子的胚轴伸长，并因胚根产生则根系向下伸展形成下拉而将子叶顶出。种子从播种到发芽看到子叶长出需20～25天时间。子叶长出后，应将苗移到室温常态下，要求逐渐降低介质和空间的湿度。子叶出现后，可以开始降低浓度施肥，以50mg/kg的20－10－20的水溶性肥料为主。

第三阶段：这个阶段是种苗快速生长期。真叶出来后，可以大胆地控水，见湿可以使苗根系向下伸展，根系将更加壮实丰满。施肥浓度可以加大，建议每5～7天交替施用14－0－14和20－10－20的水溶性肥各100mg/kg左右。此时的介质和空间温度要求降低，但不能长时间低于10℃，否则将会形成僵苗，进入半休眠状态。与其他种类相比，它的这个阶段时间比较长，生长非常慢，苗期长，所以介质表面都极易长青苔，需要注意水质以及肥料的正确施用。在此期间操作好坏是决定种苗是否成功的关键。从2片真叶长成到6片真叶，移苗就比较容易了。

第四阶段：这是最后的阶段，种苗根系已经成团，从穴孔下面可以看到白根伸出，真叶已有4片以上了，除了后期的种苗管理外，就需要做移苗的准备了。这个时候有些品种可以看到有花蕾形成，可以摘除花蕾以免消耗养分。

27. 松果菊 *Echinacea purpurea*（图1-51）

（1）形态及习性　菊科松果菊属植物，原产于美国中部地区。宿根花卉，株高70～100cm，花茎10cm，耐寒（-5℃以上），半阴性。

（2）播种育苗　每克种子约900粒，发芽最适温度20℃左右，最佳温度下发芽天数为10～14天。

图1-51　松果菊

图1-52　万寿菊

28. 万寿菊 *Tagetes erecta*（图1-52）

（1）形态及习性　菊科万寿菊属植物，原产于墨西哥及美洲地区。一年生草本。暖季型植物，喜强光，喜温暖，能耐高温，但在盛夏气温高、长日照时种植，宜采用生长调节剂控制植株高度。茎光滑而粗壮，绿色，或有棕色晕圈。叶对生，羽状全裂，裂片披针形，具明显的油腺点。头状花序顶生，具长总梗，中空；花径6～13cm，总苞钟状。舌状花有长爪，边缘常皱曲。耐瘠薄土壤，耐移栽，病虫害少，但以肥沃、深厚、富含腐殖质、中性偏碱、排水良好的沙壤土为宜。现今用于大规模商品生产的万寿菊，几乎全部采用 F1 代种子繁殖，较著名的矮型（株高 20~30cm）品种有"发现""安提瓜"等，常作盆栽；较著名的中型（株高 30~40cm）品种有"印卡""奇迹""阿特兰提斯"等，常作盆栽、地栽，常用于冷凉季节，夏季生产应注意控制株高；较著名的高型（株高 70~100cm）品种有"金币""欢乐"等，常作切花及高坛花卉。万寿菊品种颜色有黄色、橙色、金色。在短日条件下，根据品种不同，从播种到开花需要 10~12 周。

（2）播种育苗　万寿菊种子的每克粒数为 260~380 粒。在长江中下游地区的保护地条件下，一年四季均可播种。但由于用花条件的限制，以"五一""国庆"两个节日的用花量最大。再由于万寿菊的播种要求气温高于 15℃（或有加温保温条件），因此长江中下游一带的播种期一般在 11 至第二年 6 月。气候暖和的南方可以一年四季播种；在北方则流行春播。如果是在 1~3 月育苗，应注意确保一定的生长温度，尽量避免生长停滞。播种宜采用较疏松的人工介质，床播、箱播育苗，有条件的可采用穴盘育苗。介质要求 pH 为 6.0~6.5（稍高于其他品种），EC 值小于 0.75mS/cm，需经消毒处理，播种后用蛭石稍稍覆盖。万寿菊的发芽适宜温度为 22~24℃，发芽时间为 5~8 天。

第一阶段：播种后 2~5 天露白（胚根显露）。万寿菊种子发芽无须光照，通常在播种后覆盖一层薄薄的介质，建议以粗片蛭石为好，这样既可以遮光，又可以保持育苗初期介质的湿润。保持介质湿润，但要防止过湿，温度保持在 22~26℃。

第二阶段：介质略干后再浇水以利于更好的发芽和根的生长。给予 4500~7000lx 的光照度，并保持介质 pH 为 6.0~6.5，EC 值小于 0.75mS/cm，介质温度 20~21℃。如果所使用的介质不含有营养启动剂，则可以在子叶完全展开时施以 50mg/kg 的 14-0-14 水溶性肥料。春夏播种的万寿菊，如果要求其开花早且整齐，则可以在发芽结束后给予 2 周的短日处理（每天的光照时间为 8h）。

第三阶段：此阶段为种苗快速生长期。万寿菊的种苗生长要防止湿度过高，所以在两次浇水之间要让介质干透，当然不能使介质过干而导致小苗枯萎。保持介质 pH 为 6.0~6.2，EC 值小于 1.0mS/cm，介质和环境温度可适当降低至 18℃。每隔 5~10 天时间交替施用 100~150mg/kg 的 20-10-20 和 14-0-14 水溶性肥料，如果介质温度低于 18℃，则避免施用硝酸铵。此阶段后期，植株根系可以长至 3~5cm，苗高也有 3~4cm，2~3 对真叶。

第四阶段：此阶段为炼苗期。本阶段根系形成完好，有 3 对真叶，温度可降低至 15℃，但最好不要低于 15℃，如果需要，此阶段可施 100~150mg/kg 的 14-0-14 水溶性肥料，但要避免施用硝酸铵。与第二阶段一样，在两次浇水之间要让介质干透，并加强通风，防止徒长。温度过低或者介质过干，小苗叶片会变为暗红色，影响生长。

29. 向日葵 *Helianthus annuus*（图 1-53）

（1）形态及习性　菊科向日葵属植

图 1-53　向日葵

物，原产于拉丁美洲、墨西哥一带。有较强的耐盐性和抗旱性。花色有红色、黄色、橙色等。向日葵的花为头状花序，着生在茎的顶端，俗称花盘。其形状有凸起、平展和凹下三种类型。花盘上有两种花，即舌状花和管状花。舌状花1~3层，着生在花盘的四周边缘，为无性花，具有引诱昆虫前来采蜜授粉的作用。管状花，位于舌状花内侧，为两性花。

（2）播种育苗　向日葵生育期的长短因品种、播期和栽培条件不同而有差异。"大道"系列向日葵是所有品种中收获最早的系列之一，一般从播种到收获只需55天。

第一阶段：播种后必须对种子进行覆盖，并保持介质湿润。播种在288穴盘中，其苗期为3周左右。从播种到胚根出现的这段时间里，介质温度应维持在20~22℃，并且保持湿润，光照总时间须达到3~5天。

第二阶段：从胚根出现到第一片真叶长出的时段里，介质温度须控制在18~20℃，EC值应小于0.5mS/cm，保持介质中等湿度，不用施肥。此阶段持续2~5天。

第三阶段：从长出第一片真叶到长出4~6片真叶的时段里，介质温度须控制在17~18℃，EC值应小于0.75mS/cm，将20-10-20肥料和14-0-14肥料交替施用，浓度为100~150mg/kg，每周施肥一次。此阶段持续10~12天。

第四阶段：此阶段为炼苗期。介质温度为15~17℃，一周施肥一次，浓度为100~150mg/kg，此阶段持续2~3天。

30. 香雪球 *Lobularia maritima*（图1-54）

（1）形态及习性　十字花科香雪球属植物，原产于地中海沿岸。一年生草本，为小花型低矮植物，有香味，花色以红、白、紫色为主，耐寒性很好，在凉爽的环境有利于花色的保持。

（2）播种育苗　每克种子约有3150粒，发芽阶段需光，可以让种子裸露或覆盖少量蛭石来保持水分。发芽最适温度为24~28℃，在最好的条件下需要的发芽天数为5~10天。

31. 勋章菊 *Gazania splendens*（图1-55）

图1-54　香雪球　　　　　　　　　　　　　　图1-55　勋章菊

（1）形态及习性　菊科勋章菊属植物，原产于南非。一年生草本，在热带可以作多年生植物。耐干旱和炎热，生长需要全日照，适合作花坛用花、镶边、盆栽和组合栽培。

（2）播种育苗　夏季开花，不耐霜冻，每克种子约500粒，发芽需要黑暗条件，用粗蛭石进行覆盖，发芽最适温度21℃，最佳条件下需要的发芽天数为10~14天。

32. 雁来红 *Amaranthus tricolor* （图 1-56）

（1）形态及习性　苋科苋属植物，原产于亚洲热带。一年生草本，叶互生、卵圆状披针形、全缘，植株较高，一般为 90～150cm，入秋后上部新叶片转成红色、三色或黄白色。喜湿润、向阳及通风环境，耐碱、耐旱，不耐霜冻，适应性强，不宜移栽。

（2）播种育苗　每克种子约有 1800 粒，发芽需要黑暗条件，用粗蛭石进行覆盖，发芽温度 25℃，最佳条件下需要的发芽天数为 7～10 天。

33. 洋凤仙 *Impatiens holstii* （图 1-57）

（1）形态及习性　凤仙花科凤仙花属植物，原产于非洲热带东部。多年生草本，常用作一年生栽培。喜温暖湿润环境，不耐干旱和低温。多数品种以播种繁殖为主，扦插的植株分枝少而株形分散，开花也较散。新几内亚凤仙中也有专门的扦插品种，株形紧凑，花大而艳。与我国常见的凤仙花不同，它的栽培品种与原生种相差较大。洋凤仙是欧美国家最流行的盆栽花卉和花坛花卉，品种极为丰富，花色多。常见的有两大类，分别是单瓣花的"节拍""重音""超级精灵""旋涡"，重瓣的"旋转木马"。这些品种中，颜色非常丰富，除纯色外还有星形、花边及其他的图案镶嵌。

图 1-56　雁来红

图 1-57　洋凤仙

（2）播种育苗　洋凤仙花期很长，四季可见，温室内可以全年播种。在长江中下游地区由于夏季的高温，洋凤仙多用于春季花坛，因此其播种时间多在冬季。洋凤仙的种子为1700～2000 粒/g，种子发芽需要一定的光照。发芽适温为 20～22℃，8～15 天可以发芽。播种用土应该用疏松透气的介质，可用泥炭土、蛭石、珍珠岩以 6∶2∶2 的比例配制而成，种子经消毒处理后播种，土壤 pH 控制在 6.0～6.2 之间，EC 值小于 0.75mS/cm。

第一阶段：播种后经 4～5 天出现胚根。这个阶段要求湿度较高，需要保持介质潮湿。由于发芽需要 100lx 的光照度，建议覆盖一层薄薄的蛭石用以保湿。不宜施肥，注意保持恒定的发芽温度。

第二阶段：这个阶段的湿度要求稍稍减少，以便胚根可以更好地伸展并顺利"脱帽"（种子发芽后脱掉种皮）。洋凤仙的主根不明显，后期可以看到须根 1～2cm。该阶段子叶展开并出现第一片真叶。这时可以进行少量的施肥，以 50mg/kg 的 20-10-20 的水溶性肥料为主，最好与浇水结合起来。

第三阶段：这时种苗开始快速生长，但看起来洋凤仙生长还是比较慢，因此这个阶段相对其他品种来说会长一些。每周交替施用70~100mg/kg的20-10-20和14-0-14的水溶性肥料。控制水分与施肥相结合，使介质见干见湿。生长环境还需要保持一定的空气湿度，但温度要降低一些，以更利于生长。当苗有3~6片真叶且根部已出现在穴孔底部时表示该阶段结束。

第四阶段：根系已经比较壮实，应控制水分进行炼苗，可以准备移栽或者出售种苗。加强通风，避免种苗徒长。

34. 羽衣甘蓝 _Brassica oleracea_ var. _acephalea_ f. _tricolor_（图1-58）

（1）形态及习性 十字花科甘蓝属植物，原产于西欧。二年生草本花卉，株高30cm，抽薹开花时达150cm，耐寒，喜阳光，喜凉爽，极好肥好水。大规模生产的羽衣甘蓝全部用种子繁殖。市场上最受欢迎的是皱叶品种"名古屋""红、白鸥"；波浪叶品种"大阪"；圆叶品种"鸽系列""东京"；裂叶品种"珊瑚系列""孔雀系列"等。一般羽衣甘蓝于4月抽薹开花，6月种子成熟。自收种子变异度大，不宜再次种植。

（2）播种育苗 羽衣甘蓝种子每克250~400粒。长江流域一般在立秋前后播种，主要用作"元旦"及"春节"用花。播种采用疏松、透气、保水的人工介质，采用保护地播种。主要防止暴雨及暴晒。介质要求pH为6左右，EC值为0.6mS/cm左右，需要消毒处理。播种后保持苗床温度24℃左右，3天出芽，5天苗齐。

第一阶段：播种后两天胚根长出，此时要保持苗床的湿度，浇水要用雾状水喷湿苗床，防止暴晒及暴雨的袭击，不宜施肥。温度保持在24℃左右。

图1-58 羽衣甘蓝

第二阶段：一般3天以后，子叶展开，主根可达2cm。此时要保持苗床的温度，给予一定的光照以防止高脚苗的产生。5天左右苗全部出齐，并长出真叶，根系长到4cm左右，苗高也有4cm。此时可以适当地施水溶性薄肥（20-10-20，50mg/kg）。

第三阶段：幼苗进入快速生长期，光照要充足，同时苗床也要保持一定的干燥，防止高脚苗及病害的产生，特别是红色品种。如果播种密度过大，这个时期可以间苗。可以交替施用100mg/kg的20-10-20及14-0-14的水溶性肥料，每周一次。

第四阶段：植株已经有4~6片真叶，要加强通风、补光照、控水分等措施，防止植株徒长，促使苗健康。

二、制订生产计划和选择品种

在进行正式生产以前，首先要制订生产计划，包括生产时间、生产规模、每个生产阶段的安排以及预期要达到的经济效果；然后根据生产计划、生产条件和对欲销往市场行情的考察，选择适合的花卉品种。要按照以最少的投入获得最好的经济效益的原则来进行这项工作。选择合适的品种，除了考虑到当地市场的喜好之外，还必须详细了解每个品种的特性、特征，如生长时间、育苗难度、上盆后的管理、株形花期控制等。初次栽培，应做好充分的技术考察工作，最好是先小规模地试种，成功后再大规模地试种。我国幅员广阔，气候从南到北、从东到西变化较大，在南方海拔高的地方和海拔低的地方差异也明显，因而花坛花的栽培在不同的气候条件下有所不同，也是种植者要考虑的因素。

播种是花坛花卉最常用的繁殖方法，籽播苗有许多优点，如生长势强、株形好、根系发达、寿命较长等。根据各地用花的需要，选择合适的播种时期，播种前，应对种子进行发芽率检验，以便确定正确的播种量，当育苗量大时，这项工作尤其重要。由于大部分花坛花种子较小，所以播种宜采用较疏松的人工介质，采用平盘或者穴盘育苗。在播种前，介质要经过消毒处理，以清除介质中携带的微生物，保护种子不受介质中真菌和细菌的侵染。还要注意介质 pH 和 EC 值的控制。大部分花坛花适宜 pH 为 5.8 ~ 6.5，适宜 EC 值为 0.5 ~ 0.75mS/cm。目前通常采用花卉生产公司出售的专用介质育苗或用东北泥炭与珍珠岩、蛭石按照一定比例混合后生产。

三、穴盘育苗技术

1. 穴盘苗的优越性

现代育苗多数采用穴盘育苗或称为容器育苗，是采用各种容器并配合相应的机械化设备进行播种作业的育苗方法。由于其特有的优势和显著的经济效益已被越来越多的从业人员认可和接受，尤其是各类专业机械设备和适宜种子的开发利用，使穴盘育苗在近年得到了蓬勃发展，已被广泛应用于花卉种苗生产中。穴盘育苗的优越性主要体现在以下几个方面：

1）在填料、播种、催芽等过程中均可利用机械化完成，操作简便、快捷，适于规模化生产。

2）种子分播均匀，出芽率高，成苗率高，苗生命力强，可以大大节约种子。

3）增加育苗密度，便于集约化管理，提高温室利用率，降低生产成本。

4）穴盘中每穴内的种苗相对独立，既减少相互间病虫害的传播，又减少小苗间营养的争夺，根系也能得到充分发育。

5）穴盘苗起苗方便、移栽简捷，不损伤根系，移栽入土后缓苗期短，定植成活率高。

6）同一条件播种和管理，使小苗生长发育一致，可提高种苗品质，有利于规模化生产。

7）轻基质、轻容器，便于存放和运输，实现种苗的市场化。这为花卉业扩大生产创造了很好的条件。

2. 生产穴盘苗的条件和设备

1）温室。由于穴盘育苗对光、温、水等环境条件要求较高，所以用穴盘育的苗必须在温室、塑料大棚中生存。一般宜选用中、高档的玻璃温室或双层薄膜温室，并要求内部有加温、降温、遮阳、增湿等配套设备以及移动式苗床。

2）混料、填料设备。生产者可根据生产规模及育苗用穴盘的主要规格等因素考虑选用不同类型的混料和填料设备。

3）灌溉设备。育苗温室中必须配置供水点，以便接水管及时喷洒苗盘。

4）播种机。用于规模化生产。

5）发芽室。如果仅仅是学校用于教学，这个可不配备。

6）其他设备。打孔器、覆料机、移苗机、传送带、穴盘（草花生产上常用 128 穴、200 穴、288 穴等）。

3. 穴盘苗的生长发育各阶段管理

一般穴盘苗可分为四个生长阶段，即第一阶段：从播种到胚根长出；第二阶段：子叶展开到第一片真叶展开；第三阶段：快速生长期；第四阶段：炼苗期。从第一阶段到第四阶段，湿度逐渐降低，光照可以逐渐增加，肥料可以逐渐增加。各个种类的具体要求有所区别，种植者可以根据在不同阶段里，苗对光照、温度、水分、空气湿度和养分等的具体不同要求来加以管理。值得引起注意的是，从播种到胚根长出这一阶段尤其重要。不同的花卉种子有不同的发芽习性。如有些花卉发芽时对光照有要求（如一串红、鸡冠花）；有的则是嫌光性的（如长春花）；有的又对湿度要求很高（如四季海棠）。所以在播种以前，一定要对种子的发芽习性了如指掌，以确保生产的顺利进行。

4. 常见的育苗失败原因分析

如果育苗失败，排除可能的种子质量问题后，主要的原因有以下几个方面：

1）使用了不合适的育苗介质。介质太肥或保水性太好造成种子在未发芽前已经腐烂。

2）介质水分控制或者使用不当。使用了污塘水或井水也会造成种子腐烂及不出芽，因为播种期间为高温天气，缺水也会造成种子不出芽、回芽或幼苗枯死（图1-59）。

3）暴晒及过分遮阴也会形成苗的大量死亡。

4）暴雨的袭击会造成种子流失及掩埋。

5）育苗温度过低或过高。

6）施肥、喷药不当，产生肥害、药害。

7）种子颗粒大，被老鼠或鸟类侵食。

图1-59　缺水造成幼苗枯死

【拓展知识】

一、自动播种机播种

当生产量较少时，实行人工点播。现在专门从事花卉繁殖和栽培的园艺公司均采用播种机进行穴盘播种（图1-60～图1-65）。

图1-60　自动播种机1（穴盘放置）

图1-61　自动播种机2（填土）

图 1-62　自动播种机 3（打孔）

图 1-63　自动播种机 4（播种）

图 1-64　自动播种机 5（覆盖）

图 1-65　自动播种机 6（浇水）

二、花卉的播种繁殖

播种繁殖是利用树木的有性后代——种子，对其进行一定的处理和培育，使其萌发、生长、发育，成为新的一代幼苗个体。用种子播种繁殖所得的幼苗称为播种苗或实生苗。

1. 播种繁殖特点

1）利用种子繁殖，一次可获得大量幼苗。

2）播种苗生长旺盛，健壮，根系发达，寿命长，抗性强。

3）用种子繁殖的幼苗，遗传保守性较弱，对新环境的适应能力较强，有利于异地引种的成功。

4）用种子播种繁殖的苗木，特别是杂种幼苗，由于遗传性状的分离，在幼苗中常会出现一些新类型的品种。

5）用种子繁殖的幼苗，开花、结果时间较无性繁殖的幼苗晚。

6）由于播种苗具有较大的遗传变异性，因此对一些遗传性状不稳定的园林树种，用种子繁殖的苗木常常不能保持母树原有的观赏价值或特征特性。

2. 播种前的种子处理

（1）种子精选　种子经过储藏，可能发生虫蛀、腐烂等现象。为了获得纯度高、品质好的种子，确定合理的播种量，以保证播种苗齐、苗壮，在播种前应对种子进行精选。其方法可根据种子的特性和夹杂物的情况进行筛选、风选、水选（或盐水选、黄泥水选）或粒选等。一般小粒种子可以采用筛选或风选，大粒种子进行粒选。

（2）种子消毒

1）硫酸铜溶液浸种：使用浓度为0.3%~1.0%，浸泡种子4~6h，取出阴干，即可播种。硫酸铜溶液不仅可消毒，对部分树种（如落叶松）还具有催芽作用，可提高种子的发芽率。

2）敌克松拌种：常用75%可湿性粉剂拌种播种，药量为种子重量的0.2%~0.5%。先用药量10~15倍的土配制成药土，再拌种。此方法对苗木猝倒病有较好的防治效果。

3）福尔马林溶液浸种：在播种前1~2天，配制浓度为0.15%的福尔马林溶液，把种子放入溶液中浸泡15~30min，取出后密闭2h，然后将种子摊开阴干后播种。1kg浓度为40%的福尔马林可消毒100kg种子。用福尔马林溶液浸种，应严格掌握时间，不宜过长，否则将影响种子发芽。

4）高锰酸钾溶液浸种：使用浓度为0.5%的高锰酸钾溶液，浸种2h；也可用3%浓度的溶液，浸种30min，取出后密闭30min，再用清水冲洗数次。采用此方法时要注意，对胚根已突破种皮的种子，不宜采用本方法消毒。

5）石灰水浸种：用1%~2%的石灰水浸种24h左右，对落叶松等有较好的灭菌作用。利用石灰水进行浸种消毒时，种子要浸没10~15cm深，种子倒入后，应充分搅拌，然后静置浸种，使石灰水表层形成并保持一层碳酸钙膜，提高隔绝空气的效率，达到杀菌目的。

6）热水浸种：水温40~60℃，用水量为待处理种子的两倍。本方法适用于针叶树种或大粒种，对种皮较薄或种子较小的树种不适宜。

（3）种子催芽　对于有休眠特性的种子，用人为的方法打破种子的休眠，并使种子长出胚根。进行催芽处理时，要根据花卉种子的特性和经济效果，选择适宜的催芽方法。花圃生产中常用的催芽方法有以下几个：

1）层积催芽。把种子与湿润物混合或分层放置，促进其达到发芽程度的方法称为层积催芽。层积催芽又分为低温层积催芽、变温层积催芽和高温层积催芽等。低温催芽的适宜温度，多数花卉为0~5℃，极少数为6~10℃。温度过高，种子易霉变，效果不好。层积催芽时，要用间层物和种子混合起来（或分层放置），间层物一般用湿沙、泥炭、沙子等，它们的湿度应为土壤含水量的60%，即以手用力握湿沙成团，但不滴水，手捏即散为宜。层积催芽还必须有通气设备，种子数量少时，可用花盆，上面盖草袋子，也可以用秸秆做通气孔。处理种子多时可在室外挖坑。一般选择地势高燥、排水良好的地方，坑的宽度以1m为好，不要太宽。层积催芽的效果除决定于温度、水分、通气条件外，催芽的天数也很重要。低温层积催芽所需的天数随着树种的不同而不同。

2）浸种催芽。浸种的目的是促使种皮变软，种子吸水膨胀，有利于种子发芽，这种方法适用于大多数树种的种子。浸种法又分为热水浸种、温水浸种和冷水浸种三类。

①热水浸种。对于种皮特别坚硬、致密的种子，为了使种子加快吸水，可以采用热水浸种，但水温不要太高，以免伤害种子。一般温度为70~80℃。

②温水浸种。对于种皮比较坚硬、致密的种子，宜用温水浸种。水温为40~50℃，浸种时间一昼夜，然后捞出摊放在席上，待种子有裂口后播种。

③冷水浸种。对一些小粒种子，由于种皮薄，一般用冷水浸种。

浸种时种子与水的容积比一般以1:3为宜，浸种时间一般为1~2个昼夜。在催芽过程中要注意温度应保持在20~25℃之间。保证种子有足够的水分，有较好的通气条件，经常检查种子的发芽情况，当种子有30%裂嘴时即可播种。

3）药剂浸种和其他催芽方法。

① 用草木灰或小苏打水溶液或60%的浓硫酸浸洗一些种皮特别厚的种子有催芽效果。

② 药剂浸种，还可用微量元素如硼、锰、铜等浸种以提高种子的发芽势和幼苗的质量。用植物激素如赤霉素、吲哚丁酸、萘乙酸、2，4-D、激动素、6-苄氨基嘌呤、苯基脲、硝酸钾等浸种可以解除种子休眠。赤霉素、激动素和6-苄氨基嘌呤一般使用浓度为0.001%~0.1%，而苯基脲、硝酸钾的使用浓度为0.1%~1%或更高。

③ 机械方法催芽是用刀、锉或沙子磨损种皮、种壳，促使其吸水、透气和种子萌动。机械处理后一般还需水浸或沙藏才能达到催芽的目的。

3. 播种时间

播种时期的划分，通常按季节分为春播、夏播、秋播和冬播。

（1）春播　春季是主要的播种季节，在大多数地区，大多数花卉都可以在春季播种，一般在土地解冻后至树木发芽前将种子播下。播种时间宜早不宜迟，适当早播的幼苗抗性强。

（2）夏播　夏播适用于易丧失发芽力，不易储藏的夏熟种子。随采随播，种子发芽率高。夏播应尽量提早，当种子成熟后，便立即进行采种、催芽和播种，以延长苗木生长期，提高苗木质量，使其能安全越冬。

（3）秋播　秋播是次于春播的重要季节。一些大、中粒种子或种皮坚硬的、有生理休眠特性的种子都可以在秋季播种。一般种粒很小或含水量大且易受冻害的种子不宜秋播。为减轻各种危害，秋播应掌握"宁晚勿早"的原则。

（4）冬播　我国南方气候温暖，冬天土壤不冻结，而且雨水充沛，可以进行冬播。

4. 播种方法

目前常用的播种方法有条播、点播和撒播三类。播种方法因树种特性、育苗技术和自然条件等不同而异。

（1）条播　条播是按一定的行距，将种子均匀地撒在播种沟中的播种方法。条播一般播幅（播种沟宽度）为2~5cm，行距为10~25cm。

（2）点播　点播是按一定的株距、行距挖穴播种，或按行距开沟后再按株距将种子播于沟内。点播主要适用于大粒种子，如银杏等。点播的株距、行距应根据树种的特性和苗木的培育年限来决定。播种时要注意种子的出芽部位，正确放置种子的姿态，便于出芽。点播具有条播的优点，但比较费工，产量也比另外两种方法少。

（3）撒播　将种子均匀地撒播在苗床上或垄上。撒播主要适用于一般小粒种子。

5. 播种流程

（1）播种　播种极小粒种子时，在播种前应对播种地进行镇压，以利种子与土壤接触。极小粒种子可用沙子或细泥土拌和后再播，以提高均匀度。播种前如果土壤过于干燥应先进行灌溉，然后再播种。

（2）覆土　播种后应立即覆土，以免播种沟内的土壤和种子干燥。为了使播种沟中保持适宜的水分、温度，促进幼芽出土，要求覆土均匀，厚度适当，而且覆土速度要快。一般覆土厚度应为种子直径的 2~3 倍。

（3）镇压 为了使种子与土壤紧密接触，使种子能顺利从土壤中吸取水分，在干旱地区或土壤疏松、土壤水分不足的情况下，覆土后要进行镇压。但对于较黏的土壤不宜镇压，以防土壤板结，不利幼苗出土。对于不黏而较湿的土壤，需待其表土稍干后再进行镇压。

6. 播种苗的生长发育特点

播种苗的生长周期分为出苗期、幼苗期、速生期和炼苗期四个时期。

（1）出苗期 从播种到幼苗出土的时期为出苗期。本期特点：苗弱、根浅、抗性差。出苗期持续时间因植物和播种期不同而有差异。此阶段的中心任务是促使种子迅速萌发，提高种子的场圃发芽率，使出苗整齐、均匀、生长健壮。

（2）幼苗期 从幼苗出土后能够进行光合作用制造营养物质开始，到苗木进入生长旺盛期之间为幼苗期。本期特点：过渡叶形变为固定叶形，侧根生长并形成根系，根系分布较浅，抗性差，易受害。持续时间多数为 2 周左右。本期管理的主要任务为提高幼苗成活率，促进根系生长，进行蹲苗。

（3）速生期 从幼苗的生长量迅速上升时开始，到生长速度大幅下降时为止。本期生长特点：生长速度最快，生长量最大，主根的长度显著增加，抗性显著增强。此时期影响幼苗生长发育的外界因子主要是土壤水分、养分和气温。持续时间多为 2~3 周。本期的育苗技术要点为勤施肥、多灌水、防病虫害。

（4）炼苗期 此期主要为后面将要进行的上盆做准备。应适当控水，使根系更加发达。

实训2　花卉的分类识别与在园林中的应用调查

一、实训目的

1. 进一步掌握花卉分类的基本知识。

2. 掌握花卉识别的方法，能够准确对常见温室花卉和露地花卉进行识别和分类。

3. 通过实地调查和观察，了解和掌握花卉在园林中的应用知识。

二、实训器件

枝剪、课本等。

三、实训地点

当地各大广场、公园、花鸟市场、温室及具有一定规模的绿化带。

四、实训步骤及要求

1. 露地花卉识别

（1）巩固理论知识 复习花卉学总论中露地花卉的分类知识，预习各论中各种露地花卉的形态特征，抓住识别关键点。

露地及园林花卉大体可分为如下几类：

1）一年生花卉：即在一年内完成从播种到开花、结实、枯死的生命周期。常见种类有翠菊、鸡冠花、一串红、万寿菊、凤仙花、百日草、波斯菊、半支莲、麦秆菊等。

2）二年生花卉：即生命周期在两年内完成。一般当年秋季播种，第二年春夏开花。常见种类有羽衣甘蓝、虞美人、须苞石竹、紫罗兰、桂竹香等。

3）宿根花卉：即地下部分形态正常的多年生花卉。常见种类有菊花、芍药、鸢尾、耧斗菜属、石竹属、铁钱莲属、蜀葵等。

4）球根花卉：即地下部分变态肥大的花卉。常见种类有大丽花、美人蕉、唐菖蒲、水仙、郁金香、风信子、百合、晚香玉、石蒜属等。

5）水生花卉：即在水中或沼泽地中生长的花卉。如荷花、睡莲、凤眼莲、千屈菜、王莲、水葱、香蒲、萍蓬莲等。

6）岩生花卉：即耐旱性强，适应在岩石园的石缝间栽培的花卉。如大花岩芥菜、山庭荠、矮点地梅、洋牡丹等。

7）木本花卉：如月季、蜡梅、丁香、紫薇、桂花、紫荆等。

（2）园林及露地花卉识别　到当地广场游园、公园、园林绿化地带实地识别露地花卉。在条件许可时，可将比较陌生的花卉种类剪取枝叶花朵等拿到室内再做判断和进一步的识别，以加深印象。

2. 室内及温室花卉识别

（1）巩固理论知识　复习温室花卉的分类知识，并通过各论了解各种温室花卉的形态特征。室内及温室花卉通常分为以下几类进行识别：

1）一、二年生花卉：常见种类有瓜叶菊、彩叶草、蒲包花、报春花等。

2）宿根花卉：如君子兰属、非洲菊、鹤望兰、四季秋海棠、虎尾兰属、花烛属、吊兰属、花叶万年青、吊竹梅等。

3）球根花卉：如仙客来、大岩桐、球根秋海棠、马蹄莲、朱顶红、小苍兰、文殊兰、蝴蝶兰等。

4）亚灌木花卉：如香石竹、倒挂金钟、天竺葵、文竹、木茼蒿属等。

5）木本花卉：如一品红、木槿属、变叶木、八仙花、叶子花、山茶属、朱蕉属、龙血树属、榕属等。

6）兰科花卉：如春兰、惠兰、建兰、墨兰、卡特兰、兜兰、石斛等。

7）蕨类植物：如肾蕨、铁钱蕨等。

8）仙人掌及多浆植物：如金琥、仙人球、仙人掌、仙人指、令箭荷花、量天尺、昙花、生石花、芦荟、龙舌兰等。

（2）室内及温室花卉识别　到校园花房、市区花卉市场进行盆花识别，记录花卉种类及主要特征。

3. 统计调查

统计调查包括草本花卉在园林中的应用方式、用花种类、花卉配置，花卉色彩、株形、株高等的搭配方法等，具体分为以下几类：

（1）一、二年生及多年生草本花卉在园林中的应用　主要应用于花坛、花境、花台、花丛及花群等。观察这些应用形式的构图，用花种类、数量及色彩的搭配，以及用花的位置、效果等。

（2）岩生花卉的应用　主要在岩缝石隙间，调查统计哪些花卉常用作岩生花卉，以及岩生花卉的应用位置、方式及应用效果等。

（3）水生花卉的应用　主要应用于水体，少数应用于沼泽类湿地。调查园林中常用的水生花卉的种类、应用方式、方法等。

4. 木本花卉在园林中的应用

调查园林中常用木本花卉的种类、应用形式、位置及相互间的配置等（表1-4）。

五、实训分析与总结

1. 根据花卉栽培习性的不同，可将其分为露地花卉和温室花卉两大类。其中露地花卉又分为一年生花卉、二年生花卉、宿根花卉、球根花卉、水生花卉、岩生花卉、木本花卉几类；温室花卉分为一、二年生花卉、宿根花卉、球根花卉、亚灌木花卉、木本花卉、兰科花卉、仙人掌及多浆植物、蕨类植物等。

表1-4 花卉调查统计

花卉种名	类别	观赏应用特点	栽培方式	应用方式

2. 花卉的分类识别与应用应结合多媒体和实际植物实地考察进行，需反复接触以加深记忆。花卉的识别单凭课堂有限的时间是不够的，应注意平时的学习积累。

3. 在园林中，不同的花卉有不同的应用特点。本次实训的目的在于让学生熟悉和了解不同花卉的应用方法，为今后的学习所用。园林中常见的花卉有两大类，即草本花卉和木本花卉，而草本花卉又有一、二年生花卉、多年生花卉、岩生花卉、水生花卉、草坪草及地被植物等。此次实训调查中，应根据不同类型的花卉进行统计，以掌握应用方法。

4. 此次实训以实地调查和观察形式进行，只有在调查中采用有效的方法才可获得较好的结果。实训除课堂有限的学时外，应结合课外学习进行，达到熟悉和准确掌握。

【评分标准】

花卉识别和特点评价见表1-5。

表1-5 花卉识别和特点评价

考核内容要求	考核标准（合格等级）
1. 能识别当地园林常用花卉 2. 能掌握花卉的观赏特点、栽培应用方式等	1. 对当天调查的花卉种类识别记录达到90%以上；并能认真完成调查表格，填写内容90%以上正确无误。考核等级为 A
	2. 对当天调查的花卉种类识别记录达到80%以上90%以下；并能认真完成调查表格，填写内容80%以上90%以下正确无误。考核等级为 B
	3. 对当天调查的花卉种类识别记录达到60%以上80%以下；能比较认真完成调查表格，填写内容60%以上80%以下正确无误。考核等级为 C
	4. 对当天调查的花卉种类识别记录达到60%以下；不能认真完成调查表格，填写内容正确率60%以下。考核等级为 D

实训 3　花卉种子的采集、处理、识别

一、实训目的

1. 掌握当地主要园林花卉种子的采集方法和采种期。

2. 掌握取种和净种的方法。

3. 通过学习，能够识别常见园林花卉的种子。

二、实训设备及器件

修枝剪、高枝剪、采种塑料布、采种塑料袋、纸袋、盛种盘、盛种容器、吸水纸、干燥箱、种筛等。

三、实训地点

野外、公园、学校教学做一体化教室。

四、实训步骤及要求

1. 种子采集

（1）选择适宜的留种母株　要求品种纯正，生长健壮，发育良好，无病虫害的植株作留种株。

（2）确定采集时间　根据种类特性确定。对于大粒种实可在开裂时或脱落后采收；对于小粒易开裂的干果和球果的种子，宜在将要开裂、清晨空气湿度大时采收。

（3）采集　方法大致有如下三种：

1）采摘法：适用于种子轻小、脱落后易飞散的花卉种类及色泽鲜艳，易招引鸟类啄食的果实和需提前采集的种子。

2）摇落法：适用于植株较矮小、种子易振落的花卉种类，在种实成熟后，脱落前需振动植株，使种子落于铺在地面的塑料布上，然后进行收集。

3）地面收集：适用于大粒种子。

（4）记录　记录花卉种类，采种时间、地点、方法，描述花卉生长环境特点。

2. 取种和净种

取种和净种即种子处理，主要因种实的类型而异，做法如下：

1）干果类种子采收后，应尽快干燥，首先连枝或连壳晾晒，或覆盖后晾晒，或在通风处阴干，切忌暴晒。经初步干燥后，再脱粒，并采用风选，去壳去杂，最后进一步干燥，至含水量达安全指标 8% ~ 15%。

2）肉果类种子采收后为防腐烂应及时处理。即用清水浸泡数日，或短期发酵（21℃以下 4 天），或直接揉搓、取种、去杂、阴干。

3）球果类种子采收后将球果暴晒 3 ~ 10 天，然后脱粒，风选或筛选去杂即可。

3. 识别种子

将采集到的各种花卉种子分别取出一部分盛放在玻璃皿内，摆放在桌面上，分别进行比较、识别，记录各种花卉种子的主要形态特征。

五、实训分析与总结

1）花卉种子的采集与处理应根据不同花卉种子的形态特征及特性采取不同的方法和措

施。种子的大小是影响采集和处理的重要因素，花卉种子成熟时的特性也是一个重要的影响因素，在实际操作中应注意灵活熟练地掌握。

2）在进行花卉种子的识别时应抓住不同种子的典型特征，从一个或两个关键点加以区别。对于特别相似的花卉种子，应仔细进行比较。通过此次实训，使学生至少能识别 30 种常见花卉的种子。

【评分标准】

种子采集、处理和识别评价见表 1-6。

表 1-6　种子采集、处理和识别评价

考核项目	考核内容要求	考核标准（合格等级）
种子采集	1. 能把握具体植物种子的正确采集时间 2. 能根据不同种子的特点采用恰当的收集方法收集种子 3. 详细记录所采种子的名字，采集时间、地点、方法等	1. 正确把握采种时间，采用正确的方法采集种子，并能认真详细地记录所采种子的名字，采集时间、地点、方法等。考核等级为 A 2. 能比较正确把握采种时间，采用比较正确的方法采集种子，并能比较认真详细地记录所采种子的名字，采集时间、地点、方法等。考核等级为 B 3. 在把握采种时间，采集种子的方法和记录所采种子的名字，采集时间、地点、方法等方面比较粗糙但基本完成。考核等级为 C 4. 在把握采种时间，采集种子的方法和记录所采种子的名字，采集时间、地点、方法等方面不认真，操作完全不对。考核等级为 D
种子处理	1. 能正确区分所采集种子的类别 2. 能采用适当的办法处理种子	1. 能采用最恰当合适的方法处理种子。考核等级为 A 2. 能较为认真地处理种子，并获得较好的处理结果。考核等级为 B 3. 能处理种子但处理的效果不好。考核等级为 C 4. 没有认真采用合适的方法处理种子，使得种子最后报废。考核等级为 D
种子识别	1. 能详细记录所采种子的主要形态特征 2. 能认识常见的一些花卉种子	1. 能认真详细地记录所采种子的主要形态特征；并能完全正确识别所采集种子。考核等级为 A 2. 在记录所采种子的主要形态特征方面有一、两项遗漏或不全面；识别所采集种子时有少量识别错误。考核等级为 B 3. 在记录所采种子的主要形态特征方面有多项遗漏或不全面；识别所采集种子时有较多识别错误。考核等级为 C 4. 在记录所采种子的主要形态特征方面很多遗漏；识别所采集种子时有大部分识别错误。考核等级为 D

实训 4　花卉的播种育苗（穴盘点播育苗和托盘撒播育苗）

一、实训目的

1. 掌握针对较大粒种子的穴盘点播育苗的方法。

2. 掌握针对较小粒种子的托盘撒播育苗的方法。

二、实训设备及器件

生产大棚、浅水槽、花卉种子、遮阳网、泥炭、珍珠岩、蛭石、细河沙、甲基托布津、穴盘、托盘、大铁锹、小铁锹等。

三、实训地点

生产性大棚内。

四、实训步骤及要求

1. 拌介质

泥炭:珍珠岩:蛭石 =6:2:2，甲基托布津。浇水至手握介质成团，手松即散的程度。

2. 装介质

将充分拌匀并浇好水的介质用小铁锹铲入穴盘和托盘。注意不要用手或铲子去压平介质面，而是轻轻抖动使表面平整即可。

3. 播种

（1）大粒种子如一串红的种子，学生分组，在每个穴盘孔穴里点一颗，注意要求尽量把种子点于孔穴的中央位置并且每个孔穴只点一颗以防止浪费种子以及一个孔穴发多个幼苗影响生长。

（2）小粒种子如鸡冠花、彩叶草的种子，学生分组，把种子与河沙按 1∶10 的比例拌匀，然后均匀地将其撒播于托盘内。

4. 覆盖

大粒种子用珍珠岩覆盖，小粒种子用细沙面土覆盖，根据种子大小，覆盖要均匀，厚薄适当。

5. 浸水

将处理好的穴盘和托盘置于浅水槽，浸湿介质避免浇水冲掉种子或使得介质板结不利发芽。

6. 覆盖

用遮阳网覆盖保湿。

7. 经常检查出苗情况。出苗50％后可逐渐去除覆盖物，进入正常管理。

五、实训分析与总结

1）播种繁殖是花卉繁殖的基本常用方法，其利用花卉种子获得所需的植株，方法简单，易于掌握分寸，但在育苗期需认真、精细，这是大多数一、二年花卉的繁殖方式。

2）花卉种子发芽及幼苗生长需要平整、细碎、肥沃的介质，所以播种面需平整，介质需打得尽量细碎。

3）播种育苗方法比较简单，但播种需做到均匀、深浅一致，有利发芽。苗期应注意精细管理。

【评分标准】

花卉的播种育苗评价见表1-7。

表1-7　花卉的播种育苗评价

考核内容要求	考核标准（合格等级）
1. 能正确配制基质（泥炭、珍珠岩、蛭石比例合适），并能正确添加杀菌剂消毒基质 2. 能利用托盘进行撒播育苗 3. 能熟练地将撒播苗移植到200穴的穴盘进行进一步的培育并保证较高的成活率 4. 能获得高成活率、高品质的穴盘苗	1. 小组成员参与率高，团队合作意识强，服从组长安排，任务完成及时；配制基质过程、托盘撒播、移植穴盘等操作方法正确；能进行正确的幼苗管理，发芽率90%以上。考核等级为A 2. 小组成员参与率较高，团队合作意识较强，比较服从组长安排，任务完成及时；配制基质过程、托盘撒播、移植穴盘等操作方法基本正确；能进行较为正确的幼苗管理，发芽率80%以上90%以下。考核等级为B 3. 小组成员参与率一般，团队合作意识还有待加强，有少数不服从组长安排，任务完成及时；配制基质过程、托盘撒播、移植穴盘等操作方法基本正确；基本能进行正确的幼苗管理，发芽率60%以上80%以下。考核等级为C 4. 小组成员参与率不高，团队合作意识不强，基本不服从组长安排，任务完成不及时；配制基质过程、托盘撒播、移植穴盘等操作方法有错误；不能进行正确、认真的幼苗管理，发芽率60%以下。考核等级为D

实训 5　穴盘的拼盘补苗及撒播苗的移植

一、实训目的

1. 学习和掌握穴盘的拼盘补苗技术。

2. 掌握撒播苗的移植技术。

二、实训设备及器件

生产大棚、前期播种的穴盘苗和撒播苗、起苗器、喷壶、泥炭、珍珠岩、蛭石、甲基托布津、穴盘、大铁锹、小铁锹等。

三、实训地点

生产大棚内。

四、实训步骤及要求

1. 拌介质

泥炭∶珍珠岩∶蛭石 = 6∶2∶2，甲基托布津，浇水至手握介质成团，手松即散的程度。

2. 装介质

将充分拌匀并浇好水的介质用小铁锹铲入穴盘。注意不要用手或铲子去压平介质面，而是轻轻抖动使表面平整即可。

3. 移苗

将撒播幼苗小心地用起苗器轻轻挖出，尽量不要弄伤根系，移入穴盘内。经过穴盘内的进一步生长，便于下次的上盆并且为幼苗的生长提供更好的生长空间。

4. 拼盘补苗

对前期播种入穴盘的幼苗进行拼盘补苗。经过发芽阶段，由于一些不可预料的因素如种子原因、管理原因等，发芽率有差异，有的可以达到90%以上，但有的50%都不到，并且苗的大小也有差异，为了节约大棚空间和方便统一管理，需对穴盘进行拼盘补苗。补苗时注意尽量让一个穴盘中苗的大小、生长势差不多，便于后期浇水、施肥等管理或出售。

5. 喷水

用喷壶喷透水。

6. 缓苗

置于遮阳网下缓苗。

五、实训分析与总结

拼盘补苗以及移苗技术要求不高，劳动强度也不大，但是需要同学们的耐心和细心，需要反复操作，熟练掌握。

【评分标准】

穴盘拼盘补苗及撒播苗评价见表1-8。

表1-8　穴盘拼盘补苗及撒播苗评价

考核内容要求	考核标准（合格等级）
1. 补苗时保证同一个穴盘的幼苗整齐度一致 2. 能熟练地将撒播苗移植到穴盘进行进一步的培育并保证较高的成活率	1. 小组成员参与率高，团队合作意识强，服从组长安排，任务完成及时；补苗时同一个穴盘幼苗整齐度高，移苗的成活率在90%以上。考核等级为A 2. 小组成员参与率较高，团队合作意识较强，比较服从组长安排，任务完成及时；补苗时同一个穴盘幼苗整齐度较高，移苗的成活率在80%以上90%以下。考核等级为B 3. 小组成员参与率一般，团队合作意识还有待加强，有少数不服从组长安排；补苗时同一个穴盘幼苗整齐度不够高，移苗的成活率在60%以上80%以下。考核等级为C 4. 小组成员参与率不高，团队合作意识不强，基本不服从组长安排，任务完成不及时；补苗时同一个穴盘幼苗整齐度不高，移苗的成活率在60%以下。考核等级为D

任务3　上营养钵养护

教学目标

〈知识目标〉

1. 了解花卉养护的重要性，明白"三分种，七分养"的内在含义。

2. 掌握花坛花卉养护的主要内容及质量要求。

3. 掌握对花卉生长影响较大的几个因素如温度、光照、水分、肥料、株型调整等是如何影响花卉生长的。

〈技能目标〉

1. 能对营养钵苗进行正常的日常养护工作，包括浇水、施肥、遮阴、控温、摘心、修剪等一系列工作。

2. 能针对营养钵苗生长中出现的一些不良情况如株型不佳、提早开花、徒长、生长缓慢、花量少、开花质量不高等采取对应的养护措施和栽培措施去加以修正。

3. 能独立管理生产大棚和生产温室，能对大棚和温室的利用加以合理的规划和管理。

〈素质目标〉

1. 培养学生主人翁精神，负责任的学习和工作态度。

2. 培养学生细心观察的能力，学会理论联系实际。

教学重点

1. 根据花卉的生长阶段、生长势以及自然气候变化采取相应的环境调控措施，包括温室的加温、降温、通风换气、遮阴、补光等。

2. 根据花卉的生长阶段、生长势以及自然气候变化采取相应的栽培措施包括浇水、施肥、整形修剪、病虫害防治等工作。

教学难点

1. 如何根据花卉种类、生长阶段以及气候变化合理使用温室设备。

2. 怎么做到合理浇水：浇水频率、浇水多少这些光是有理论知识是不够的，还需要实践的摸索，经验的累积，鉴于学生学习的时间有限，要比较好地掌握有一定难度。

3. 施肥和病虫害防治：施什么肥，施多少，什么时候施，这些都需要不断的学习、实践，在实践中慢慢摸索，细细体会。出现病虫害尤其是出现病害了该怎么办，这些相对学生来说要想真正掌握还是需要时间和实践的。

【实践环节】

上盆

1. 标准

根系将整个穴盘基质盘得很好（图1-66）；从穴盘平面看上去，幼苗冠幅已经铺满整个穴盘，此时即可移植上盆（图1-67）。

穴盘苗上盆及养护之一　上盆

图1-66　根系已经盘牢

图1-67　冠幅已铺满穴盘

2. 上盆流程

（1）配制上盆基质　泥炭70%珍珠岩30%。

（2）填盆土　将配制好并浇好水的基质用手或小铲子装入10~13cm口径的营养钵（这个根据冠幅来定，冠幅大、呈莲座状的如羽衣甘蓝适当大些，冠幅小或直立性强的如鸡冠花、孔雀草等适当小些）。苗大营养钵小影响美观，苗小营养钵大价格成本增加，因为营养钵越大价格越贵。

（3）起苗（图1-68）　将小苗从穴盘里连同基质一起拔出来，注意尽量不要伤害根系，操作时即尽量不要让基质团散开。

（4）种植　将小苗种入营养钵（图1-69）。注意尽量种在中间，另外只需将基质摊平就好不必使劲镇压。

（5）浇定根水　将基质和小苗浇透，淋湿，使得小苗与基质结合紧密并提高湿度（图1-70）。

3. 养护

（1）光照控制　绝大部分的花坛花卉都是喜光的。光照充足有利于防止植株徒长。但是光照强烈的夏季，需要避免直射阳光，晴天要遮阴降温。一些对光照长度敏感的花卉，还可以用控制光照时间的方法调节花期。长日照花卉如瓜叶菊，其花芽形成后，长日照能防止其茎的伸长，促使其提早

穴盘苗上盆及养护之二　养护

开花。而菊花等短日照花卉加以短日照处理也能够促使其提早开花。当然也可用短日照花卉进行长日照处理和长日照花卉进行短日照处理以达到延迟开花的目的。

图1-68　起苗

图1-69　上盆

（2）温度控制　温度是花坛花生长中最为重要的因素。当温度合适时，植物生长健壮，株形良好。温度过高，对于二年生花卉，如三色堇、报春花、羽衣甘蓝、金盏菊等，如果是在酷热的长江流域夏季育苗，会造成育苗困难，需要在高山或者有良好降温设施的温室中才能较好地生长。温度过低，大多数一年生花卉霜降之后就会死亡，对于二年生花卉，5℃以下基本不会再生长。

一般花坛花植物适宜的育苗温度为18～25℃。适宜的生长温度，一年生花卉略高，为20～30℃；

图1-70　浇定根水

二年生花卉略低，为15～25℃，具体种类又有一定的差异。值得一提的是，上盆后至开花前温度应逐渐降低，降低幅度因花卉品种不同而异。这样的温度控制对形成良好的株形是最理想的，且开花后降低温度对延长花期也很有效。但在实际生产中可能难以达到此条件。但一般来讲，大部分花坛花卉只要在5℃以上就不会受冻害，10～30℃间可生长。对于冬季确实需要保温的花坛花品种，可视实际情况不同采用二道膜、小拱棚或加温机进行保温、加温。

（3）通风管理　及时地通风，使植株有一定的摆动，则可以减轻阴雨天气植株的徒长。也可以降低过高的空气湿度，降低根部的水分含量，以降低病害的发生。温度高时，还可以降低温度。

（4）水肥管理　水分管理的关键是采用排水良好的介质，保持介质的湿润固然重要，但每次浇水前适当的干燥也是必要的，但不能使介质过干而导致植株枯萎（图1-71）。对于完全用人工介质栽培的大部分花坛花卉，施肥宜采用20－10－20和14－0－14的水溶性肥料，以200～250mg/kg的浓度7～10天交替施用一次。在冬季气温较低时，要减少20－10－20水溶性肥料的施用量。水溶性肥料的施用可采用肥料配比机，简便易行。如果是以普通土壤为介质的，则可以在介质装盆前用复合肥适量混合作基肥。当肥力不足时，再追施水溶性肥料。

（5）病虫害控制　花坛花的病害可分为两类：一类是由栽培环境的介质、水源、气候等条件不适，人工操作不当或有害物质污染等引起的非侵染性病害，或称为生理性病害，如高温、低温、干旱、潮湿、弱光、强光、盐碱、尿素中毒、农药残留等原因引起的植物不良反应；另一类是侵染性病害，是由病原生物如真菌、细菌、病毒、线虫等引起的，它们繁殖力强、危害大，在一定的条件下，会迅速扩展开来，如猝倒病、软腐病、灰霉病、花叶病等。防治病害主要从改善环境条件入手，去除有害物质，积极预防，有效防治。

图1-71　水分管理不当

　　总体来看，花坛花卉除蚜虫、菜蛾、蓑蛾、菜青虫等害虫危害而外，还有蜗牛、鼠类等，因花坛花种类不同危害轻重不一。通常多选用高效低毒或药效期短的化学药剂防治。病虫害的具体防治方法和药剂量可参照各论所述。

【理论知识】

一、穴盘苗的上盆及养护

1. 矮牵牛 *Petunia hybrida*

（1）移植／上盆　有3~4对真叶时，即可移植上盆（图1-72、图1-73、图1-74）；根据植株高度、株径要求，一般采用12cm×13cm的营养钵上盆，可一次到位，不用再进行换盆。

图1-72　矮牵牛上盆苗　　　　图1-73　矮牵牛苗上盆5天后　　　　图1-74　矮牵牛苗上盆10天后

（2）光照调节　移植后几天加以遮阴、缓苗（图1-75），然后在整个生长期均不需要遮阴。气温高于30℃的中午需遮阴降温。

（3）温度调控　不要低于15℃，温度过低会推迟开花，甚至不开花。因此温度过低时应打开温室内保温系统和加温机增加室内温度，温度控制在20℃左右最好，通常高于25℃以上要考虑打开天窗、侧窗、湿帘、风机并拉上外遮阳系统等降温。

（4）水肥管理　浇水始终遵循不干不浇，浇则浇透的原则。勤施薄肥，选择水溶性肥

20 – 10 – 20 和 14 – 0 – 14 两种交替施用，根据生长情况每 3 ~ 5 天施用一次，浓度为 50 ~ 100mg/kg。

（5）整形修剪　夏季生产中因气温关系，一般主枝生长较快，需要摘心一次。切记打顶摘心时不可过低，只摘除顶芽即可，否则不利生长。

（6）病虫害防治　采用 50% 百菌清可湿性粉剂、50% 甲基托布津可湿性粉剂等 800 ~ 1000 倍液隔一周或 10 天左右喷一次。

图 1-75　摆放及缓苗

（7）出圃质量　冬季生产的盆花，采用 12cm 口径的营养钵，冠幅一般在 20 ~ 25cm 间，株形整齐、饱满，开花一致；夏季生产的盆花，采用 10cm 口径的营养钵，冠幅一般在 15 ~ 18cm 间。矮牵牛可进行长途运输。

2. 三色堇 *Viola tricolor*

（1）移植/上盆　穴盘育苗有 6 ~ 7 枚真叶时，即可移植上盆；根据植株高度、株径要求，一般采用 10cm×12cm 的营养钵上盆，可一次到位，不用再进行换盆。

（2）光照调节　移植后几天加以遮阴、缓苗，在整个生长期均不需要遮阴。气温高于 30℃ 的中午需遮阴降温。

（3）温度调控　生长适温为 10 ~ 13℃。所以小苗的生长期降温非常重要。保护地栽培一定要控温，另外加强通风，否则容易引起徒长和病害。

（4）水肥管理　浇水要适度，过湿容易造成茎部腐烂，多病害。过干容易造成植株萎蔫。在 10 ~ 11 月气温已开始下降时可以适当干燥，不会影响植物的正常生长。一般以植物叶片的轻度萎蔫为基准。应勤施薄肥，生长期可用 50 ~ 100mg/kg 的 20 – 10 – 20 和 14 – 0 – 14 的水溶性肥料间隔施用，初花期只施 14 – 0 – 14 的水溶性肥料，每 3 ~ 5 天施用一次，盛花期适当拉长施肥时间可每 7 ~ 10 天施用一次。冬季控制水肥，否则特别是尿素过多，容易引起僵苗。

（5）病虫害　采用百菌清、甲基托布津等 800 ~ 1000 倍液隔一周或 10 天左右喷一次。

（6）出圃质量　生产采用 10cm×12cm 的营养钵，在第一朵花露色至盛花前即可出圃，冠幅一般应在 12 ~ 15cm 之间，株形较饱满，开花整齐、一致。耐运输。

3. 一串红 *Salvia splendens*

（1）移植/上盆　穴盘育苗的，有 4 ~ 5 对真叶时，即可移植上盆；根据植株高度、株径要求，一般采用 12cm×13cm 的营养钵上盆，可一次到位，不用再进行换盆。

（2）光照调节　移植后几天加以遮阴、缓苗，6 ~ 9 月晴天正午遮阴降温。其余时间均需充足光照。

（3）温度控制　5℃ 以上就不会受冻害，10 ~ 30℃ 间均可良好生长。夏季 35℃ 以上的高温时考虑打开天窗、侧窗、湿帘、风机并拉上外遮阳系统等降温。

（4）水肥管理　保持介质湿润，但每次浇水前适当的干燥也是必要的，当然不能使介质过干而导致植株枯萎。施肥宜采用 20 – 10 – 20 和 14 – 0 – 14 肥料，以 200 ~ 250mg/kg 的浓度 7 ~ 10 天交替施用一次。

（5）整形修剪　矮生品种均不必摘心，大株形品种摘心一次或两次。第一次在 3 ~ 4 对真叶时；第二次新枝留1~2对真叶时。如果第一次出花后未销售掉，还可以修剪一次，之后再栽培养护3~5周，虽然质量上有所下降，但如果机会把握得好，仍可获得收益。

（6）病虫害防治 普力克800~1500倍液，百菌清800~1000倍液，甲霜灵1000~1500倍液定期喷洒。

（7）出圃质量 采用12cm口径的营养钵栽培。在露色时至盛花前出圃，冠幅一般应在20~25cm间，株形整齐、饱满，开花一致。一串红不耐长途运输，高温季节装车后最好不要超过8h，低温季节也不要超过16h。

4. 鸡冠花 *Celosia cristata*

（1）移植/上盆 穴盘育苗的，有6~7枚真叶时，即可移植上盆；根据植株高度、株径要求，一般采用12cm×13cm的营养钵上盆，可一次到位，不用再进行换盆。

（2）光照调节 移植后几天加以遮阴、缓苗，鸡冠花为阳性植物，生长期要求阳光充足，光照充足还有利于防止植株徒长，特别是在苗期更应注意加强光照。

（3）温度控制 温度控制可以与一串红同步，超过35℃对植株的生长有影响，植株高度难以控制，且花穗容易畸形生长。

（4）水肥管理 水肥管理与一串红同步。

（5）整形修剪 一般品种的鸡冠花均不必摘心，但对某些品种可以打顶，通常在有3~4对真叶时进行。如果为了株高控制可采用矮壮素喷施的方法。移栽前，当有2~3对真叶时喷2~15mg/kg矮壮素，后期看长势，移栽后7~10天，再喷一次，第三次要看植物的长势，若控制好，就不用喷了，若长势还很旺，就必须再喷一次。

（6）病虫害防治 普力克800~1500倍液，百菌清800~1000倍液，代森锰锌1000~1500倍液进行定期喷洒。

（7）出圃质量 采用12~13cm口径的营养钵栽培。在出圃前，冠幅一般应为15~22cm，株形整齐、饱满，开花一致。鸡冠花可进行一定距离的长途运输，高温季节运输过程最好不要超过24h，低温季节运输也不要超过48h。

5. 百日草 *Zinnia elegans*

（1）移植/上盆 穴盘育苗的，有2~3对真叶时，即可移植上盆；盘播、床播的，在3~4对真叶时也可直接上盆。根据植株高度、株径要求，一般采用12cm×13cm的营养钵上盆，可一次到位，不用再进行换盆。穴盘苗根系损坏少，移植容易成活；敞开式育苗的，起苗时应尽量多带泥土，移植时间选择在傍晚或阴天进行，以提高成活率。

（2）光照调节 百日草为阳性植物，生长和开花均要求阳光充足，阳光不足容易产生茎节徒长、重瓣率降低，影响观赏效果。上盆后的整个生长期不需要遮阴。

（3）温度调控 百日草虽喜温，但在夏季酷热条件下，生长势稍弱，开花效果不理想，生长、开花的最适温度为15~20℃。

（4）栽培管理 遇梅雨季节，雨水过多，容易造成节间伸长过快，应注意排除积水，适当时候喷施B9；夏季久晴少雨，过于干燥，容易造成生长势减弱，影响花色，此时应注意水肥管理。整个生长期间，适当控水，盆土见干见湿有利于根系发育和高度控制。盆栽施肥一般间隔7~10天一次，视生长情况，可进行追肥，0.2%的尿素和复合肥间隔施用，一个月后停施尿素。开花后视生长情况，可适当延长复合肥的追施时间间隔。水肥不当、温度偏高或偏低可能会引起开花不良，重瓣率降低。因百日草的侧枝具有顶生着蕾的开花习性，若不控制自然生长，着花部位会越来越高，影响株形美观，在移栽前后适时摘心，控制株形。摘心一般保留2~3对真叶。百日草可以修剪，但修剪后长势较差，一般不采用此法。

（5）病虫害　百日草的病害主要有苗期猝倒病、生长期青枯病、茎腐病、叶斑病等；虫害主要有夜蛾、红蜘蛛、菜青虫等。

（6）出圃质量　生产采用13cm口径的营养钵，在第一朵花露色至盛花前即可出圃，冠幅一般应在20~25cm之间，株形饱满，开花整齐、一致。

6. 报春花 *Primula malacoides*

1）栽培。5~6月播种，保持夜晚温度在5~7℃，可以在12月或1月中旬开花，氮肥以硝态氮为主，也需要一定的钾肥。

2）其余参照三色堇。

7. 半支莲 *Portulaca tuberosa*

1）栽培。北方于播种后10周开花，南方于播种后8周开花。3月中旬播种，6~7月可以开花，一直开至霜降，是夏季和国庆的主要用花。

2）其余参照鸡冠花。

8. 波斯菊 *Cosmos bipinnatus*

1）栽培。3~6月播种，生长适温为20~28℃，播种后9~12周开花。种子发芽后生长很快，应加强管理，如果需培养较大的株形须进行摘心1~2次（图1-76、图1-77）。也可于早春温室播种，提前开花。

图1-76　波斯菊没经过摘心处理　　　　　　　　图1-77　波斯菊摘心处理

2）其余参照矮牵牛。

9. 彩叶草 *Coleus blumei*

（1）移植/上盆　刚长出第三对真叶就可移植上盆。用13cm口径的营养钵。若想栽培更大冠幅，可用15cm或18cm口径的盆。如果是用开敞式育苗盘撒播育苗的，最好在长有1对真叶时，用72穴或128穴穴盘移苗一次，然后再移植上盆。

（2）光照调节　彩叶草为阳性植物，生长期要求阳光充足，光照充足有利于矮化植株，使叶片色彩更加鲜艳。在半阴环境中生长也较理想。

（3）温度控制　最理想的生长温度为20～25℃，低于15℃生长停滞，10℃以下叶片枯黄脱落，5℃以下枯死。夏季高温，正午前后强光时需要遮阴降温。

（4）水肥管理　生长期经常向叶面喷水，防止因旱脱叶。浇水时量要控制，不使叶片凋萎为度。对于完全用人工介质栽培的，则施肥宜采用20－10－20和14－0－14水溶性肥料，以200～250mg/kg的浓度为宜，一周交替施用一次。盆栽选用壤土或腐殖土，用草木灰加少许过磷酸做基肥，生长期适当追施水溶性肥料。倘若氮肥过多再加上阴暗，会使叶色减退。

（5）株形控制　为了得到理想的株形，一般需要经过一次或两次摘心。第一次在3～4对真叶时；第二次，新枝留1～2对真叶。花序抽出及时摘去。

（6）病虫害　彩叶草的病害主要是：苗期为猝倒病、叶斑病，生长期为叶斑病、灰霉病、茎腐病；虫害主要有蚜虫、蝗虫等。用72.2%普力克水剂600～800倍液或50%甲基托布津可湿性粉剂800倍液喷植株。

（7）出圃质量　植株生长健壮，叶色鲜艳，株型整齐，采用13cm口径的营养钵栽培，冠幅一般为20～25cm。

10. 长春花 *Catharanthus roseus*

（1）移植/上盆　用穴盘育苗的，应在长至2～3对真叶时移植上盆。用12cm口径的营养钵，一次上盆到位，不再进行换盆。如果是用开敞式育苗盘撒播育苗的，最好在1～2对真叶时，用72穴或128穴穴盘移苗一次，然后再移植上盆。

（2）光照调节　长春花为阳性植物，生长、开花均要求阳光充足，光照充足还有利于防止植株徒长。冬季阳光不足、气温降低，不利于其生长。

（3）温度控制　长春花对低温比较敏感，所以温度的控制很重要。在长江流域冬季一定要采用保护地栽培，低于15℃以后停止生长，低于5℃会受冻害。由于长春花比较耐高温，所以在长江流域及华南地区经常在夏季和"国庆"等高温季节应用。

（4）水肥管理　长春花雨淋后植株易腐烂，降雨多的地方需大棚种植，介质需排水良好。对于完全用人工介质栽培的，则施肥宜采用20－10－20和14－0－14的水溶性肥料，以200～250mg/kg的浓度7～10天交替施用一次。在冬季气温较低时，要减少20－10－20肥的施用量。如果是用普通土壤作为介质的，则可以用复合肥在介质装盆前适量混合作基肥。当肥力不足时，再追施水溶性肥料。

（5）栽培管理　长春花可以不摘心，但为了获得良好的株形，需要摘心一两次。第一次在3～4对真叶时；第二次，新枝留1～2对真叶。长春花是多年生草本植物，所以如果成品销售不出去，可以重新修剪，等有客户需要时，再培育出理想的高度和株型。栽培过程中，一般可以用调节剂，但不能施用多效唑。

（6）病虫害　长春花植株本身有毒，所以比较抗病虫害。苗期的病害主要有猝倒病、灰霉病等，另外要防止苗期肥害、药害的发生。如果发生的话，应立即用清水浇透，加强通风，将危害降低。虫害主要有红蜘蛛、蚜虫、茶蛾等。长时间的下雨对长春花非常不利，特别容易感病。在生产过程中不能淋雨。

（7）出圃质量　采用12cm口径的营养钵栽培。在露色时至盛花前出圃，冠幅一般应为

20～25cm，株形整齐、饱满，开花一致。长春花较不耐长途运输，在高温季节装车后最好不要超过24h，低温季节也不要超过48h。

11. 雏菊 *Bellis perennis*

（1）移植/上盆　苗经过炼苗即可上盆。此时苗已有3对真叶。如果用的是穴盘育苗，根系已经充满穴盘。上盆多用12cm口径的营养钵。上盆后不用再换盆。上盆时可加入复合肥充当基肥。上盆后及时浇透着根水。

（2）光照调节　雏菊也喜阳光，包括在生长期和开花期。光照充分可促进植株的生长，叶色嫩绿，花量增加。

（3）温度控制　上盆后移至保护地越冬，可防止盆花在冬天受冻害。雏菊在5℃以上可安全越冬，保持18～22℃的温度对良好植株的形成是最适宜的，而在实际中很难做到。雏菊在10～25℃可正常开花，温度低于10℃时，生长相对缓慢，株型减小，开花延迟。如果温度高于25℃，花茎会拉长，生长势及开花量都会衰减。

（4）水肥管理　雏菊喜肥沃土壤，单靠介质中的基肥是不能满足其生长需要的。所以应每隔7～10天追一次肥，可用20－10－20和14－0－14的水溶性肥料，也可用复合肥进行点施或溶于水浇灌，浓度为200～250mg/kg。复合肥点施不如浇灌见效快，所以可用20－10－20和14－0－14的水溶性肥料交替施用。冬天应减少20－10－20的用肥量，在浇水肥前应让介质稍干，湿润但不能潮湿。因其是基叶簇生，如果不通风，基部叶片很容易腐烂，感染病菌。生长季节给予充足的水肥，长得既茂盛花期又长。

（5）栽培管理　雏菊较耐移植，移植可使其多发根。无须做株形修剪和打顶来控制花期。

（6）病虫害　雏菊的主要病害有苗期猝倒病、灰霉病、褐斑病、炭疽病、霜霉病（可用50%百菌清可湿性粉剂800倍液防治）；虫害有蚜虫等。

（7）出圃质量　雏菊花朵整齐，叶色翠绿可爱，是元旦和春节的重要花坛花之一。株形整齐，冠幅为8～15cm，有3～5枝花以上就可出售。未销售的库存花，应将凋谢的花连茎秆除去，仍可以销售。在装车运输中，损伤较少，较耐长途运输。

12. 桂竹香 *Cheiranthus cheiri*

1）栽培。性喜冷爽，怕热，宜石灰质土，易栽培。于9月上旬播于露地苗床，发芽迅速整齐，10月下旬移植一次。生长季节应控制水分，适当修剪和追肥。因不耐移栽，尽早起苗入温室越冬，早春定植，株距30cm。我国各地广为栽培，桂竹香为优良的早春花坛、花境材料，也可盆栽观赏，或作草花，也可作切花。

2）其余参照石竹。

13. 猴面花 *Mimulus luteus*

种子细小，宜用平盘或穴盘育苗，种子无须覆土，温室栽培通常秋播。2～3片真叶移植一次，待苗高10cm左右定植于花盆或以株距25cm植于花坛。养护期勤浇水和施肥，保持土壤潮湿和肥力充足。宜摘心促分枝，分枝多可陆续不断开花，花期达3～4个月。越冬适温10℃，能耐2℃低温，北方冬季可阳畦过冬；如果在温室过冬可提早开花。花期春夏或夏秋，花色繁多，花繁茂，植株紧密，适于花坛栽种或用盆花做景观布置，热闹非凡，观赏效果好。

14. 藿香蓟 *Ageratum houstonianum*

袋栽10～12周可以出售，盆栽12～14周。生长适宜温度15～18℃，可以用B9处理。早花，植株矮小，耐干旱和瘠薄土壤。一般10月播种，第二年3～4月开花；1月播种，4～5月开花；3月播种，6月开花。

15. 角堇 *Viola cornuta*

1）栽培。角堇栽培与三色堇相似，生产过程中注意通风，防止阴雨天气徒长，温度高时需遮阴通风。温度低时忌用过多水肥，特别是尿素。防止矮壮素及其残留中毒。角堇开花早、花期长、花色丰富，适合盆花、花坛及大型容器栽培，是布置早春花坛的优良材料，也可用于风景园林和花园地栽而形成独特的园林景观，还有家庭常用来作盆栽观赏。

2）其余参照三色堇。

16. 金莲花（旱金莲）*Tropaeolum majus*

1）栽培。栽培管理简单，阳光充足的环境下生长迅速，花、叶都具有观赏性。12月～第二年4月播种，3～7月开花；6月播种，9～10月开花。适宜温度时生长快，扦插极易生根。

2）其余参照矮牵牛。

17. 金鱼草 *Antirrhinum majus*

1）栽培。9～10月播种，第二年3～5月开花；1月播种，5月底开花；7月高山育苗，9～10月开花。4～5对真叶时，摘心一次，可达到株形饱满的目的。

2）其余参照报春花。

18. 孔雀草 *Tagetes patula*

（1）移植/上盆 用穴盘育苗的，应在长至2～3对真叶时移植上盆。用12cm口径的营养钵，一次上盆到位。如果是用开敞式育苗盘撒播育苗的，则要稀播，并在有2～3对真叶时，直接移苗上盆。

（2）光照调节 孔雀草为阳性植物，生长、开花均要求阳光充足，光照充足还有利于防止植株徒长。但是在光照强烈的夏季中午，需要避免直射阳光，正午前后要遮阴降温。

（3）温度控制 上盆后温度可由22℃降至18℃，经过几周后可以降至15℃，开花前后可低至12～14℃，这样的温度对形成良好的株形是最理想的，但在实际生产中可能难以达到此条件。所以，一般来讲，只要在5℃以上就不会受冻害，10～30℃间均可良好生长。

（4）水肥管理 水分管理的关键是采用排水良好的介质，保持介质的湿润虽然重要，但每次浇水前适当的干燥是必要的，当然不能使介质过干而导致植株枯萎。对于完全用人工介质栽培的，则施肥宜采用20－10－20和14－0－14水溶性肥料，以200～250mg/kg的浓度7～10天交替施用一次。在冬季气温较低时，要减少20－10－20肥的施用量。如果是以普通土壤为介质的，则可以用复合肥在介质装盆前适量混合作基肥。肥力不足时，再追施水溶性肥料。

（5）病虫害 孔雀草的病虫害较少，但在温室生产中，前期生长时的蛾类幼虫会蚕食新叶，需要定期检查，一有发现即要喷药防治。注意孔雀草不能用代森类农药防治病害，该类农药容易引起植株变褐且生长不良。

（6）出圃质量 采用12cm口径的营养钵栽培。在露色时至盛花前出圃，冠幅一般应为20～25cm，株形整齐、饱满，开花一致。

19. 六倍利 *Lobelia speciosa*

1）栽培。北方地区，袋栽播种后11周出花，盆栽12周；南方袋栽10周，盆栽11周。

2）其余参照石竹。

20. 紫罗兰 *Matthiola incana*

生长适温5～15℃，花期长，是春季花坛主要用花之一。

21. 美女樱 *Verbena hybrida*

9～10月播种，3～4月开花；5～6月播种，9～10月开花，摘心一次。腋芽3cm时，可用B9浓度为500倍液喷1～2次。

22. 美人蕉 *Canna generalis*

热带玫瑰系列为种子繁殖的美人蕉品种，作一年生栽培。矮生、花茎7.5～10cm、株高60～75cm。有红、玫瑰红、黄、白、鲑红五个花色品种。春季播种后，80～85天即可开花。

23. 南非万寿菊 *Osteospermum ecklonis*

播种从9月上旬～第二年1月下旬，开花从1～5月，花径5cm，单瓣，花色丰富，分枝多、花朵密、株形矮，是春季早市盆花佳品。

24. 千日红 *Gomphrena globosa*

1）栽培。栽培管理简单，在干旱和高温下仍然可以保持株形和花色，花期持续至霜期。一般3月播种，6月开花至霜冻。

2）其余参照鸡冠花。

25. 石竹 *Dianthus chinensis*

（1）移植/上盆　穴盘育苗的，有4～5片真叶时，即可移植上盆；床播的，在5～6片真叶时也可直接上盆。根据石竹规模化生产要求及本身的特性，一般采用12cm×13cm的营养钵上盆，可一次到位，不用再进行换盆。穴盘苗移植根系损坏少，容易成活；敞开式育苗的移植时间选择在傍晚或阴天进行，起苗时尽量多带泥，以提高成活率。

（2）光照调节　石竹为阳性植物，生长、开花均需要充足的光照。9月育苗期应注意避免正午太阳直射。从第二阶段开始可以陆续给予光照，在小苗上盆后，应给予全光照的环境条件，光照不足，容易引起营养生长旺盛，植株徒长，甚至影响开花时间。

（3）温度调控　石竹为二年生草本花卉，生长需求温度相对偏低，发芽适温为18～21℃，生长适温为10～13℃。若需供应"春节"用花的，可以在大棚内进行生产，以达到一定的株径，但在棚内容易引起徒长，必须注意经常通风和用适当的矮壮素控制高度。供应"五一"的花卉生产，可以采用前期大棚内生产，待气温有所回升后，再露地栽培。既控制高度，又不影响开花时间。

（4）栽培管理　在保护地设施条件下生产，石竹的生长速度很快。日常养护须注意水肥的控制，浇水要适度，过湿容易造成茎部腐烂，过干容易造成植株萎蔫。10～11月气温已开始下降，此阶段石竹可以忍耐一定的干燥，但不能影响植物的正常生长。一般在植物叶片轻度萎蔫后再浇水。施肥应掌握勤施薄肥，生长期可用0.2%尿素和复合肥间隔施用或者以50～100mg/kg的20－10－20和14－0－14的水溶性肥料间隔施用，初花期只施复合肥或14－0－14的水溶性肥料，并适当拉长施肥时间。石竹在生产过程中可以通过摘心控制高度，但在一般的生产中不进行摘心。石竹比较耐修剪，若在春节没有销售，则可以通过修剪，控制花期在"五一"开花，再次进行销售。

（5）病虫害　石竹的病害主要有苗期猝倒病等、生长期茎腐病等；虫害主要有菜青虫、蚜虫等。

（6）出圃质量　生产上采用12cm×13cm的营养钵，在初花时至盛花前即可出圃，冠幅一般为20～25cm，株形较饱满，开花整齐、一致。耐运输。

26. 四季海棠 *Begonia semperflorens*

（1）移栽/上盆　如果是平盆播种的，当有 2 ~ 3 片真叶时可以移到 128 穴盘。经 12 周左右，苗有 4 ~ 6 片真叶时可考虑上盆，采用 14cm 或 16cm 口径的花盆或营养钵。盆土要求疏松透气，以园土：泥炭：腐熟基肥为 5：4：1 的比例配制。四季海棠叶子和茎干较脆，移栽时注意轻拿轻放，避免碰断叶子或茎干，影响株形。

（2）光照调节　喜半阴环境，忌强光照，光照度要求低于 25000lx，夏季遮阴应在 50% 以上。光照过强，叶色变暗，叶子容易枯焦。

（3）温度控制　生长适温为 15 ~ 18℃，10℃ 以下时停止生长，气温在 3℃ 以下时易受冻害。

（4）水肥管理　上盆后应浇一次透水，缓苗一周后开始施肥，如果是穴盆育苗可以缩短缓苗时间。施肥可以结合浇水进行，薄肥勤施，可以采用 20 - 10 - 20 和 14 - 0 - 14 肥料 500mg/kg 液交替施用。浇水要讲究见干见湿的原则，有利于根系向下扎。浇水过多过勤，植株容易徒长，抗病性变差。

（5）栽培管理　四季海棠开花较早，可以摘掉不需要的花蕾以促进植株生长。由于绝大多数的品种都比较矮化，不需要摘心处理，一般情况下花芽自动封顶。当到花期末期，可以通过修剪来更换植株。四季海棠植株本身比较低矮，不能喷洒矮壮素类药物，对于该类药物残留比较敏感，易造成植株小且生长停滞。

（6）病虫害　四季海棠比较容易发生灰霉病，尤其在冬天，可用 50% 甲基托布津可湿性粉剂 800 倍液预防。生长期间会有蚜虫和红蜘蛛发生，发生时喷施 2.5% 溴氰菊酯乳油 1500 ~ 2000 倍液等防治。

（7）出圃质量　出圃时株形圆整，至少已遮盖盆面，而且部分花蕾已现。出圃搬运时注意不要碰断枝叶。

27. 松果菊 *Echinacea purpurea*

5 ~ 7 月播种，第二年 4 ~ 10 月开花。播种后要保持充足的光照，温度稳定在 20 ~ 22℃ 之间，基质要保持湿润，但不能发生浸水现象。出芽后栽培温度要下调到 15 ~ 18℃，每周施用浓度为 50 ~ 100mg/kg 的氮肥。第三对真叶长出时，应进行移栽，此后温度要降至 10 ~ 12℃，以促进根系生长。此时，每周施用浓度为 100 ~ 200mg/kg 的硝酸钙溶液。培养基质的 pH 应保持在 5.5 ~ 7.0 之间。

28. 万寿菊 *Tagetes erecta*

（1）移植/上盆　用穴盘育苗的，应在有 2 ~ 3 对真叶时移植上盆。用 12cm 口径的营养钵，一次上盆到位，不再进行换盆。如果是用开敞式育苗盘撒播育苗的，最好在有 1 ~ 2 对真叶时，用 72 穴或 128 穴穴盘移苗一次，然后再移植上盆。

（2）光照调节　万寿菊为阳性植物，生长、开花均要求阳光充足，光照充足还有利于防止植株徒长。在光照强烈、温度高的季节和地区，正午前后要遮阴降温。

（3）温度控制　上盆后温度可由 22℃ 降至 18℃，经过几周后可以降至 15℃，开花前后可低至 12 ~ 14℃，这样的温度对形成良好的株形是最理想的，但在实际生产中可能难以达到此条件。所以，一般来讲，只要 5℃ 以上就不会受冻害，10 ~ 30℃ 之间均可良好生长。

（4）水肥管理　水分管理的关键是采用排水良好的介质。保持介质的湿润虽然重要，但每次浇水前适当的干燥是必要的，不能使介质过干而导致植株枯萎。对于完全用人工介质栽培的，则施肥宜采用 20－10－20 和 14－0－14 水溶性肥料，以 200～250mg/kg 的浓度 7～10 天交替施用一次。在冬季气温较低时，要减少 20－10－20 肥的施用量。如果是以普通土壤为介质的，则可以用复合肥在介质装盆前适量混合作基肥。肥力不足时，再追施水溶性肥料。万寿菊跟孔雀草一样，介质 pH 偏低，会引起铁、锰中毒而叶色发暗，严重时会使植株生长停滞，影响观赏。

（5）株形控制　通常用以下方法控制植株高度。

1）生长调节剂的应用：

① 80% 的 B9（有效成份 80%）。两对真叶时喷施浓度为 2500mg/kg 的 Bq（即用约 2.9g 80% 的 B9 兑 1L 水），频率为一周一次；天气较热、种苗徒长或遮阴过度时可用 2500mg/kg 的 B9 叶面喷 2～3 次；天气较凉或植株较矮时，则在叶面喷 1 次即可。

移植 7 天后喷浓度为 5000mg/kg 的 B9（即约 5.9g 80% 的 B9 兑 1L 水），每隔 12～15 天施用一次，第一朵花出来即可停用。

② 0.4% 的多效唑。

苗期：10～20mg/kg，即用 0.4% 的多效唑 2.5～5mL 兑 1L 水，喷洒。

移苗后：30～60mg/kg，即用 0.4% 的多效唑 7.5～15mL 兑 1L 水，浇灌。多效唑的使用效果比 B9 强，应非常注意使用方法。

2）短日处理。移出发芽室的头两周保持每天 8～9h 的光照处理，可使植株矮化。

3）摘心。国内用户种植万寿菊很少用生长调节剂和短日照处理的方法控制植株高度，而是采用摘心，尤其是在万寿菊"国庆"用花种植时。摘心的结果是花头较多，株形更为丰满，但会推迟花期 10～15 天，同时也摘掉了最漂亮、最大的第一朵花；早春栽培的万寿菊一般很少摘心。摘心通常在 3～4 对真叶时进行。

（6）病虫害　万寿菊的病虫害较少，但在温室生产中，常出现潜夜蝇。前期生长时的蛾类幼虫会蚕食新叶，需要定期检查，一有发现立即要喷药防治。红蜘蛛和蚜虫也会经常发生，而且会传染病毒和病菌，建议上盆时放置克百威。万寿菊忌用代森类农药，否则植株变色，生长变缓。

（7）出圃质量　采用 12cm 口径的营养钵栽培。在露色时至盛花前出圃，冠幅一般应为 20～25cm，株形整齐、饱满，开花一致。

29. 向日葵 *Helianthus annuus*

（1）种植上盆　若用苗盘移栽的方式繁育，播种时应播在深的苗盘上，种苗在播后两周即可移栽。移苗的最适土温为 15℃。定植的密度最好为 8 株/m²。在冬季无霜的地区，可在田间周年生长，而在冬天寒冷的地区，需要在温室保护地栽培。土壤在灭菌和播种之前要翻耕和疏松，以改良土壤的结构和排水性。良好的土壤通透性对向日葵的生长是至关重要的。

（2）光照调节　向日葵为短日照作物。但它对日照的反应并不十分敏感。向日葵喜欢充足的阳光，其幼苗、叶片和花盘都有很强的向光性。苗期日照充足，幼苗健壮；生育中期日照充足，能促进茎叶生长和花芽分化。

（3）温度控制　向日葵原产热带，但对温度的适应性较强，是一种喜温又耐寒的植物。向日葵种子耐低温能力很强，当地温稳定时，2℃ 以上种子就开始萌动；4～5℃ 时，种子能发芽生根；地温达 8～10℃ 时，就能满足种子发芽出苗的需要。向日葵发芽的最适温度为 31～37℃。其生长时最适的白天温度是 18～30℃，夜温是 10～18℃。向日葵在整个生育过程中，只要温度不低于10℃，就能正常生长。在适宜温度范围内，温度越高，发育越快。

（4）栽培管理

1）水分管理。播种和移栽时要求土壤湿润，之后要求土壤中等湿润。花朵成熟时，要减少浇水的次数和浇水量。向日葵植株高大，叶多而密，是耗水较多的作物。向日葵不同生育阶段对水分的要求差异很大。从播种到现蕾，比较抗旱，需水不多。而且适当干旱有利于根系生长，增强抗旱性。现蕾到开花，是需水高峰期。此期缺水，对产花量影响很大。如果过于干旱，需灌水补充。

2）土壤及施肥管理。向日葵生长最适的土壤pH为5.8~6.5。向日葵喜氮肥，可采用水肥混合的滴灌系统施肥，肥料可交替着施用浓度为175~200mg/kg水溶态的硝酸钙和硝酸钾，氨态氮可用于促进茎干的生长。向日葵对土壤要求不严格，在各类土壤上均能生长，从肥沃土壤到瘠薄的土壤、旱地、盐碱地均可种植，有较强的耐盐碱和抗旱能力。

3）摘除顶端花苞。摘除顶端花苞，有利于侧枝的生长，使得侧枝花朵的大小均匀。经过这样的处理后，一个植株可采收7~10枝可售花茎，茎长达70~80cm，整株的高度可达120~170cm。温室种植的向日葵生长得更高。向日葵的栽培要点是：调节昼夜温差，使用低营养启动肥，并且控水、控肥、控光，以控制植株生长。

（5）病虫害　危害向日葵的害虫如蚜虫危害花苞、鳞翅目幼虫危害正在发育的胚芽、甲壳虫危害花瓣和萼片。可以喷施5%吡虫啉乳油2000~3000倍液、50%辛硫磷乳油1000倍液等除掉。病害包括锈病（盛行于高湿期）、茎腐病和白粉病。可以通过对介质的消毒、合理浇水、增加空气流通、间歇喷洒一些保护性杀菌剂等方法进行预防。感染病后，必须先清除染病植株，然后喷洒百菌清、土菌灵等。但必须注意各种药剂的用量、间隔次数和药剂之间的相容性。

（6）出圃质量　当花瓣的颜色已经形成但还未完全展开时便可采收，选茎粗大的采收，并摘除病虫花、残次花以及多余叶片。常以5枝为一捆，切花捆扎时不宜太紧，否则会损伤花枝且冷藏时降温不均匀。向日葵的切花不受乙烯的影响。如果需长途运输，在运输前应放在1℃的低温下进行预冷处理，并且放在保湿箱内运输，一般切花的冷藏温度为-2~0℃。保湿箱必须保证相对湿度为90%~95%，一方面尽量减少储藏室的开门次数，另一方面在包装时采用湿包装，这样才能保证切花储藏品质和储藏后的开放率。

30. 香雪球 *Lobularia maritima*

春季或秋季开花，冬季种植，可以直接播种在栽培袋或盆中，无须移栽。8~10周后可以出售，可以耐0℃低温。

31. 勋章菊 *Gazania splendens*

秋播5~6个月开花；春播4~5个月开花；10月播，第二年3月开花；6月播，10月开花。发芽期需要覆盖种子，生长温度15~25℃。

32. 雁来红 *Amaranthus tricolor*

在华东地区须在7月10日后播种。为控制株高，在生长旺盛期可施用B9或多效唑来控制植株高度，雁来红可用于布置庭院、花坛、花境和作盆栽。

33. 洋凤仙 *Impatiens holstii*

（1）移栽/上盆　洋凤仙应该在穴盘中育苗，否则其根系发育比较慢。移栽时种苗有4~6片真叶，根系成团。通常可以上盆或移栽至12cm口径的营养钵中，一次到位。

（2）光照调节　洋凤仙生长时不耐强光照，尤其在夏季要遮阴，可以种植在树下阴凉处。

（3）温度控制　洋凤仙不耐高温和低温，在15～25℃之间生长良好，夏季高温和冬季低温保护不当植株生长缓慢，甚至死亡。

（4）水肥管理　洋凤仙花茎肉质柔软，在缺水时会很快枯萎，即使种植在树下的植株也需要足量的供水和施肥，以避免与树的根系竞争。所有的洋凤仙品种在肥沃、潮湿的环境下生长良好，当然需要定期施入一定的水溶性肥料。施肥时采用20－10－20和14－0－14的水溶性肥料100～150mg/kg，每周一次。夏季和冬季少施，尤其注意浓度要减半。

（5）栽培管理　洋凤仙是容易养护的植物，在漂亮的株形形成中不需要收束和修剪，也不需要经常移动便能形成丰满的株形，开出新鲜亮丽的花朵。如果株形不佳，可以对植株进行修剪，半个月后就丰满起来了。

（6）病虫害　病虫害较少，主要在夏季和冬季易受灰霉病感染，除了加强通风外，可以用百菌清800～1000倍液防治。蚜虫也会经常发生，定期观察，一旦发生，可以施药防治。夏季高温时，干燥常使底叶发黄脱落影响株型。

（7）出圃质量　出圃时，洋凤仙应该株形丰满、圆整，30%现花，从上面看不到介质。

34. 羽衣甘蓝 *Brassica oleracea* var. *acephalea* f. *tricolor*

（1）水肥管理　羽衣甘蓝为需肥需水植物，因此种植羽衣甘蓝的介质在选择上非常重要。一般选用疏松、透气、保水、保肥的几种介质的混合。可以适当加入鸡粪等有机肥作基肥。生长期一般选用200mg/kg的20－10－20的肥料，7天施用一次。

（2）栽培管理　花盆选用14cm以上口径的营养钵，盆距35cm左右，可露天种植。无须摘心。羽衣甘蓝变色期在10月底～11月初，如果后期水肥过多，底肥过足，或进行不必要的保温，或自然气温过高都会影响变色。

（3）病虫害　苗期病害多，上盆后虫害增加。苗期猝倒病，可用75%百菌清可湿性粉剂800～1000倍液或75%敌可松可湿性粉剂500～1000倍液进行防治，而根腐病可用50%甲基托布津可湿性粉剂800倍液防治；虫害主要有蚜虫和菜青虫等，可用2.5%溴氰菊酯乳油1500～2000倍液进行综合防治。

（4）出圃质量　出圃时，一般冠幅保持在30～35cm，株型整齐，颜色均匀一致。

二、出圃和运输

花坛花在出圃前应少浇水，少施肥。其出圃质量要求一般是株形整齐、饱满，且开花一致或至少有一定的现花量。出圃进行包装要考虑销售地的远近。长途运输时，对于需进行套袋的，应上下无封口，以免叶片折断，影响美观。装车时要准备好专用架、车辆搭架和专用周转盆。应尽量减少运输时间，尤其对于较不耐长途运输的花卉如四季海棠、一串红、长春花等。运输中要做好防冻或防高温灼伤等工作。

【拓展知识】

一、花坛类花卉概述

花坛花也称为草花或庭院花卉，以草本花卉为主。花坛花通常包括三大类：第一类为一年生植物；第二类为二年生植物；第三类为多年生植物。它们的不同点为：一年生植物不需要低温就能开花，且一个生命周期仅3~8个月；二年生植物的生命周期与一年生植物差不多，但需要经过低温后才能开花，因跨年故又称为越年生植物。以上两类的适应性很广，一般不会成为栽培生产的制约因素。多年生植物能多年生存，但一般都要经过低温和长日照才能开花。每年冬季因为寒冷，地上部分死亡，但地下部分仍存活，于第二年春抽出新芽，长成新的植株。多年生植物有较强的地域适应性要求，栽培生产时务必引起注意。现在就以种子繁殖的花卉而言，由于育种技术的进步，一年生花卉和二年生花卉区别已不明显。所以在实际栽培中，一年生花卉与二年生花卉往往统称为一二年生花卉，甚至少数多年生花卉也能作一二年生栽培。

二、花坛花生产经济效益

我国的花坛花生产在改革开放之后，特别是最近的10年发展速度非常之快。最初是大城市周边的部分菜农，采用泥瓦盆、田土、有机肥和自留花种或宿根母本扦插进行传统的花坛花和盆花生产，生产的种类为菊花、大丽花、一串红、万寿菊和金盏菊等，生产规模小，生产方式粗放。

到20世纪90年代中期，随着经济的飞速发展和城市现代化水平的提高，国内一些大的公司积极地引进国外优良的花坛花品种和先进的生产技术，花坛花的市场需求迅速增加，较高的花价和良好的生产利润推动了花坛花的大规模商品化生产和大规模园林应用。在短短几年之内吸引了大量农户和公司加入到花坛花生产和种苗生产的行业。

虽然花坛花产品出圃的价格以杭州市场为例，已从1996年以前的每盆3元，一路下滑至2001年的每盆0.80~1.50元，但由于规模的扩大和技术的进步，成本也在下降。按照2001年的平均售价计算，如果所有生产出的合格产品有85%以上销售完，那么当年产量在10万盆以上时，其毛收入就可达3万~4万元。花坛花单盆的价格高低变化，虽然不像切花那样大起大落，但是价格差异仍是明显的，它主要受制于以下几个方面：

（1）品种不同，价格不同　主要受种子价格及生产的周期长短的影响，奇缺品种和难生产的种类总是价高。

（2）总产量与总需求　周围300~500km范围内生产的总产量如果高于总需求，那么价格势必下降；反之，则上扬。

（3）产品质量　品质好的总是比品质差的价高，或者同等价格条件下，品质好的总能先一步销售。

（4）稳定的客户群　稳定的客户群往往能保证产品的销路以及获得一个相对较好的价格。

（5）临时性的大型活动　频频的临时性大型活动、会议以及领导的来访和视察，不仅能促进花坛花的消费，而且有利于花价的稳定。

总之，从近五年来的情况判断，花坛花生产不仅单位面积产值远比其他作物高，而且从事花坛花生产的大部分农民的年收益和增产增收能力也大大提高。但是，要真正获得较理想的经济效益，仅仅选择一个好的行业或项目还是远远不够的，仍需要主管者制订切合实际的生产计划，掌握正确实用的技术，还应具有科学的经营管理能力和良好的客户服务水平，否则，即使偶尔获得经济效益，但最终仍然会被竞争者淘汰。

实训 6　花坛花卉的上盆及管理

一、实训目的

1. 学习和掌握花坛花卉的上盆操作。

2. 掌握花卉上盆后的光、温、水、肥、药、植株调整等日常管理措施。

二、实训设备及器件

生产大棚、遮阳网、园土、泥炭、珍珠岩、爱贝施控释肥、甲基托布津、营养钵、前期播种的穴盘苗、小铁锹等。

三、实训地点

生产性大棚内。

四、实训步骤及要求

1. 配介质

园土:泥炭:珍珠岩 = 6:3:1。1m^3 介质加入爱贝施控释肥4kg，适量甲基托布津。

2. 装介质

用铁锹将介质装入营养钵，注意装到排水线即可，并轻轻抖动使介质面平整且不可坑坑洼洼，否则容易造成积水烂苗。

3. 上盆

将穴盘苗移入营养钵中，起苗时用手轻捏穴盘，尽量使得土球完整。

4. 浇水

根据需要，及时对植株浇水。

5. 施肥

根据花卉种类及植株生长状况，在需肥时进行追肥。注意追肥的种类和浓度的变化。前期一般追花多多生长肥，后期追催花肥，浓度在幼苗时为1200倍，逐渐增加到后期700~800倍。

6. 修剪整形

根据花卉种类、生长时期及生长状况，及时对植株进行摘心、抹芽、剥蕾、疏花等处理，使植株健壮，株形饱满。

7. 防治病虫害

及时对植株进行喷药以防病害和虫害。

五、实训分析与总结

1. 花坛花卉的管理过程是变化的、反复的，并且需要细心观察，灵活掌握各项栽培措施。像浇水、中耕除草、施肥、修剪定形、防治病虫害等多个栽培管理措施，都必须与天气情况、植株的生长情况联系起来进行。

2. 花卉作为一个生命个体，其生长是一个连续的过程，那么管理也是一个连续的过程。像上述的各个步骤并不是集中进行的，是根据天气情况、植株生长情况随时进行的。

【评分标准】

花卉的上盘及管理评价见表1-9。

表1-9　花卉的上盆及管理评价表

考核项目	考核内容要求	考核标准（合格等级）
上盆	1. 能正确配制基质（泥炭、珍珠岩、蛭石比例合适并正确添加杀菌剂消毒基质） 2. 能正确完成穴盘苗的上盆操作 3. 能进行上盆后前期的养护以保证较高的成活率	1. 小组成员参与率高，团队合作意识强，服从组长安排，任务完成及时；配制基质过程与上盆操作方法正确；能进行正确的上盆前期管理以保证上盆成活率90%以上。考核等级为A 2. 小组成员参与率较高，团队合作意识较强，比较服从组长安排，任务完成及时；配制基质过程与上盆操作方法较正确；能进行较正确的上盆前期管理以保证上盆成活率80%以上、90%以下。考核等级为B 3. 小组成员参与率一般，团队合作意识还有待加强，有少数不服从组长安排，任务完成及时；配制基质过程与上盆操作方法有少量错误；上盆前期管理不够认真，造成上盆成活率只有60%以上、80%以下。考核等级为C 4. 小组成员参与率不高，团队合作意识不强，基本不服从组长安排，任务完成不及时；配制基质过程与上盆操作方法不正确；不能进行正确的上盆前期管理，上盆成活率60%以下。考核等级为D
管理	1. 能根据生产目标（盆花数量、需花时间）制定完整的生产计划方案 2. 能进行正常的水肥管理（掌握正确的浇水方法，能根据植株长势选择肥料种类和浓度） 3. 能定期打药进行病虫害防治 4. 能选择正确的方式保护盆花安全越夏 5. 能及时利用塑料膜、遮阳网对盆花进行遮光降温和给予充足光照的条件以保证盆花开花质量	1. 小组成员参与率高，团队合作意识强，服从组长安排，任务完成及时；盆花长势健壮、无病虫害、株形好、开花质量好、成苗率（开花植株/当初上盆后成活植株）达到90%以上。考核等级为A 2. 小组成员参与率高，团队合作意识较强，比较服从组长安排，任务完成及时；盆花长势较健壮、少病虫害、株形较好、开花质量较好、成苗率（开花植株/当初上盆后成活植株）达到80%以上、90%以下。考核等级为B 3. 小组成员参与率一般，团队合作意识还有待加强，有少数不服从组长安排，任务完成及时；盆花长势较弱、病虫害较为严重、株形散乱、开花质量一般、成苗率（开花植株/当初上盆后成活植株）达到60%以上、80%以下。考核等级为C 4. 小组成员参与率不高，团队合作意识不强，基本不服从组长安排，任务完成不及时；盆花长势衰弱、病虫害严重、株形散乱、开花质量不好、成苗率（开花植株/当初上盆后成活植株）达到60%以下。考核等级为D

项目 2　优质盆花的生产

教学目标

本项目在了解盆花生产的一般技术要点的基础上，重点要求掌握宿根类花卉、球根类花卉、藤蔓类花卉、观叶类花卉、水仙雕刻水养、水培花卉、组合盆栽七大类盆花的生产。同时引入年宵花生产的概念，培养同学养成紧跟市场脚步、创新培优的工作理念。

工作任务

1. 宿根类花卉盆花生产。
2. 球根类花卉盆花生产。
3. 藤蔓类花卉盆花生产。
4. 观叶类花卉吊盆生产。
5. 水仙雕刻水养。
6. 水培花卉生产。
7. 组合盆栽创作。

任务 1　宿根类花卉盆花生产

教学目标

〈知识目标〉

1. 了解年宵花卉的概念，年宵花卉的生产模式等。
2. 了解国兰和洋兰在观赏性、栽培介质、从环境条件的要求等多方面的不同。
3. 掌握蝴蝶兰、大花蕙兰等附生性兰花生长各个阶段对介质、环境条件的要求。
4. 掌握春兰生长各个阶段对介质、环境条件的要求。
5. 掌握瓜叶菊的生长习性、生长特点、环境条件的要求等。

〈技能目标〉

1. 能独立管理蝴蝶兰、大花蕙兰温室，进行年宵盆花的生产。
2. 能独立栽培养护地生兰类如春兰，使之开出高品质的花。
3. 能独立进行瓜叶菊的盆花栽培，并能利用简易大棚进行越冬保护。

〈素质目标〉

1. 培养学生在花卉生产中紧跟市场需求，利用设施设备、栽培技术控制花卉上市时间满足市场需要，以追求最大利润的经营思想。

2. 培养学生负责任的主人翁精神。

教学重点

1. 对中国兰花生长发育的各个阶段以及其对环境条件的要求充分把握，尤其是与洋兰的本质区别要充分认识。

2. 蝴蝶兰几次换盆后的分阶段养护；调节温室环境使其更有利于蝴蝶兰的生长。

3. 大花蕙兰几次换盆后的分阶段养护；调节温室环境使其更有利于大花蕙兰的生长。

4. 中国兰花的栽培特点。

5. 瓜叶菊生长的各个阶段对环境条件、水分、肥料等方面的要求，以及生产者如何根据植株的要求去调节生产大棚或温室的环境。

6. 如何根据气候变化、幼苗生长发育的阶段性和长势进行及时灌溉、合理追肥等栽培措施。

教学难点

1. 蝴蝶兰换盆的几个过渡阶段非常关键，怎样做对蝴蝶兰后期的生长不会产生不良影响。

2. 对生长中出现的一些问题能通过各种途径包括咨询、查阅各种资料等分析原因提出解决的办法。

3. 当植株出现生长不良反应时，能根据植株的表现分析是何原因并且能采取适当的手段来进行修正。

【实践环节】

一、蝴蝶兰

1. 上盆前处理

如果是瓶苗首先在到货后尽快出箱，检查瓶苗的状态：是否有破瓶、倒置、培养基破损、下叶发黄或者污染等现象。破瓶的、倒置的和培养基破损的必须在当天或第二天出瓶。下叶发黄的和污染的要尽快出瓶，不要超过5天以上。其次按品种摆放，以免品种混乱。同时注意放置场所的温度保持在23～28℃，光照度3000～5000lx。如果是中苗需要在光照度低于10000lx、温度23～30℃、湿度60%～80%的环境里摆放一周后按正常管理。在这一周内尽量不要浇水、不施肥。如果基质太干则快速过一遍水，保持湿润即可，不能浇透。

2. 上盆

（1）准备工作

1）水苔准备。把水苔浸泡在水里（放多菌灵或大生粉）3h后，放在脱水机里脱干至湿润状态，用力用手拧不滴水即可。脱干后的水苔不宜长时间暴露在空气中，以免干燥发白。所以不要一次性对大量水苔进行脱水处理，以跟上上盆速度即可；还有在刚脱水过的水苔上覆盖塑料膜，以减缓水分蒸发的速度；在发现有水苔干燥发白的时候要及时用喷雾器喷湿水苔，以免干湿不匀，影响上盆后的水分管理。

2）容器。采用1.5寸（1寸=0.033m）营养钵或128穴穴盘。

3）水质。水的 pH 为 5.5 ~ 6.5，EC 值 < 0.2mS/cm。浇水前，水最好在温室里存放一段时间，以使水温接近植株基质的温度。

（2）出瓶　用长 30cm 的钝头镊子把种苗从瓶子里夹出放在盆子里，用手轻轻抹去粘在根系上的培养基（有少量粘得太牢的可以不抹，以免影响根系）后把苗放在 1000 ~ 2000 倍多菌灵溶液里浸泡 5 ~ 10min 后放在装有清水的盆子里清洗后稍晾干根系即可上盆。已污染的瓶苗要单独清洗，清洗过污染瓶苗的盆子也应及时消毒，以免相互感染。

（3）种植　拿适量的水苔先放在植株的根群中间，以使根系舒展开为原则，然后包裹根系的周围，要求四周的水苔量和用力要均匀，植株放入容器后刚好位于中间。种苗放入容器后，基质的上表面在 1.5 寸盆最低的横线下面，在 128 穴的 2/3 深处。在上盆的过程中如果叶片上没有水分就要及时喷水，直至把整盆苗放到炼苗处。

（4）炼苗　上完盆后把苗及时放到炼苗处。要求：光照度 3000 ~ 4000lx，温度 23 ~ 28℃，湿度 80% 以上。在刚上盆的一周内保持叶面湿润，经常喷水。一周不要浇水，使其发根。一周后逐渐减少喷雾次数，在叶片发软前喷。每周喷 1 ~ 2 次 10 - 30 - 20 浓度为 5000 倍 + B1 浓度为 5000 倍的叶面肥。当新根开始发生时开始施肥，第一次施浓度为 5000 倍的 10 - 30 - 20 + B1 5000 倍的促根肥，等水苔干透后改施浓度为 5000 倍的 20 - 20 - 20（或者 20 - 10 - 20）肥。浇水以基质干透浇透为原则，夏季宜在早上浇水，冬季宜在中午前后浇水，必须保证傍晚前叶片干燥，以免发病。肥料每半个月施一次。小苗生新根和新叶后，可以移到较光亮的场所种植，光照度为 6000 ~ 9000lx，生长速度会快很多，但前提是湿度要足够维持在 70% ~ 80% 最佳，最低要求 60%；照以上方法养护 3 个月左右，在这期间要注意虫害和细菌感染，必要时视情况喷农药。如果和中苗放在一起，环境温度和湿度较低时，可用透明的薄膜把苗床四周围起来，以便管理。

（5）地种蝇防治　如果基质太湿又不通风，容易产生地种蝇。所以，喷雾以少量多次为宜，尽量降低基质的湿度。当地种蝇发生时每周喷一次乐斯本或敌百虫，按说明的最低浓度使用。

（6）摆放　心叶向东南面摆放。当叶片相互遮掩时及时疏盆，空一格摆放。

3. 第一次换盆（2.5 寸苗）

（1）操作　盆子以透明的为好。当 1.5 寸苗的根系盘满时就要换到 2.5 寸盆。换盆前要停水停肥，当基质干燥时一手拿两边的基质（切忌拿叶片或茎干）一手拿盆子底部圆孔处，把苗从盆子里拔出，如果基质和盆子结合比较紧时，用手轻捏盆子四周再拔。将处理过的水苔均匀包在苗的周围，塞入 2.5 寸盆，然后放在 15 穴的托盘里。

（2）管理　上盆后放在光照度低于 8000lx、温度 20 ~ 30℃、湿度 60% ~ 80% 通风良好的环境里。上盆后十天内不浇水，前三天在中午时喷雾。10 天后浇半截水，使基质处于湿润状态有利促根。

光照度逐渐增强，不超过 15000lx。当根系扎到基质外面开始浇透水，第一次施浓度为 4000 倍的 10 - 30 - 20 + B1 4000 倍的促根肥，然后改施浓度为 3000 倍的 20 - 20 - 20（或者 20 - 10 - 20）肥，然后再提高浓度为 2500 倍或 2000 倍。每 2 个月用清水浇透一次，洗去盆内盐基成分。浇水以基质干透浇透为原则，夏季宜在早上浇水，冬季宜在中午前后浇水，必须保证傍晚前叶片干燥，以免发病。

（3）摆放　心叶向东南面摆放。当叶片相互遮掩时及时疏盆，空 1 ~ 2 格摆放。

（4）剪花梗　如果在植株营养生长期由于低温导致抽花梗现象，则等肉眼能识别第一个花苞时折去第一个花苞上面部分，以减少养分消耗。

剪刀每剪完一盆的枝条刀口必须在酒精灯外焰上来回燃烧 1min 以消毒。

4. 第二次换盆（3.5 寸苗）

（1）换盆和管理方式　同 2.5 寸苗。

（2）换盆时间　必须在要求开花前 7~8 月换盆，前提是根系必须盘绕基质。

（3）催花前肥　低温催花前 30~40 天改用催花肥，一般用花多多 1000 倍的 10-30-20 水溶性肥。

（4）越夏　当温度超过 30℃时要加强通风、增加湿度和加强遮阴，但对 3.5 寸苗最好将光照度保持在 10000lx 以上以利催花。当夏季气象预报第二天温度超过 30℃以上时，要提早降温、加湿、遮阴和通风，尽量降低高温时间。

5. 催花

（1）植株状态　具有 4 片以上健康成龄叶。如果只有 2~3 片，也可以催花，不过花箭会降低高度和分叉能力，着花量减少。

（2）场所　栽培温室。

（3）时间　在计划开花时间前 4~6 个月进行低温处理。对于早熟品种可以晚点催花，晚熟品种则需要提前催花，一般黄花品种皆为晚熟品种。低温感受时间为 2~6 周，根据品种不同，一般当花箭长达 10cm 时即可停止低温处理，放回温室进行加温。

（4）温度　低温期夜温 16~18℃，白天低于 28℃。放回温室后夜温 18~20℃，白天低于 28℃。昼夜温差 10℃左右。在适宜温度范围内，根据开花期可升高或降低温度。要早开花则温度适当升高，如果想延迟花期，则温度可适当降低。

（5）光照　光照度为 15000~25000lx。通过叶色判断光照是否过强或过弱。叶色红表示光照太强，叶色深绿则光照太弱。在催花期间光照宜适当加强，叶片可以呈微红色。所以植株要按品种摆放以便控制光照。

（6）水分　在催花前期（低温催花期）要适当控水，以利催花。但抽花箭后至花朵全部开放须正常浇水，基质不能太干。水温尽量接近室温。

（7）肥料　催花期可施花多多 2000 倍的 10-30-20 速效水溶性肥，花梗长约 10cm后，肥料可改施花多多 2000 倍的 20-20-20 速效水溶性肥以加速生长并使花朵增大。

（8）湿度　60%~80% 即可。

（9）摆放　从植株抽花箭至花朵全部开放，植株不能移动或更改摆放方向。并且在花箭较长有倒伏倾向时，花梗应及时竖立支柱以防花梗倒伏或不正，以免花序排列不佳。

6. 开花植株的管理

1）温度 18~26℃。

2）湿度 60%~70%。

3）光照度 8000~10000lx。

4）水分遵循干透浇透原则，但基质不能太干。

5）及时摘除凋谢的花朵。

7. 花后植株的管理

1）温度 20~26℃。

2）湿度 60% ~ 70%。

3）光照度 10000 ~ 15000lx。

4）水分遵循干透浇透原则。

5）从植株基部剪除花箭，等新根长出时立即换盆处理，以待第二年开出好花。

8. 病虫害防治

由于蝴蝶兰生长于高温高湿环境。容易遭受病菌侵害且一旦发病蔓延迅速，所以以预防为主。平时可用农药 50% 百菌清可湿性粉剂或 50% 甲基托布津可湿性粉剂 1000 ~ 1500 倍液防治，每隔七八天喷 1 次，连喷 3 次。这些药液沾在叶上留有白色痕迹，可不必抹去，以利于继续发挥杀菌作用。

二、大花蕙兰

1. 穴盘育苗阶段

（1）容器　50 穴穴盘，8cm × 8cm 营养钵。

（2）介质　水苔，用 800 ~ 1000 倍液 50% 甲基托布津或 50% 多菌灵可湿性粉剂浸 2 ~ 4h，旧水苔暴晒 1 ~ 2 个中午后浸药也可用。

（3）上盘种植　组培生根苗：带瓶在温室锻炼 1 ~ 3 天，夏天须放在阴凉地方炼苗，包苗前从组培瓶中取出苗，去除培养基，清水洗净，随后在 800 倍 50% 多菌灵可湿性粉剂溶液中清洗，并将苗分成大、中、小三个等级包苗，采用 50 穴穴盘。穴盘苗培养 2 ~ 3 个月，即可上 8cm × 8cm 营养钵。

（4）上盘后管理　上穴盘后半个月可叶面喷肥，EC 值 0.8 ~ 0.9mS/cm，15 天内需要经常喷雾，并经常补水，叶面肥以 NPK 比例为 20∶20∶20 即可。

2. 幼苗阶段

在营养钵中生长 1 年左右的幼苗，可进一步上盆管理。

（1）容器　塑料盆（内口直径 15cm 或 18cm）。

（2）介质　2 ~ 5mm 的树皮。

（3）上盆及管理　一般每苗留 2 个子球，对称留效果最佳，其他侧芽用手剥除。当芽长到 5cm 进行疏芽。因为侧芽在 15cm 长以前无根，15cm 以后开始发根，不同品种用不同的留芽方式，也有每苗留 1 个子球的。水肥同前。

3. 两年苗阶段

生长 24 个月以上的苗，不需要换盆。这个阶段的苗每月施有机肥 15g/盆，随着苗长大，每月施用 18 ~ 20g/盆，换盆 12 个月后只施骨粉，并在 10 月前不断疏芽，11 月 ~ 第二年 1 月要决定留孙芽（开花球）数量，一般大型花：可留孙芽 2 个/盆，将来可开花 3 ~ 4 枝/盆；中型花：可留孙芽 2 ~ 3 个/盆，将来可开花 4 ~ 6 枝/盆。冬季温度保证夜温不低于 5℃ 即可。

4. 开花植株

三年以上苗。

（1）温度管理　春天 3 ~ 6 月夜温为 15 ~ 20℃，日温为 23 ~ 25℃。6 ~ 10 月夜温为 15 ~ 20℃，日温为 20 ~ 25℃，可加大温差，平地栽培者一般要上山栽培；11 月以后夜温为 10 ~ 15℃，日温为 20℃。

（2）水肥管理　2 ~ 4 月每月施有机肥 10g/盆（豆饼∶骨粉 = 2∶1），4 月以后每次施有机肥14g/盆。6～10月主要施骨粉，每盆15g左右，花芽出现后，立即停施有机肥。

（3）其他管理　11月后花穗形成，花箭确定后抹去所有新发生芽，大部分品种9～10月底可见花芽，如果长出叶芽应剥除。花箭用直径5mm包皮铁丝作支柱，当花芽长到15cm时竖起。绑花箭的最低部位为10cm，间隔6～8cm，支柱一般选择80cm和100cm长。

三、春兰

1. 种前准备

（1）新购入兰株的清洗、消毒与整修　新购入的兰株由于放置时间较长，会有不同程度的缺水，可将兰株放入清水盆里浸泡4～8h，兰根恢复饱满如初后，将兰株捞出，稍晾干，修剪枯、病、残、断及腐烂的兰根，修剪植株枯、黄、干叶后，再放入高锰酸钾水溶液中进行消毒半小时。捞出晾干待种植。

（2）花盆处理　最好使用新瓦盆，但要放入清水中浸泡数小时退火气后才能使用。如果用旧瓦盆，必须清洗干净，消毒后再使用。盆的大小以兰花根放入盆内能舒展开为宜。

（3）介质的选择与处理　介质用花卉市场出售的兰花泥为最好。如果无，可用自制的腐叶土和菜园土各半，再掺入适量的像麦粒大小的沙粒或煤渣粒、锯末混合而成的培养土，这种土含微酸性且通透性能好。切忌使用盐碱土。

2. 上盆

先在盆底孔垫上瓦片，再铺一层粗沙粒或粗煤渣粒，以利排水通气。其上再铺一层培养土，然后把春兰植株放入盆土上，把根理顺、自然舒展开，填土至一半时，轻轻提兰株，同时轻轻摇动花盆，使兰根与盆土密切结合，再继续填土至盆沿，轻轻按压盆土，盆沿上留3cm的水口，以便施肥液和浇水时不往盆外流淌。

3. 种后管理

（1）温度管理　上好盆后，首先要浇一次透水，放在稍见阳光而又温暖处缓苗，养护半月左右即可恢复生机。这时天气转冷，可把盆端至室内常有阳光处养护管理。整个冬季与初春都在室内防寒越冬。越冬期间，室内温度不宜太高，只要室温保持在10℃以下、0℃以上，即可生长旺盛，正常孕蕾、开花。

（2）浇水和施肥　春兰栽后第一次浇透水后，视盆土干湿情况，一般应掌握"见干见湿"的原则，冬天浇水宜少，平时保持盆土微湿润即可。除非在盆土较干燥的情况下，才浇一次透水。浇水时需在中午前后，水温应与室温相同或相近时，沿盆边缓缓浇下，不可淋浇叶面和叶心，以免沤烂花心。兰花平时忌施浓肥，特别是新栽植的兰花，一般一年内不宜施肥，经1～2年的培育，待新发根密而壮，植株生长旺盛时，才可施薄肥液。施肥宜在傍晚进行，水肥也应沿盆边浇，不要沾污兰叶，施过肥后，第二天清早再用清水淋浇一次，以利肥分的吸收。

（3）疏蕾　春兰植株如果带花蕾较多时，应在未栽入花盆前适当进行疏蕾，一般留2～3个蕾即可，留多了会消耗植株养分，影响兰株的正常生长。待到春节或初春时，春兰绿叶青翠，花蕾绽放，清香溢室，给节日增色不少。

四、瓜叶菊

1. 穴盘播种育苗

技术操作同前面花坛花卉的操作。

2. 上盆

瓜叶菊经过夏天后，应及时上盆。通常在幼苗长出 3～4 片真叶时进行。采用 12cm×10cm 营养钵，上盆时应注意不要把瓜叶菊的叶片埋入培养土中，特别是生长点不要被土盖住。

3. 换盆

当幼苗长出 6～8 片真叶时，可定植于 18cm×15cm 规格的花盆中。

4. 种后管理

（1）浇水　生长期间，浇水应保持见干见湿，润而不渍，防止因水分多寡导致叶片徒长、萎蔫。在花芽分化前 2 周应控制浇水，以增加细胞干物质的浓度，促使花芽分化和花蕾发育。

（2）施肥　当有 2 片真叶时开始浇施 0.1%～0.3% 的花多多 20－10－20 或 14－0－14 营养液，每 2 周施 1 次，交替施用。在花芽分化前 2 周停止施肥，现蕾期间 15 天喷施 1 次 0.3% 的磷酸二氢钾可以促进瓜叶菊提早开花，而且可以提高观赏品质。现蕾后即进行正常管理，追施液肥，液肥以 P、K 肥为主，逐渐恢复并增加浇水量。在开花前 1 个月，每 7 天喷施 1 次 0.05% 稀土，可提高瓜叶菊的抗性和观赏性。

（3）整形　瓜叶菊腋芽多，易分枝。瓜叶菊定植后，主茎下部 4 节以下的低节位腋芽（或侧芽）应随时除去，以使养分集中，生长旺盛。其余腋芽保留让其成蕾开花，含腋芽在内的主茎上可抽出 20～40 个花枝，每个花枝上又可抽生三四个副花枝，一般每盆以保留 15～25 个花枝为宜，多余的花枝应及早疏除。

（4）转盆　瓜叶菊趋光性强，宜每周转盆一两次，以保持株形匀称丰满，增加观赏性。

（5）病虫害防治　根据植株的发生情况参照后面相关理论知识采取相应的防治措施。

【理论知识】

一、蝴蝶兰

1. 形态特征（图 2-1）

兰科蝴蝶兰属植物，约有 100 种。原产于欧亚、北非、北美和中美。茎短，常被叶鞘所包。叶片稍肉质，常有 3～4 枚或更多，正面绿色，背面紫色，椭圆形、长圆形或镰刀状长圆形，长 10～20cm，宽 3～6cm，先端锐尖或钝，基部楔形或有时歪斜，具短而宽的鞘。花序侧生于茎的基部，长达 50cm，不分枝或有时分枝；花序柄绿色，粗 4～5mm，被数枚鳞片状鞘；花序轴紫绿色，多呈回折状，常具数朵由基部向顶端逐朵开放的

图 2-1　蝴蝶兰

花；花苞片卵状、三角形，长3~5mm；花梗连同子房绿色，纤细，长2.5~4.5cm；花白色，美丽，花期长；中萼片近椭圆形，长2.5~3cm，宽1.4~1.7cm，先端钝，基部稍收狭，具网状脉；侧萼片歪卵形，长2.6~3.5cm，宽1.4~2.2cm，先端钝，基部收狭并贴生在蕊柱足上，具网状脉；花瓣菱状、圆形，长2.7~3.4cm，宽2.4~3.8cm，先端圆形，基部收狭呈短爪，具网状脉；唇瓣3裂，基部具长为7~9mm的爪；侧裂片直立，倒卵形，长2cm，先端圆形或锐尖，基部收狭，具红色斑点或细条纹，在两侧裂片之间和中裂片基部相交处具1枚黄色肉突；中裂片似菱形，长1.5~2.8cm，宽1.4~1.7cm，先端渐狭并且具2条长8~18mm的卷须，基部楔形；蕊柱粗壮，长约1cm，具宽的蕊柱足；花粉团2个，近球形，每个劈裂为不等大的2片。正常花期4~6月。

2. 生长习性

蝴蝶兰喜高温、高湿、通风半阴环境，忌水涝气闷。越冬温度不低于15℃。由于蝴蝶兰出生于热带雨林地区，本性喜暖畏寒。生长适温为18~30℃，冬季15℃以下就会停止生长，低于10℃容易死亡。在我国大部分地区进行批量生产，都必须要有防寒设施，实行保护地栽培。如果家庭小量种植，在遇冷时立即移入室内保持温度便可以安全过冬。

3. 养护注意事项

（1）浇水过频　总是担心植株缺水，不管栽培介质是否干燥，天天浇水，造成严重烂根。

（2）温度过低　通常蝴蝶兰开花株上市的时间大多在早春，此时夜温偏低，使得植株的长势往往会日益衰弱。因此，有时不论养护得多么好，兰花仍有不开花的时候。

（3）施肥过量　有肥就施，而且不注意浓度，觉得施了肥就会长得快。须知蝴蝶兰宜施薄肥，应少量多次。切记"进补"不可过度，不然适得其反。

（4）小株种大盆　觉得用大盆，可以给蝴蝶兰宽松的环境，用料充足。其实用大盆后，水苔不易干燥，须知蝴蝶兰喜通气，气通则舒畅。

4. 病虫害发生情况及其防治

（1）蝴蝶兰的真菌性病害　一般在栽培场所较易出现的真菌性病害约有以下五种：

1）疫病。

①危害时期：主要发生在瓶苗出瓶，移植及植株换盆移动时。

②病征：在蝴蝶兰叶片、花器假茎及新芽上，没有伤口也可侵入，初期患部出现水浸状斑点，后期扩大为暗绿色或浅褐色组织。虽然腐败但不会被水解而溃烂也无恶臭，最后造成全株萎凋枯死。

③防治方法：预防重于治疗，瓶苗出瓶、种植及换盆时应马上施用66.5%普拔克（Previcur）可湿性粉剂1000倍液或33.5%快得宁（Quinotate）水悬剂1500倍液、3.5%依得利（Terrazole）可湿性粉剂1500倍液或使用亚磷酸（H_2PO_3）配合氢氧化钾（KOH）各1000倍混合效果甚佳，每周一次，连续2~3次即可。

2）灰霉病。

①危害时机：在蝴蝶兰冬春季节、低温多湿时，花瓣极易感染而降低花朵质量。

②病征：首先在花瓣及萼片上出现水浸状圆形小点，再逐渐变成褐色斑点，大小为0.1~0.15cm。

③防治方法：预防工作为温室内保持干燥可减少发生，严重时可用以下药剂治疗，

50.0%扑灭宁（Sumilex）可湿性粉剂2000倍液或50.0%依普同（Roval）可湿性粉剂1500倍液或50.0%益发灵（Euparen）可湿性粉剂2000倍液（施用时勿直接对花喷之），病害发生时每7～10天喷施1次，连续3次。

3）炭疽病。

①危害时机：一般兰园植株栽培太密或在中温多湿季节，特别是梅雨季节或台风过后，植株叶片极易患炭疽病。

②病征：初期在叶片上产生浅褐色凹陷的小斑点，后扩大成圆形或不规则形，凹陷呈黑褐色，病斑中央在有坏疽时会脱落而呈穿孔现象。

③防治方法：加强肥培管理，增加植株抵抗力，改善栽培环境，增加通风及日照，施用锌肥增加叶片厚度防止疫害侵入，合理使用杀菌剂如50%扑克拉锰可湿性粉剂1500～2000倍液，效果不错，亚磷酸配合氢氧化钾各1000倍混合施用也有效果。

4）白绢病。

①危害时机：在高温多湿时靠近地面的茎部极易发生。

②病征：植株接近盆面附近组织出现水渍状病斑，后呈不同程度的褐色到黑褐色疽，后再长出白色绢状菌丝使植物凋萎死亡。

③防治方法：由于白绢病病原菌大部分位于土壤中，因此预防此病特别要注意清洁卫生，应使用清洁干净的栽培材料以及栽培容器，否则栽培介质也应事先蒸汽消毒或用0.6%尿素淋注后覆盖一周，并保持田间的环境卫生，发生后可使用50%福多宁（Flutolanil）可湿性粉剂3000倍液或75%灭普宁（Mepronil）可湿性粉剂1000倍液施用，每周一次，连续3～5周。

5）煤烟病。

①危害时机：一般发生于某些特殊品种，栽培时通风不良、日照较强时易发生，有时日照低时也会发生，成株叶片也较易发生。

②病征：在成株叶片的叶缘，初期分泌汁液或被咖啡硬介壳虫寄生的叶片正背面、花梗及花朵也会因虫体分泌蜜露，再感染煤烟病菌使叶缘汁液变成黑褐色，影响植株观瞻。

③防治方法：从根本上慎选易感病品种，在栽培过程中加强通风，严重时可施用50%扑灭宁（Sumilex）可湿性粉剂2000倍液，23.7%依普同（福元精）可湿性粉剂1000倍液，50%益发灵（Euparen）可湿性粉剂1000倍液，出口时仍需擦拭叶背煤烟以利出口检验。

（2）蝴蝶兰的细菌性病害

1）软腐病。

①危害时机：高温多湿的环境下极易感染。

②病征：各龄期蝴蝶兰叶片不同部位均可感染，叶片首先出现水浸状，呈透明状软腐现象，蔓延速度很快，导致数天内植株死亡。

③防治方法：定期轮流喷施30.3%铂美素（Achroplant）可溶性粉剂1000倍液、63%铜锌锰乃浦（Cuprosan）可湿性粉剂500倍液、80%锌锰乃浦（Mancozeb）可湿性粉剂500倍液，若有感染时最好整盆丢弃避免感染。

2）褐斑病。

①危害时机：全年皆可致病，以高温多湿的夏天、特别是台风过后发生最为严重，颇似软腐病。

② 病征：各龄期植株均可被感染，初期叶片出现浅褐色水浸状斑点，再扩大成为暗褐色或黑色不规则凹陷坏疽斑，周围具明显黄晕，有些出现大型水浸状斑，病斑周围出现环纹，湿度高时伤口破裂会出现乳白色的菌泥，最后叶片干化而枯死。

③ 防治方法：同软腐病防治方法。

（3）蝴蝶兰的病毒性病害 其发生时机，均为人工机械传染不是昆虫传播，没有防治方法，只有加强园区清洁、加强母株病毒检查、生产无病毒种苗，分株换盆时工具要在 4% 氢氧化钠及 4% 福尔马林混合液或 3% ~ 10% 亚磷酸氢钠（NaH$_2$PO$_3$）溶液浸泡 1min 或 180℃ 1h 的干热消毒或在沸水中煮沸 15min 或火焰烧烤 15 ~ 20s 才可，栽培时尽量不要使植株相连在一起或每次移位时栽培床或盆子使用，预防方法为 10% 漂白水消毒，主要有下列三种：

1）齿舌兰轮点病毒。病征：感染初期大多数未表现病征，后期在叶片上有轮斑或黄色嵌纹，花可看到有褪色斑点。

2）喜姆兰嵌纹病毒。病征：感染初期大多未表现病征，后期严重时在叶片、茎部及花瓣等上可看到黑色坏疽斑点及坏疽条纹。

3）胡瓜嵌纹病毒。病征：初期病征不明显，后期严重时叶片上会有黄化条纹或全叶黄化现象，红色花系花瓣上出现褐色条纹及花形不整现象。

（4）蝴蝶兰的虫害

1）蝗虫类害虫：主要为红翅背蝗。

① 分布：大多分布在兰园附近杂草丛生处或稻田处。

② 防治方法：加强兰园清洁并使用黑网或纱网隔离昆虫，同时施用 50% 加保利可湿性粉剂或 50% 扑灭松可湿性粉剂各 1000 倍液，每 10 天喷 1 次，连续 2 次。

2）蓟马类害虫：主要为花蓟马。

① 分布：干燥温暖天气下最适合繁殖。

② 危害状：以成虫及幼虫危害花器及幼嫩心叶，花芽受害后萎缩、黄化、脱落，花苞受害后花朵扭曲形成白色斑点或条斑。

③ 防治方法：加强兰园清洁，除杂草，吊挂蓝色或黄色诱虫粘板或喷施 10% 百灭宁（Permethri）乳剂或 50% 马拉松（Malathion）乳剂各 1000 倍液或 2.8% 第灭宁（Cyper-methrin）乳剂 2000 倍液，每 5 ~ 10 天施用 1 次，连续 2 次。

3）介壳虫类害虫：有咖啡硬介壳虫、黄片质介壳虫、椰子质介壳虫及长尾粉介壳虫等。

① 分布：大多在高温多湿、日照不足之处，多食性，终年可危害叶片背面，大量繁殖后植株各部位均可寄生。

② 危害状：咖啡硬介壳虫寄生于叶片背面吸食叶片汁液并诱发煤烟病，严重时叶片枯萎。椰子质介壳虫寄生于叶片，黄片质介壳虫寄生于叶面，引起叶片黄化而枯萎，假球茎上到处可见虫体外面的白色分泌物，导致叶片黄化枯死。长尾粉介壳虫寄生于整个植株上，使植株外观有白粉状棉絮，同时分泌大量密露诱发煤烟病，引起植株生长受阻而死亡。

③ 防治方法：平常着重预防，病株应隔离治疗，不可直接进入温室内。发生少量时应该以毛刷刷掉虫体，或剪除病患部位，药剂则以 50% 马拉松（Malathion）乳剂 800 ~ 1000 倍液、44% 大灭松（Dimethoate）或 50% 加保利（Carbaryl）可湿性粉剂各 1000 倍液，治疗

以每 7 天施用 1 次，连续 2 ~ 3 次。

4）蝶蛾类害虫如斜纹夜蛾。

① 分布：主要分布在兰园附近的杂草及杂粮栽培之处。

② 危害状：产卵于叶片背面，孵化的幼虫，嚼食叶肉残留表皮呈食痕或孔洞，开花期可危害花朵，嚼食花瓣使花朵失去观赏价值。

③ 防治方法：清除杂草，悬挂性诱引剂诱虫盒在兰园外围，可诱杀成虫。严重时可喷施 40.8% 陶斯松（Chlorpyrifos）或 50% 加保利（Carbaryl）可湿性粉剂各 1000 倍液或 90% 万灵（Methomyl）可湿性粉剂，幼苗期 3000 倍液，成长期 2000 倍液，每 7 ~ 10 天喷 1 次，连续 2 次。

5）有害动物。如蜗牛与蛞蝓等有害动物。

① 分布：高温多湿的夏天傍晚及夜间最为严重。

② 危害状：可嚼食植株叶片假球茎及根部。

③ 防治方法：加强清理兰园的卫生环境，清除杂草，兰园四周撒布石灰或将铜片围绕于栽培床的柱子上以及施用药剂聚乙醛（Metaldelhyde）粒剂或 10% 待灭克粒剂。

6）水草内的跳虫。

① 分布：主要分布于水草内，嚼食水草加速水草的腐化。

② 危害状：不直接危害植株，但会使盆内水草加速腐化并使外销检疫受阻。

③ 防治方法：水草先用溴甲烷熏蒸，浸泡时可用臭氧（O_3）溶于水中杀菌。

二、大花蕙兰

1. 形态特征（图 2-2）

兰科兰属，是由兰属中的大花附生种、小花垂生种以及一些地生兰经过一百多年的多代人工杂交育成的品种群。大花蕙兰叶长碧绿，花姿粗犷，豪放壮丽，是世界著名的"兰花新星"。假鳞茎粗壮，属合轴性兰花。假鳞茎上通常有 12 ~ 14 节（不同品种有差异），每个节上均有隐芽。芽的大小因节位而异，1 ~ 4 节的芽较大，第 4 节以上的芽比较小，质量差。隐芽依据植株年龄和环境条件不同可以形成花

图 2-2　大花蕙兰

芽或叶芽。叶片 2 列，长披针形，叶片长度、宽度因品种不同差异很大。叶色受光照强弱影响很大，可由黄绿色至深绿色。根系发达，根多为圆柱状，肉质，粗壮肥大。大都呈灰白色，无主根与侧根之分，前端有明显的根冠。花序较长，小花数一般大于 10 朵，品种之间有较大差异。

花被片 6 枚，外轮 3 枚为萼片，花瓣状；内轮为花瓣，下方的花瓣特化为唇瓣。蒴果的形状、大小等常因亲本或原生种不同而有较大的差异。其种子十分细小，种子内的胚通常发

育不完全，且几乎无胚乳，在自然条件下很难萌发，其中绿色品种多带香味。花大型，直径 6~10cm，花色有白色、黄色、绿色、紫红色或带有紫褐色斑纹。

2. 生长习性

大花蕙兰喜冬季温暖和夏季凉爽气候，喜高湿、强光，生长适温为 10~25℃。夜间温度以 10℃左右为宜，尤其是开花期要将温度维持在 5℃以上，15℃以下可以延长花期 3 个月以上。花期依品种不同可从 10 月~第二年 4 月。一般从组培苗出瓶到开花需要 3~4 年的生长周期。大花蕙兰植株由母球、子球和孙球组成，其中，孙球长速最快。大花蕙兰为合轴性兰花，腋芽不断萌发。大花蕙兰腋芽的萌发主要受温度支配，高温（高于 18℃）下出芽快而整齐，低温（低于 6℃）下则发芽较慢。由萌芽到假鳞茎形成的时间因品种或环境而异，需 8~12 个月。长日照、光照充足、多肥等条件均可以促进侧芽生长。

3. 花芽分化特点

（1）与光照条件的相关性　在新茎生长不良的短日照条件下不形成花芽。光照强，则叶短、假鳞茎大而充实、花芽数多。但在花芽分化期及花的品质方面，不受光照度影响。

（2）与温度条件的相关性　白天 20~25℃，夜间 10~15℃为花芽分化与形成的最佳温度，如果温度过高则花粉形成受阻，整个花序枯死，一般花茎伸长和开花的温度在 15℃左右。如白天大于 30℃，夜间大于 20℃，则花序形成受到影响。接受 60 天的高温，花序发育全部终止。3cm 以上的花序比 3cm 以下的花序更易受高温影响，花芽分化早晚取决于新芽的叶停长早晚及假鳞茎成熟的早晚。

4. 栽培管理注意事项

（1）设施　大花蕙兰一般用塑料大棚或加温的温室栽培，在平原地区栽培要配备高山基地做越夏催花用。云南是中国大花蕙兰的主要生产地区，一般使用塑料大棚栽培，冬季需要加温，夏季温度升高时要撤掉温室的塑料薄膜，换上遮阴网。

（2）栽培基质与盆的选择　宜选择底部及四壁多孔的长筒形的盆，栽培基质应选用透气性、透水性好的树皮块或蕨根之类，盆下部要加木炭、陶粒等物以利于排水。

（3）水分管理　分株种植后不宜立即浇水，若发现干时，可向叶面与盆面喷水，以防叶片干枯、脱落和假鳞茎干缩。待新芽、新根长出后才能浇水。栽培中浇水应视天气与基质干湿情况而定。在旺盛生长期要供应充足的水分，在干旱与炎热季节需及时浇水；冬季气温较低时，浇水次数可减少，浇水所用水的 pH 以 6.5 为好。

（4）肥料管理　大花蕙兰较喜肥，生长期氮、磷、钾比例为 1:1:1，催花期比例为 1:2:(2~3)，肥液 pH 为 5.8~6.2。一般而言，小苗施肥浓度为 3500~4000 倍，中大苗为 2000~3500 倍，夏季 1~2 次/天（水肥交替施用），其他季节通常 3 天施一次肥。

从组培苗出瓶到开花前都要每月施一次有机肥，生长期豆饼:骨粉的比率为 2:1，催花期施用纯骨粉。有机肥不能施于根上。骨粉如果含盐量太大可先用水冲洗后再施用。冬季最好停止施用有机肥。

（5）光照与通风　忌阳光直射，需充足的散射光，夏日强光下需遮光 50% 左右。秋季阳光可稍多些，有利于花芽形成与越冬；冬季可置于温室光照处在我国南方日照强、温度高的地区，要常年在荫棚下培养。为了有利于通风，要架空放置并不能过密。

（6）温度管理　适宜生长温度：白天为 25℃、夜间以 10℃为好，若夜间温度高于 20℃，会使花蕾枯萎或影响开花。冬季温度不能低于 5℃，但也不能高于 15℃，否则会使花芽突然伸长。另外，在夏季与气候干燥时，要经常向叶面与地面、架子上喷水，同时要注意防治多种病虫害。

（7）按月摘芽　大花蕙兰的假球茎一般都含有 4 个以上叶芽，为了不使营养分散，必须彻底摘掉新生的小芽和它的生长点。这种操作应从开花期结束开始，每月摘一次芽，至新的花期前停止，这样能集中营养，壮大母球茎，使花开得更大、更多。

（8）病虫害防治　大花蕙兰发生的虫害主要有以下几种：

1）介壳虫类：一般在管理粗放的兰棚，通气不良、日光不足时容易发生。发生时，可用 50% 辛硫磷乳油 1000～2000 倍液和 2.5% 溴氰菊酯乳油 1000 倍液，每隔 7 天喷洒 1 次，连续 3 次。

2）粉虱：治疗方法同上。

3）螨类害虫：主要是红蜘蛛、黄蜘蛛和假蜘蛛类。防治方法：一是用肥皂泡水喷洒；二是用 40% 三氯杀螨醇乳油 800～1000 倍液、73% 克特螨乳油 3000 倍液喷施，每周 1 次，连续 3 次。

4）蚜虫：一般用 40% 氧化乐果乳油 1000～2000 倍液、20% 氰戊菊酯乳油 3000～4000 倍液、30% 乙酰甲胺磷乳油 300～600 倍液等轮换喷洒。

三、春兰

1. 形态特征（图 2-3）

多年生常绿草本。具球形假鳞茎。叶 4～6 枚丛生，狭带形，叶脉明显，叶缘具细齿。花梗直立，具 4～5 枝鞘，花单生，少数 2 朵，浅黄绿色，有香气；花期 2～3 月。依花被片的形状不同，可分为几类花形，如梅瓣形、水仙瓣形、荷瓣形以及蝴蝶瓣形。

2. 习性及分布

春兰是地生兰常见原种，多产于温带，原产于我国，是我国特产，以江苏、浙江、福建、广东、

图 2-3　春兰

四川、云南、安徽、江西、甘肃、台湾为较多。春兰喜凉爽湿润，较耐寒，忌酷热和干燥；要求生长期半阴，冬季有充足的光照；喜富含腐殖质、疏松、透气的微酸性土壤。

3. 对生长开花影响最大的因素

（1）介质　春兰要求疏松、通气、排水良好、富含腐殖质的中性或微酸性（pH 为 5.5～7.0）土壤。

以原产地林下的腐殖土为好，或人工配制类似的栽培基；底层要垫碎砖、瓦块以利于排水。要求土质疏松、黏性低、不板结、渗水快，但又要有一定的吸水性和保湿性，不能一干就燥，要有一定的腐殖质，选好土对以后的养护有很重要的作用。

（2）温度　春兰要求比较低的温度，生长期白天保持在 20℃ 左右，越冬温度夜间为

5~10℃，不能耐30℃以上高温，要在兰棚中越夏。

（3）光照 要求50%~60%遮阴度，不耐强光暴晒。

四、瓜叶菊

1. 形态特征（图2-4）

菊科千里光属于观赏植物，多年生草本，常作一、二年生栽培。瓜叶菊分为高生种和矮生种两种，20~90cm不等。全株被微毛，叶片大形如瓜叶，绿色光亮。花顶生，头状花序多数聚合成伞房花序，花序密集覆盖于枝顶，常呈锅底形，花色丰富，除黄色以外其他颜色均有，还有红白相间的复色，花期1~4月。矮生品种25cm左右，全株密生柔毛，叶具有长柄，叶大，心状卵形至心状三角形，叶缘具有波状或多角齿。叶

图2-4 瓜叶菊

形似葫芦科的瓜类叶片，故名瓜叶菊。有时背面带紫红色，叶表面深绿色，叶柄较长。花为头状花序，簇生成伞房状。花有蓝、紫、红、粉、白或镶色，为异花授粉植物。

2. 生态习性

瓜叶菊原产于西班牙加那利群岛，性喜冷寒，不耐高温和霜冻。好肥，喜疏松、排水良好的土壤。喜冬季温暖、夏季无酷暑的气候条件，忌干燥的空气和烈日暴晒，还要有良好的光照。要求疏松、肥沃、排水良好的土壤。喜阳光充足和通风良好的环境，但忌烈日直射。喜凉爽湿润的气候。凉爽的气温和充足的阳光是其良好生长的主要条件。喜富含腐殖质而排水良好的沙质壤土，忌干旱，怕积水，适宜中性和微酸性土壤。

瓜叶菊可在低温温室或冷床栽培，以夜温不低于5℃、昼温不高于20℃为宜。生长适温为10~15℃，温度过高时易徒长。生长期宜阳光充足，并保持适当干燥。

3. 对开花品质影响较大的几个因素

（1）播种时间 播种一般在7月下旬进行，至春节就可开花，从播种到开花约半年时间。也可根据所需花的时间确定播种时间，如元旦用花，可选择在6月中下旬播种。瓜叶菊在日照较长时，可提早发生花蕾，但茎细长，植株较小，影响整体观赏效果。早播种则植株繁茂花形大，所以播种期不宜延迟至8月以后。

（2）幼苗水分控制 主要是通过喷施水雾来降低苗床的温度，以及供给幼苗水分。喷施的原则是喷湿就够，不能让苗床土过干，也不能让苗床土过湿。过干幼苗萎蔫后很难恢复，过湿加上幼苗正处高温期，很容易坐蔸，从而导致幼苗成活率低。

（3）温度管理 瓜叶菊喜温暖又不耐高温，在15~20℃的条件下生长最好。当温度高于21℃，即可发生徒长现象，不利于花芽的形成。温度低于5℃时植株停止生长发育，0℃以下即发生冻害；开花的适宜温度为10~15℃，低于6℃时不能含苞开放，高于18℃会使花茎长得细长，影响观赏价值。因此，瓜叶菊在春、夏、秋三季宜摆放在阴凉、通风处养护，夏季还应采取喷水降温措施等控制温度条件，使之适于瓜叶菊的生长发育。

瓜叶菊的花蕾在严冬季节形成，适当控制温度十分重要。瓜叶菊在气温降至5℃时入室保温养护。温度宜控制为10~15℃。注意防寒冻，夜间室温不低于8℃。越冬期间室温高些可提早开花。但如果室温长时间高于25℃，叶片易卷曲，如果不及时处理，则会影响花的开放，严重时使花期明显缩短，花提早凋零谢落。如果发现卷叶，可在早、午、晚各喷一次水，并降低温度，以10~15℃为宜。瓜叶菊开花后维持室温8~10℃可延长花期。

（4）冬季注意控制湿度　瓜叶菊对湿度要求比较高，只有提供适宜的湿度才能生长良好。如何在冬季使湿度适中，是栽培瓜叶菊成功的关键。过于干燥，易使瓜叶菊的叶片经常处于萎蔫状态，不利于叶片生长，易使叶片发黄，也易于产生红蜘蛛和蚜虫。浇水过多，室内湿度过高，易使根系、主茎、叶片腐烂，同时也易产生蚜虫；如果加上室温过高，通风不好，易产生白粉病。

（5）病虫害防治　瓜叶菊主要病虫害有白粉病、黄萎病、蚜虫等。

1）瓜叶菊白粉病。瓜叶菊在幼苗期和开花期如果室温高、空气湿度大，叶片上最容易发生白粉病，严重时可侵染叶柄、嫩枝、花蕾等。初发时，叶片出现零星、不明显的白斑，发展后整个叶片布满灰白色粉状霉层。植株受害后，叶片、嫩梢扭曲萎蔫，生长衰弱，有的完全不能开花。发病严重时，导致叶枯，甚至整株死亡。

防治方法：

① 室内经常保持良好的通风条件，增加光照。

② 控制浇水，适当降低空气湿度。

③ 发病后立即摘除病叶，并及时喷50%的多菌灵粉剂1000倍液，或喷800~1000倍液的50%甲基托布津液防止蔓延。

2）瓜叶菊黄萎病。此病主要由病毒病原菌引起。受害植株分蘖性很强，花序展开受压抑，花色变绿，发育不正常，偶尔也有花徒长现象。病毒一般由叶蝉传播。

防治方法：

① 生长期间可适当增施钾肥，以增强植株抗病力，减少病毒侵染的机会。

② 喷洒0.5%高锰酸钾水溶液进行消毒，可起预防作用。

③ 发现植株染上病毒，应立即拔除病株并烧毁，防止蔓延。

3）蚜虫。瓜叶菊生长期若通风不好，时常会发生蚜虫危害，虫害严重时喷40%氧化乐果乳油1500~2000倍液进行防治。

4. 促成栽培的元旦、春节催花栽培

（1）播种时间　以7月上中旬为宜。

（2）入房　要求在9月底以前将瓜叶菊移入温室内进行管理。

（3）升温　冬季管理在花蕾待放时，若想使群体花期提前，可升温至13℃或用50mg/L的赤霉素液涂蕾；若想延缓花期，控温至5~7℃即可。

（4）光照调节　为了使瓜叶菊在元旦、春节开花，需增加光照时数。夜间用40W灯泡照射6~8h，以晚上9:00~10:00至第二天凌晨4:00~5:00为准。这样通过增加光照时数，可使其提前开花。

【拓展知识】

一、年宵花卉

年宵花卉是主要针对元旦、春节市场，推出的面向家庭节日的一类花卉。

1. 市场常见年宵花卉种类

（1）红掌（图2-5） 红掌属于天南星科花烛属，多年生常绿草本植物，可常年开花，一般植株长到一定时期，每个叶腋处都能抽生花蕾并开花。红掌原产于哥斯达黎加、哥伦比亚等热带雨林区，常附生在树上，有时附生在岩石上或直接生长在地上，性喜温暖、潮湿、半阴的环境，忌阳光直射。

图 2-5 红掌

（2）观赏凤梨（图2-6） 凤梨科多年生常绿植物。叶丛生，呈莲座状，剑形，上面微凹，边缘具细刺，灰绿色。花序顶生，苞叶绿色，花蓝紫色。其园艺观赏品种有很多。凤梨喜温暖湿润和阳光充足的环境。喜疏松、透气性佳、排水良好的微酸性土壤。

（3）竹芋类（图2-7） 竹芋科几种植物的统称。为多年生草本植物，匍匐的根状茎上着生肉质块茎，地上茎多分枝，高约1.5m。枝上叶多，有长而窄的叶鞘，椭圆形叶片大而开展。花少、白色、具短柄。叶片上色彩和花斑变化非常丰富，观赏价值极高。常见的有"青苹果"、孔雀竹芋、二色竹芋、三星卧花竹芋、紫背竹芋等。竹芋性喜高温多湿的半阴环境，畏寒冷，忌强光。

图 2-6 观赏凤梨

图 2-7 竹芋

（4）君子兰（图2-8） 石蒜科君子兰属多年草本花卉，肉质根粗壮，茎分根茎和假鳞茎两部分。叶剑形，互生，排列整齐，长30~50cm。聚伞花序，可着生小花10~60朵，冬

春开花，尤以冬季为多，小花可开 15
~20 天，先后轮番开放，可延续 2~3
个月。每个果实中含种子一粒至多粒。

君子兰原产于非洲南部，生于树
下面，所以它既怕炎热又不耐寒，喜
欢半阴而湿润的环境，畏强烈的直射
阳光，生长的最佳温度在 18~22℃之
间，5℃ 以下、30℃ 以上，生长受抑
制。君子兰喜欢通风的环境，喜深
厚、肥沃、疏松的土壤，适宜室内
培养。

图 2-8　君子兰

（5）西洋杜鹃（图 2-9）　杜鹃花科植物，简称
西鹃。是荷兰和比利时专家经过长期杂交选育而获
得的新品种。据闻其中蕴含有中国杜鹃的亲缘。因
最初在比利时繁殖推广最多，故又名"比利时杜
鹃"，是当今世界上流行最广的名花之一。其品种
多，花色鲜艳，富于变化，花朵多，花期长，具有
极高的观赏价值。早熟品种在 10 月开花，中晚熟品
种春节前后开花，都可开到第二年四五月，花期长
达半年左右，天越冷，花色越鲜艳。

（6）蟹爪兰（图 2-10）　蟹爪兰又名圣诞仙人
掌、蟹爪莲和仙指花，为仙人掌科蟹爪兰属植物。
嫩绿色，新出茎节带红色，主茎圆，易木质化，分
枝多，呈节状，刺座上有刺毛，花着生于茎节顶部

图 2-9　西洋杜鹃

刺座上。常见栽培品种有大红色、粉红色、杏黄色和纯白色。因节径连接形状如螃蟹的副
爪。叶状茎扁平多节，肥厚，卵圆形，鲜绿色，先端截形，边缘具粗锯齿。植株常呈悬垂
状，喜温暖湿润和半阴环境。不耐
寒，怕烈日暴晒。适宜肥沃的腐叶
土和泥炭土，怕生煤土煤灰。冬季
温度不可低于 10℃。喜欢在碱性土
壤中生活，pH 不低于 0.60。

2. 年宵花卉购买注意事项

（1）注意花的成熟度　购买观
花类的年宵花卉主要目的是为了在
春节期间能观赏到开满鲜花的花卉。
因此在选购时，应考虑节日时间和
盛花时间的统一。

（2）注意植株的新鲜度　选购
时仔细观察植株是否株形丰满且无

图 2-10　蟹爪兰

黄叶、无花朵凋谢及叶片萎蔫等现象。

（3）注意盆土的情况　刚上盆不久的盆花不建议购买，可通过观察盆土与根系情况加以辨别。如果是新土，说明刚上盆不久，不建议购买；观察盆底的排水孔是否有根系伸出，如有且能看到嫩白色的新根，则说明已经在盆里生长时间较久，可以购买；也可轻提植株，观察植株茎基部与盆土交接处的情况，刚上盆不久的盆花，提起时盆土会明显凸起，而如果植株在盆土中生长时间较长，则提起时盆和植株应是一起被提起来。

（4）注意植物品种的选择　植物生长对环境条件的要求各有不同，养护的难易程度差别很大，个人养护水平也有差异，因此选购时需考虑以上因素。如对于种花、管理经验不足的，最好选择比较容易养的植物，待积累丰富的养护经验后再购买养护难度大的花卉；另外很多新奇的年宵花卉品种是从全国各地甚至世界各地引进，在当地需温室生长，一般家庭不能提供其生长所需环境，不建议选购。

二、兰科花卉

1. 兰科植物的分类

兰花在广义上是兰科花卉的总称。兰科是仅次于菊科的一个大科，是单子叶植物中的第一个大科。该科中有许多种类是观赏价值高的植物，目前栽培的兰花仅是其中的一小部分，有悠久的栽培历史和众多的品种。自然界中尚有许多有观赏价值的野生兰花有待开发、保护和利用。兰科植物分布极广，但85%集中分布在热带和亚热带。园艺上栽培的重要种类，主要分布在南、北纬30°以内，降雨量为1500～2500mm的森林中。现代栽培的兰花，一部分是自然形成的种，但是一个世纪以来，通过不断地杂交又育成了许多种间、属间人工杂交属种。这些杂交种不仅在花形、花径、花色上比亲本更好，且对环境的适应力更强，逐渐成为当今商品生产的主要品种。

（1）按生态习性分类

1）地生兰类（图2-11）。根生于土中，通常有块茎或根茎，部分有假鳞茎。产于温带、亚热带及热带高山。属、种数多，杓兰属、兜兰属大部分为地生兰类。

2）附生兰类（图2-12）。附着于树干、树枝、枯木或岩石表面生长，通常不需要养料，适应短期干旱，以特殊的吸收根从湿润空气中吸收水分维持生活。主要产于热带，少数产于亚热带，适于热带雨林的气

图2-11　地生兰类

候。常见栽培的有指甲兰属、蜘蛛兰属、石斛属、万带兰属、火焰兰属等。一些属，如兰属，某些种适于地生，另一些种则适于附生。

3）腐生兰类。不含叶绿素，营腐生生活，常有块茎或粗短的根茎，叶退化为鳞片状。

（2）按对温度的要求分类

栽培者习惯按兰花生长所需的最低温度将兰花分为三类。不同的属、种、品种都有不同的温度要求，这种划分比较粗略，仅供栽培参考。

1）喜凉兰类。其多原产于高海拔山区冷凉环境下，如喜马拉雅地区、安第斯山高海拔地带及北婆罗湖的最高峰基纳巴洛（Kinubalu）山。它们不耐热，需一定的低温，适宜温度：冬季夜温4.5℃、日温10℃；夏季夜温14℃、日温18℃。如堇花兰属、齿瓣兰属、兜兰属的某些种、杓兰属、毛唇贝母兰、福比文心兰、鸟嘴文心兰。

图 2-12　附生兰类

2）喜温兰类。或称中温性兰类，原产于温带地区，种类很多，栽培的多数属都是这一类。适宜温度：冬季夜温10℃、日温13℃；夏季夜温16℃、日温22℃。如兰属、石斛属、燕子兰属、多数卡特兰、兜兰属某些种及杂种、万带兰属某些种等。

3）喜热兰类。或称热带兰，多原产于热带雨林中。不耐低温，适宜温度：冬季夜温14℃、日温16℃；夏季夜温22℃、日温27℃。开最美丽花朵的许多杂交种都是这一类，目前广泛栽培。如蝶兰属、万带兰属的许多种及其杂种、兜兰属的某些种、兰属某些种、卡特兰的少数种等以及许多属间杂种。

（3）按栽培的地域分类

1）中国兰。其又称国兰、地生兰，是指兰科兰属的少数地生兰，如春兰、蕙兰、建兰、墨兰、寒兰等。也是中国的传统名花，主要原产于亚洲的亚热带，尤其是中国亚热带雨林区。一般花较少，但芳香。花和叶都有观赏价值。

中国兰花是中国传统十大名花之一，兰花文化源远流长，人们爱兰、养兰、咏兰、画兰，并将其当成艺术品收藏。对其色、香、姿、形上的欣赏有独特的审美标准。如瓣化萼片有重要观赏价值，以绿色无杂为贵；中间萼片称为主萼片，两侧萼片向上跷起，称为"飞肩"，极为名贵；排成一字名为"一字肩"，观赏价值较高；向下垂，为"落肩"不能入选。花不带红色为"素心"，是上品等。主要作为盆栽观赏。

2）洋兰。洋兰是民众对国兰以外兰花的称谓，主要是热带兰。实际上，中国也有热带兰分布。常见栽培的有卡特兰属、蝴蝶兰属、兜兰属、石斛属、万带兰属的花卉等。一般花大、色艳，但大多没有香味。以观花为主。

热带兰主要观赏其独特的花形，艳丽的色彩。可以盆栽观赏，也是优良的切花材料。

2. 兰科植物的形态特征（图 2-13）

（1）根　粗壮，根近等粗，无明显的主次根之分，分枝或不分枝。根毛不发达，具有菌根，起根毛的作用，也称为兰菌，是一种真菌。

（2）茎　因种不同，有直立茎、根状茎和假鳞茎。直立茎同正常植物，一般短缩；根状茎一般呈索状，较细；假鳞茎是变态茎，是由根状茎上生出的芽膨大而成。地生兰大多有短的直立茎；热带兰大多为根状茎和假鳞茎。

（3）叶　叶形、叶质、叶色都有广泛的变化。一般中国兰为线形、带形或剑形；热带兰多肥厚、革质，为带状或长椭圆形。

（4）花　具有3枚瓣化的萼片；3枚花瓣，其中1枚成为唇瓣，颜色和形状多变；具1枚蕊柱。

（5）果实和种子　开裂蒴果，每个蒴果中有数万到上百万粒种子。种子内有大量空气，不易吸收水分，盆栽兰的胚多不成熟或发育不全，尤其是地生兰，没有胚乳。

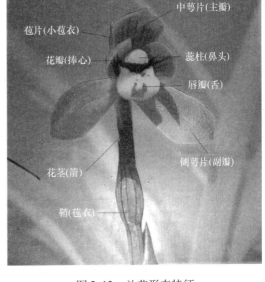

图2-13　兰花形态特征

3. 中国兰与洋兰在习性上的差异

（1）对温度的要求　热带洋兰依原产地不同有很大差异，生长期对温度要求较高，原产热带的种类，冬季白天要保持在25~30℃，夜间18~21℃；原产亚热带的种类，白天保持在18~20℃，夜间12~15℃；原产亚热带和温暖地区的地生兰，白天保持在10~15℃，夜间5~10℃。中国兰要求比较低的温度，生长期白天保持在20℃左右，越冬温度夜间5~10℃，其中春兰和蕙兰最耐寒，可耐夜间5℃的低温，建兰和寒兰要求温度高。地生兰不能耐30℃以上高温，要在兰棚中越夏。

（2）对光照的要求　种类不同、生长季不同，对光的要求不同。冬季要求充足光照，夏季要遮阴，中国兰要求50%~60%遮阴度，墨兰最耐阴，建兰、寒兰次之，春兰、蕙兰需光较多。热带兰种类不同，差异较大，有的喜光，有的要求半阴。

（3）对水分的要求　中国兰喜湿忌涝，有一定耐旱性。要求一定的空气湿度，生长时要求在60%~70%，冬季休眠期要求50%。洋兰对空气湿度的要求更高，因种类而定。

（4）对土壤的要求　地生兰要求疏松、透气、排水良好、富含腐殖质的中性或微酸性（pH为5.5~7.0）土壤。热带洋兰对基质的透气性要求更高，常用水苔、蕨根类作栽培基质。

实训7　蝴蝶兰的上盆与换盆

一、实训目的
学习和掌握蝴蝶兰组培苗的上盆和换盆操作。

二、实训设备及器件
生产温室、蝴蝶兰幼苗、128穴穴盘、1.5寸营养钵、2.5寸营养钵、3.5寸营养钵、水苔等。

三、实训地点
蝴蝶兰生产温室。

四、实训步骤及要求

1. 介质准备

水苔消毒、浸泡、脱水。

2. 上盆

取适量水苔先放在植株的根群中间，以使根系舒展开为原则，然后包裹根系的周围，要求四周的水苔量和用力要均匀，植株放入容器后刚好位于中间。种苗放入容器后，基质的上表面在 1.5 寸盆最低的横线下面。在上盆的过程中如果叶片上没有水分就要及时喷水，直至把整盆苗放到炼苗处。

3. 换盆

当 1.5 寸苗的根系盘满时就要换到 2.5 寸盆。换盆前要停水停肥，当基质干燥时一手拿两边的基质（切忌拿叶片或茎干）一手拿盆子底部圆孔处，把苗从盆子里拔出，如果基质和盆子结合比较紧时，用手轻捏盆子四周再拔。将处理（方式同上）过的水苔均匀包在苗的周围，塞入 2.5 寸盆，然后放在 15 穴的托盘里。

五、实训分析与总结

1. 蝴蝶兰作为非常受大众欢迎的一种洋兰，其生产栽培对设施设备的要求都相对较高，因此生产成本较大，而且对技术的要求也较高，尤其是花期的控制上，因为每年蝴蝶兰盆花销售最好的季节是春节，并且作为年宵花出售，因此生产者要掌握好花期，及时开花及时销售。

2. 其栽培管理技术包括介质的配制与消毒、施肥、浇水、整形修剪、防治病虫害等，每一项管理措施可作为一项专门操作技能加以掌握，而将其连贯起来灵活运用便是花卉栽培管理的整个过程。

【评分标准】

蝴蝶兰的上盆与换盆评价见表 2-1。

表 2-1　蝴蝶兰的上盆与换盆评价

考核内容要求	考核标准（合格等级）
1. 能正确处理介质 2. 能熟练进行上盆和换盆操作	1. 配制基质过程、上盆等操作方法正确；并能进行精心的后期管理，上盆或换盆后成活率 90% 以上。考核等级为 A 2. 配制基质过程、上盆等操作方法基本正确；并能进行较为精心的后期管理，上盆或换盆后成活率 80% 以上 90% 以下。考核等级为 B 3. 配制基质过程、上盆等操作方法基本正确；但后期管理不够精心，上盆或换盆后成活率 60% 以上 80% 以下。考核等级为 C 4. 配制基质过程、上盆等操作方法有误；后期管理粗放不够精心，上盆或换盆后成活率 60% 以下。考核等级为 D

任务2 球根类花卉盆花生产

教学目标

<知识目标>

1. 了解球根花卉的概念、特点、分类。

2. 掌握球根花卉对温度、水分、光照、土壤以及肥料方面的要求。

3. 掌握郁金香的生长特点，生长各阶段对环境条件的要求；促成栽培的技术处理依据。

4. 掌握仙客来的生长特点，生长各阶段对环境条件的要求。

5. 掌握花毛茛的生长特点，生长各阶段对环境条件的要求。

<技能目标>

1. 能根据郁金香年宵花生产的目的成功进行冷库催根，促使种球长出完美的根系，同时能独立完成催根后郁金香盆花的后期养护工作尤其是冬季温度的管理。

2. 能根据花毛茛的生长特点，进行合理的促成栽培，使其能在元旦和春节期间上市。

<素质目标>

1. 培养学生积极动手动脑、理论联系实际解决问题的能力。

2. 培养学生的创新精神。

教学重点

1. 掌握目前市场上郁金香商业种球的种类、每一种的特性、栽种的商业风险，以及如何根据需要去选择正确的商业种球和品种。

2. 对郁金香生理性病害，细菌性、真菌性病害的识别和防治。

3. 如何根据气候变化、植株生长发育的阶段性和长势以及上市需求完成对郁金香、仙客来、花毛茛的种植管理。

教学难点

1. 如何对郁金香、仙客来、花毛茛进行正确管理。

2. 如何对上述三种球根花卉进行促成栽培，使其能在既定时间上市。

【实践环节】

一、郁金香

1. 介质的配制

按照既定的配比准备好材料（进口苔藓泥炭60%、蛭石30%、珍珠岩10%）。泥炭是压缩包，刚打开包时检查包内是否有变质迹象，并添加土壤杀菌剂（每包泥炭加40%五氯硝基苯可湿性粉剂80g）。需先将泥炭破碎，碎后摊平，珍珠岩、蛭石沿泥炭堆上方环绕撒出并加入21－5－12控释肥2kg/m³。并适当洒水，介质润湿即可，以捏一把在手上不滴出水来且手松开抖动即散为好。

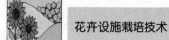

2. 剥皮

剥去种球根盘周围的褐色表皮（图2-14）。因外表皮较为坚硬，如果不去除会影响到根盘生根。

3. 种球消毒

将剥去根盘周围褐色表皮的种球浸在下列药液中15min：0.2%多菌灵可湿性粉剂，50%（有效成分：苯并咪唑-2-基氨基甲酸甲酯）。

4. 种植

去除种球根盘外表皮后先在盆底铺上3cm左右的基质，一般140mm的花盆可种植3个种球（图2-15）。种植时芽尽量朝向盆壁（图

图2-14 郁金香剥皮

2-16），然后盖上基质，浇透水一次。最后在上面覆盖上一层沙，以确保生根时种球不被顶出土面。再浇一次透水。

图2-15 郁金香种植

图2-16 郁金香萌芽

5. 水分

种球种植后，进行适当的浇水，为植株生长提供足够的水分。出芽后应适当控水，待叶渐伸长（图2-17），可在叶面喷水，增加空气湿度，抽花薹期和现蕾期要保证充足的水分供应，以促使花朵充分发育。开花后，适当控水。浇水后应注意通风，不能使植株以湿的状态过夜，避免灰霉菌的感染。相对湿度控制在60%~80%之间，而且必须经常检查，最好在植株顶部设置湿度计。相对湿度过低会延缓植株的发育，过高则会增加倒伏、感染灰霉菌、植株弯曲和盲花的危

图2-17 郁金香长叶

险。相对湿度过高可通过通风来降低，条件许可下，可与稍微加热同时进行。

6. 施肥

通常郁金香不需要施肥，必要时可考虑施一些氮肥。生根后，每 100m² 施 2kg 的硝酸钙，分 3 次施入，每两次间隔一周。硝酸钙中的钙离子还可以预防郁金香猝倒。

7. 其他管理

当郁金香在温室中长到 5～10cm 高时，应经常检查其生长情况，对芽没有长出或生长很慢的种球，即可能感染了灰霉菌或镰刀菌，应立即挖去这些种球，因为它们释放的乙烯气体会损伤周边健康的植株。

二、仙客来

1. 播种

（1）播种时间　根据大花、小花品种不同以及预计开花的日期而定。大花仙客来 9～10 月份播种，播后 13～15 个月开花。中小花仙客来 1～2 月份播种，播后 10～12 个月开花。

（2）种子处理　播前为了使种子充分吸水提早萌动出芽，可用清水浸泡种子 24h，可先用 30℃ 温水浸 3h，再放于室温状态下；也可以在室温状态下保持 24h。为了不使幼苗在播种发芽期间感染病害，在催芽后要进行种子消毒，可用 50% 多菌灵可湿性粉剂 1000 倍液或 0.1% 硫酸铜浸泡半小时。消毒后将种子捞出摊在报纸上晾干。

（3）介质准备　泥炭:珍珠岩:蛭石 =6:2:2，浇水至手握介质成团，手松开散开。穴盘点播后用玻璃板、报纸或遮阳网覆盖保湿。

（4）管理　仙客来种子发芽的适温为 15～22℃，一般白天温度为 15～20℃，晚上不低于 5℃ 即可，避光。发芽期间不要施肥，在所有种子长出叶子后（图 2-18），除去覆盖物使幼苗逐步见光，一定要防止阳光直射。

2. 实生苗管理

（1）上盆　当小苗长至 3～5 片叶时，移入 10cm 口径的盆中（图 2-19），此时盆土比例为腐叶土 3 份、壤土 2 份、河沙 1 份，并施入腐熟饼肥和骨粉作基肥。

图 2-18　仙客来穴盘苗长叶　　　　　　图 2-19　仙客来上盆

（2）上盆后管理 3月份气温还不稳定，温度变化比较剧烈，因此，要注意加强管理。晴天注意开窗通风，夜间要保持最低温度为10℃。4月份仍应在温室培育，并追施2次液肥。为防治病虫害可喷1次25%多菌灵可湿性粉剂1000倍液或1%石灰半量式波尔多液，以防治螨和蚜虫。5月份仙客来进入旺盛生长时期，大花仙客来叶数不断增加，盆小时应换盆。6月份各种类型的仙客来实生苗都要进行第三次换盆，同时用土的配制比例需换成沙、腐叶土、园土为9:7:4，还需加

图2-20　仙客来成品苗盛花期

入氮6%、磷40%、钾6%的复合肥料，用量为每千克土添加3g。7~8月份高温季节，注意通风降温，并每月施2次液体肥料。9月份时，定植于20cm口径的盆中，球根露出土面1/3左右栽植。盆土同前，但需增施基肥。追肥应多施磷、钾肥，以促进花蕾发生。10月份以后温度适宜于仙客来生长，叶数增加很快，要及时调整花叶关系，把过早开的花去掉。在室外生长的仙客来要搬回室内培育。温室白天温度高时注意通风换气，夜晚温度过低时加温、保温。注意光照适度。11月份~第二年2月份可达盛花期（图2-20），11月份花蕾出现后，停止追肥，给予充足光照，逐渐进入花期，此期可按成品苗进行管理。入夏以后，温度在30℃以上持续一周后，植株即逐渐进入休眠，此时可将球茎取出沙藏或在盆内保留，停止浇水，保持阴凉干燥，至8月份下旬温度降低后重新栽植，原盆越夏者待重新发芽后开始浇水，并于第一批叶长大后开始浇稀薄液肥，促其生长，沙藏者不能用过湿的沙，仍应置冷凉干燥条件之下。

三、花毛茛

1. 繁殖

（1）播种　宜在温度降到20℃以下的10月播种。

（2）分割块根（图2-21~图2-24）　9~10月间将块根带根颈掰开，以3~4根为一株，

图2-21　花毛茛块根分割1

图2-22　花毛茛块根分割2

用湿棉花或湿卫生纸盖住块根催芽

图 2-23　花毛茛块根催芽

5天后根、芽长出情况

图 2-24　花毛茛块根长根

种前用温水先浸泡块根 2～3h 有利于发芽，轻轻抖去泥土，覆土不宜过深，埋入块根即可。盆栽用 18～20cm 直径陶盆，选用混合肥土。

2. 上盆定植

幼苗长出 4～5 枚真叶时（图 2-25、图 2-26），即可分苗移栽。上盆起苗时，用花铲依次掘起幼苗，尽量多带宿土，减少对根系的伤害（图 2-27）。为培育优质盆花，增大冠径，每盆栽花苗 3～5 株，花盆口径 16～20cm；移苗后及时浇定根水，让根系与土壤密接，并加盖遮阳网，以利缓苗，成活后在全光照下养护。

种下8天后

图 2-25　花毛茛八天后幼苗

种下10天后的生长情况

图 2-26　花毛茛十天后幼苗

半月后可移栽到大盆了

图 2-27　花毛茛移苗

3. 苗期管理

（1）时间　幼苗期为 4～10 枚真叶（图 2-28）。

（2）光照　过强时需搭遮阳网。

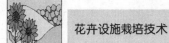
（3）温度　为防止幼苗徒长，以白天温度低于15℃，夜间温度为5～8℃，温差小于10℃时生长最好。温度长期持续在20℃以上时，会使叶片黄化。冬季气温降至5℃时，应采取防寒措施，加盖塑料薄膜保温。晴天中午温度升高，要注意通风降温，合理利用日光，将大棚温度控制在5～10℃，让幼苗一直处于生长状态。

图2-28　花毛茛幼苗期

（4）水分　控制浇水，不干不浇，土壤太湿易造成幼根腐烂。浇水时尽量慢浇，防止水流过快冲出幼根或冲走基质。

（5）肥料　每隔10～15天，结合浇水浇施0.1%的尿素和KH_2PO_4混合液或追施0.3%的液态复合肥一次。

4. 花前管理

（1）时间　从幼苗长出约10片基生叶至植株抽生直立茎，形成花蕾前，即营养生长期。

（2）水分　此阶段土壤不能缺水，否则植株生长矮小、分蘖少、根系不发达，影响花芽形成；但土壤过湿易烂根和发生病害，造成植株生长不良。

（3）肥料　随着基生叶增多，株丛增大，每7～10天施一次氮、磷、钾比例为3:2:2的复合肥水溶液，并逐渐增加施肥的浓度和次数。适当喷施1～2次以磷、钾为主的叶面肥，直至现蕾。

（4）病虫害及其他　根据植株的生长情况，适时拉开盆距，摘除黄叶和病残叶，防止植株密度过大，造成徒长和通风不良。同时，加强病虫害防治，发现病株及时拔除，定期喷洒广谱杀菌剂灭菌；随时监控斑潜蝇、蚜虫等虫害的发生。以防为主，将病虫害杀灭在发生初期。

5. 花期管理

（1）时期　从花蕾形成、发育至开花这一段时间为花期（图2-29、图2-30）。

图2-29　花毛茛长出花蕾

图2-30　花毛茛开花

（2）肥料　在花蕾形成和发育过程中，需肥量大，应每隔7～10天施稀薄饼肥液加

0.2%的 KH_2PO_4 溶液一次。

（3）疏蕾　为集中养分促使花大，现蕾初期应进行疏蕾，每株选 3~5 个健壮花蕾，其余全部摘除。

（4）矮化　为降低花毛茛高度，使株形更美，提高观赏价值，在花茎抽发初期至花蕾长出叶丛前，用 0.2%~0.4% 的 B9 对茎顶与叶面喷洒，每 10 天 1 次，共进行 2~3 次，可促使植株矮化。或在现蕾时喷一次 15% 多效唑粉剂水溶液，现蕾早晚应分批喷，喷时不可重复。

（5）浇水及其他　花期浇水要适量均衡，保持土壤湿润，缺水将影响开花，致使花期短、色彩不艳、叶片黄化。开花时遇高温强光的天气，及时遮阴、通风降温，防止叶片变黄。如果温度保持在 15~18℃，及时剪掉开败的残花，花期可长达 1~2 个月。

6. 花后管理

（1）时期　花谢后至地上部茎叶逐渐枯黄，种子发育成熟，地下块根增大，进入休眠，为花后生长期。

（2）栽培管理　对不留种的植株，当花瓣脱落后，应及时剪掉残花、摘去幼果穗。适时浇水，追施 1~2 次以磷、钾为主的液肥。定期喷洒药剂防治病虫害，尤其是要预防斑潜蝇的危害。充分利用从花谢后到枝叶枯黄这段时间，使花毛茛正常生长，制造更多的营养输送给地下块根，促其增大、发育充实饱满。入夏后温度升高，要停止施肥和浇水，当枝叶完全枯黄时，选择连续 2~3 天晴天采收块根，为避免损伤，要小心细致地逐个挖取。块根采后经冲洗、杀菌消毒、晾干后，再储藏至秋季栽种。

7. 块根采收

（1）及时采收　当茎叶完全枯黄、营养全部积聚到块根时，及时进行采收，切忌采收过早或过晚。采收过早，块根营养不足，发育不够充实，储藏时抗病能力弱、易被细菌感染而腐烂；采收过晚，正值高温多雨的夏季，空气湿度大，土壤含水量高，块根在土壤中易腐烂。最好选择能够持续 2~3 天的干燥晴天采挖。为避免碰伤块根，要小心细致地逐个挖取。

（2）采后处理　采收的块根应去掉泥土等杂物，剪去地上部分枯死茎叶，剔除病、伤、残块根。按大小分级后，用水冲洗干净，放入 50% 多菌灵可湿性粉剂 800 倍液中浸泡 2~3min，消毒灭菌。随后捞出，摊晾在通风良好、无阳光直射的场所。摊层宜薄，便于散热和水分蒸发，防止块根发热升温，伤害芽眼或霉变。

8. 块根储藏

采后经处理晾干水分的块根，要及时储藏。如果随便堆放，不加任何保护措施，处于休眠状态的块根易遭受病虫侵害或高温高湿等不利条件的伤害而发霉腐烂变质。将花毛茛块根装入竹篓、有孔纸箱、木箱等容器中，内附防水纸或衬垫物，厚度不超过 20cm，放在通风、干燥、阴凉避雨处储藏或将块根装入布袋、纸袋、塑料编织袋中，在常温条件下，挂在室内通风干燥处储藏。

【理论知识】

一、郁金香

1. 形态特征（图 2-31）

郁金香，百合科郁金香属多年生草本植物。原产地中海沿岸、中亚细亚、土耳其，中亚为分布中心，后传入欧洲，并扎根于荷兰。原产地的气候特点是冬季不太冷，夏季凉爽、干

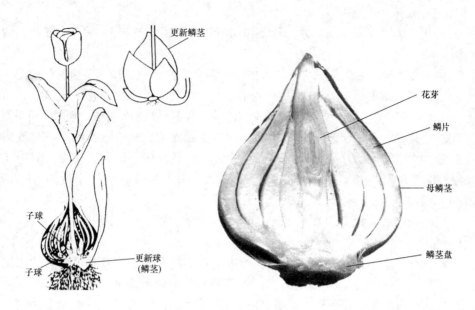

图 2-31　郁金香形态

燥无雨，平均温度为 18～22℃。我国约产 14 种，主要分布在新疆地区。国内主要供应圣诞节、元旦、春节市场，多以切花和盆花为主；春季公园展览用花；家庭庭院种植。

郁金香叶片通常为 2～4 枚，少数品种为 1 枚或多枚；叶片着生在茎的中下部、阔披针形至卵状披针形、叶片基部广阔卵形，上部长而渐尖、肥厚多汁、表面有浅蓝灰色蜡层。某些野生品种和园艺品种，叶面具有紫褐色或红褐色斑点或条纹，增加了特殊的观赏价值。

郁金香茎直立、光滑、被白粉、翠绿色。

郁金香鳞茎（也叫种球），扁圆锥形，表面有一层浅黄色或棕褐色干燥膜质假鳞片。鳞茎由 3～5 枚肉质鳞片组成。鳞茎直径 1～5cm，根据品种而异。位于茎基部的鳞茎叫假鳞茎。位于鳞叶上的鳞茎叫子鳞茎。

郁金香的花通常为单花被（重瓣品种例外），有 6 枚，排列为两轮，分内层与外层。花大（个别品种花小），单生，也有 2～5 朵丛生的。花形奇特，有杯形、碗形、高脚杯形、碟形、星形等。花有单瓣、重瓣（20～40 枚花被）、半重瓣等。花被边缘有光滑、波状齿、锯齿、缺刻、流海等。花被上有的具有斑点、条纹、饰边等。花色有白色、粉红色、鲜红色、大红色、深红色、紫红色、浅黄色、橙黄色、深黄色、浅紫色、深紫色、浅绿色、深棕色、黑色等。雄蕊通常 6 枚，个别品种雄蕊退化为重瓣花被，雄蕊 3 枚为一轮。雌蕊柱头三裂，子房上位，3 室。在正常授粉情况下，子房发育成蒴果，长 3～5cm。每室有种子多数，种子扁平三角形，有翅，褐色，直径 3～5mm，有绢光。花期 4 月。种子成熟期 6 月。

2. 品种分类

从 16 世纪传入荷兰直到今天，郁金香已经有 400 多年的历史，在育种家们多年的培育下，如今荷兰登记注册的品种就超过了 3000 个，而且每年不断地有新品种加入。1996 年，荷兰皇家种球种植者协会对郁金香种类和品种进行了分类（表 2-2）。

表 2-2 郁金香最主要的品种及分类

郁金香品种分类	特点	郁金香品种分类	特点
单瓣早花系列	花单瓣，多数花茎较多，早花	多花系列	一个花茎上超过1个花朵
重瓣早花系列	花重瓣，多数花茎较短，早花	普瑞斯坦系列	开花晚，叶子宽、呈灰绿色或灰绿色，花形多
胜利系列	花单瓣，花茎长度中等，花期中等。最先是单瓣早花和单瓣晚花的杂交品种	饰边系列	花单瓣，花瓣边缘呈流苏状，花期中等或迟。花茎长度不等
单瓣晚花系列	花单瓣，多数花茎较长，花期较迟	绿斑系列	花单瓣，花瓣上带些绿色，开花迟。花茎长度不等
达尔文杂交系列	花单瓣，花茎较长，花期中等	考夫曼系列	开花特别早，有时叶片带斑纹。花的基部呈彩色，花瓣充分打开。花瓣外部通常有洋红色斑纹。花茎高度可达20cm
百合花型系列	花单瓣，花期中等或较晚，花茎长度不等，花形像百合花	福斯特系列	开花早，叶子宽、呈灰绿色或灰绿色、有时带斑纹或斑点。花茎长度中等到高
鹦鹉型系列	花单瓣，花瓣皱边、反卷、扭曲，如鹦鹉羽毛状。多数开花较迟。花茎长度不等	格雷格系列	通常叶子带斑纹或斑点，叶片张开并弯向地面，花期比考夫曼系列迟。花形各异
重瓣晚花系列	花重瓣，开花迟，多数花茎较短	其他系列	其他品种都包括在这系列里面
伦布兰特系列	花底色为红、白、黄，上面有褐色、棕色、黑色、红色、粉色、紫色条纹或斑点，条纹和斑点是病毒感染引起的症状。花茎长		

3. 生态习性

郁金香原产于伊朗和土耳其高山地带，由于地中海气候，形成郁金香适应冬季湿冷和夏季干热的特点，其特性为夏季休眠、秋冬生根并萌发新芽但不出土，需经冬季低温后第二年2月上旬（温度在5℃以上）开始伸展生长形成茎叶，3～4月开花。生长和开花适温为15～20℃。

郁金香属于长日照花卉，性喜向阳、避风，冬季温暖湿润，夏季凉爽干燥的气候。8℃以上即可正常生长。郁金香耐寒力强，冬季球根地下部可耐 -34℃ 的低温；生根需5℃以上、14℃以下，以9～10℃最为适宜；生长期适温为5～20℃，最佳适温15～18℃；花芽分化在鳞茎储藏期内完成，适温为17～23℃；地下鳞茎是一个典型的变态茎，寿命通常为1年；基部1～2个较大的子鳞茎，在花后将发育成更新鳞茎；母鳞茎每层鳞片腋内均有一个子鳞茎，将来发育成子球；根系属于肉质根，再生能力弱，一旦折断难以继续生长。要求腐殖质丰富、疏松肥沃、排水良好的微酸性沙质壤土。忌碱土和连作。

4. 种球类型

商业种球 根据荷兰官方机构花种球检验署（BKD）在2003年的统计，荷兰用于商品销售的郁金香品种超过了1600种，种植面积约为10800hm^2。在荷兰众多的球根类产品出口中，郁金香首屈一指。

郁金香在用途上分为5℃处理球、9℃处理球、自然球三类。

1）5℃郁金香球。种球经过中间温度的变温处理后，进入温度为5℃或2℃的低温储藏室内进行8～14周温度处理，待打破休眠后，直接进入温室栽培。

2）9℃郁金香球。冷处理是在变温处理后，种球进入9℃的低温储藏室处理，一般在取

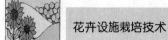

出时低温没有完全满足，往往要与栽培的措施结合起来（主要是进生根室继续低温并发根），因此又叫9℃预冷。

3）自然球（公园球）。自然球是指没有经过低温冷处理的种球。所需要的低温要从自然球的气候中获得，花期为每年的4～5月。郁金香自然球也可以用作切花、盆花等的栽培，但在中国，多作为春天的公园展览用球及家庭庭院种植。

在20世纪80年代中期，中国开始大面积地进口郁金香种球，数量逐年上升，2003年中国从荷兰进口的郁金香总数量达到了3500万种球。中国从荷兰进口的绝大部分为5℃处理球和自然球。

5. 花期调控

郁金香种球必须经过一定的低温才能开花。在原产地，冬季一般有充足的低温时间，郁金香种球能够获得足够的低温处理时间，可以在春天自然开花。但在我国园艺生产中，郁金香盆花主要是赶圣诞节、元旦、春节档期。因此，一般在生产上使用郁金香5℃处理球，处理后的种植方法主要是温室、大棚的加温促成栽培。

在华东地区栽培郁金香因受温度的限制，通常在11月下旬前种植的均需入9～12℃的冷库中进行预先催根，经2～3周待郁金香球茎已长根，芽为1～2cm长时，再将其移出冷库置于栽植棚内或温室内生长。11月底种植的则有自然低温可正常生根。

郁金香对温度敏感，在华东地区出现"暖冬"的天气，往往就会使大批郁金香提前开花，花的品质也大受影响。为保证郁金香能准时开花，在生长期中应尽量保持白天温度17～20℃，夜间温度10～12℃，温度高时可通过遮光、通风降低温度，温度过低时可通过加温、增加光照促进生长。用控水来抑制生长，会出现"干花"现象。如果持续高温，箱装的可将箱移入冷库，注意冷库温度应为8～10℃，而且最好在花茎抽长时移入，否则易造成花蕾发育不良。

6. 栽培经验总结

（1）生根（图2-32） 郁金香种植后3周左右时间为生根期。生根期内保证郁金香种球

图2-32 郁金香生根

根盘处的土温在9～12℃范围内，种植者可通过重遮阴和浇冷水来降低土壤温度，且尽可能避免温度的剧烈变化。生根期内郁金香不需要光照，种植者可用2层遮阳网或草帘覆盖温室，同时保证温室通风。生根期内，除非介质非常干燥需要少量、局部补水，否则不建议再浇水。在生根期内，尽管采用2层遮阳网等措施来覆盖整个温室，温室里面的空气和介质的温度仍有可能过高，甚至超过20℃（特别是南方），这样会导致植株生根非常差和后期严重的盲花现象，或植株矮小。

（2）光照和温度 生根期后，植株开始见光，需要去除遮阳网等遮阴物，同时保证温室的温度一直保持在15～17℃直到开花。这个时期，许多地方都进入寒冬，为了保证达到该温度，种植者需要加温，尤其在夜晚。但是不可采用闷棚的方式来保温，这样往往使得温室内的湿度过高，极易导致发生一系列的生理病害和灰霉病。后期花蕾完全着色后，应防止阳光直射，并将植株放在10℃的环境以延长开花时间待售。

生根期过后，如若没有加温条件，温室内的空气温度低于15℃，夜晚温度低于10℃，长期处于这种环境下，会导致植物不能按时开花，花期会延迟。

加温时，保证不要让废气和烟进入温室，否则，整个温室的郁金香都可能全部死亡。

（3）病虫害

1）青霉病。由青霉菌引起，病菌会感染受机械损伤的种球，也可能感染收获较早（表皮还是白色）、在相当低温且不够干燥的环境下储藏的种球。这时，种球的表皮将附着一层蓝绿色的菌丝，但内部的鳞片不会受影响。有时，该病菌也会出现在发生叶片倒伏症状的植株上。

预防：避免损伤种球和芽；种球到货后，将其储藏在通风良好且相对湿度较低的储藏室中；在种植前根据建议立即对种球进行消毒。

2）软腐病。由腐霉菌引起，真菌在种植后的几个星期内，土壤温度高于12℃时开始感染种球。早期被感染的植株只发出很短的芽，种球组织变软，通常呈粉红色，并释放出一种特殊、难闻的气味，与感染镰刀菌的种球相似。茎和根在开始阶段看上去健康，但后期将全部腐烂。在后期感染的植株会抑制其生长，叶尖发黄，植株倒伏，在一定的环境下花苞在最后的阶段也会干枯。

预防：种植前应从根盘处将种球的表皮除去，并对种球进行消毒；生根期，土壤温度应低于12℃，最好是低于10℃；土壤结构一定要好，而且排水要通畅。

3）枯萎病。由郁金香尖孢镰刀菌引起，储藏时期被感染的种球上出现灰褐色小斑点，有时会有同心圆和出现明显的黄色边缘。种球枯萎，其表皮疏松，释放出一种特殊、难闻的气味以及乙烯气体。感染不严重时，植株生长缓慢，花苞尖端变黄、变干。将植株进行纵切就可以发现，茎内从基部开始变为褐色。感染枯萎病的郁金香种球会释放出乙烯气体进入土壤，这可造成周围其他植株生长缓慢，甚至引起花苞的干枯。在栽培5℃郁金香种球时，尤其是种植比较早、种植温度高（13℃以上），感染该病菌的危险较大。

预防：储藏时，提供足够的通风，将感染的种球提前除去；种植前应除去受感染的种球，消毒种球，5℃郁金香球种植时土温要低于12℃；及时地除去种植后未发芽的种球。

4）灰霉病。由郁金香灰霉病葡萄孢菌引起，无论种球或根系都有可能被感染。种球感染后，种球的一层或多层鳞片完全或部分发软并变为深褐色，在感染的组织上有大的（2～3mm）黑色扁平的菌核。地面以上部分感染后，植株脆弱，会突然折断。与正常的花相比，其颜色变暗。叶片由于蜡质层的破坏而失去光泽，呈褶皱状的水疱。严重感染的植株生长得很矮或花不会开放。在温室土栽时，土壤中加入有机肥料后更易产生。灰霉菌产生的斑点小，且只发生在叶片上。

预防：种植前进行种球消毒；不要在纯泥炭基质中种植；箱栽时，通过升高相对湿度（90%~95%）来防止根系干枯受损。

5）褐斑病。由郁金香褐斑病葡萄孢菌引起，严重感染的植株不会开花或生长停滞。茎最下面的叶片卷曲，上面生长大量灰褐色的真菌孢子。土壤以下的部分会产生1~2mm大小、黑色的菌核。病菌孢子的萌发在叶片和花上引起小的水浸状的斑点。这些斑点起初为绿色，以后变为大的白色或褐色斑点。病菌的菌核和孢子只在潮湿的条件下萌发。孢子可通过水分或空气的流动进行传播，在叶片上24h之内、花上10h之内便可形成"灼伤"斑点。

预防：种植前，对温室以及土壤进行消毒；种植前种球应消毒，且不要种植得过密；没有发芽的种球应立即除去；使用杀菌剂进行预防；最好在早晨浇水，保持植株的干燥，尤其是夜晚；防止植株积水，相对湿度应为85%~90%，保持充分的空气流动。

6）立枯病。由立枯丝核菌引起，感染郁金香在土壤中的芽，植株长出地面后，就不会有进一步的危害。芽上形成橙褐色的斑点和条斑，以后植物的组织开裂，通常能正常开花，但底部叶片的尖端向外卷曲。危害严重的植株，茎基部呈椭圆形，严重内陷，植株生长缓慢，加工时容易折断。

预防：种植前，对温室以及土壤进行消毒；种植前种球应消毒，且不要种植得过深。

（4）生理性病害

1）盲花、盲枝。这是一些或全部花芽干枯的现象。其症状首先表现在雄蕊和萼片的尖端，然后扩展到花的基部。通常的症状是：芽干枯，花瓣绿色，叶尖白色，雄蕊和雌蕊干枯，花插在水中不能完全开放。盲花的现象通常发生在温室栽培的后期阶段。盲枝即植株地上部只生长一片肥大的叶片，无叶枝，更无花枝。其形成原因有如下几点：

①与品种、生物学特性及冷处理时间有关。郁金香由于原产地严酷自然条件的长期锤炼，不仅形成了耐寒不耐热的品种特性，而且还使其具备了必须经过一定时间的低温处理，茎、叶得到充分生长后才能开花的生物学特性。在我国北方地区，秋、冬露地种植可满足低温要求，第二年4~5月开花，利用这一特性对郁金香鳞茎进行9℃或5℃低温处理，可做促成栽培，终年供花。生产中的盲花现象则主要是因种球未经低温春化或冷处理时间短，没达到开花要求所致。

②与鳞茎的大小及中间温度有关。生产中多用12cm以上球茎作种球，这样的球花芽充分发育，多无盲花现象出现；而鳞茎在11cm以下的种球多做露地种植，一年后花芽充分发育后也可正常开花，若做促成栽培则盲花率较高。因为这样规格的种球大部分花芽还未发育完全，在冷处理前必须比直径为12cm的种球在17~20℃的中间温度处理时间延长1~3周。若种球大小不一，中间温度处理不当，又做促成栽培，营养生长时肥分再供应不足易出现盲枝、盲花。因此在大批量生产中应根据不同的栽培方式严格选择鳞茎规格。

③人为因素的影响：首先，栽种前去鳞茎皮时，应尽量勿将茎芽损失，减少盲枝的出现。其次，在储藏和转运中人为造成极度高温，如鳞茎本身或其他水果、蔬菜、花卉及发动机散热过多，引起鳞茎内乙烯的产生。当乙烯浓度达到0.1mg/kg时会使芽坏死，栽培后则会出现大量盲枝现象。

④ 其他因素的影响：如栽培中不正确的浇水，温室内湿度过大，种球带病而引起根系窒息则更无产量可言。

防治方法：

① 排除上述因素的影响。

② 控制乙烯浓度不超过 0.1mg/kg；及时去除被镰刀菌感染的种球；良好的通风；储藏的种球远离花、蔬菜和水果；避免油烟。

2）猝倒。钙的不足会导致植株生长阶段茎的玻璃化、猝倒。茎的上部呈暗绿色，水浸状，组织卷曲，最终使上部的茎和花下垂。茎下垂的部分保持与植株的连接，没有折断的部分表现有缺硼的症状。叶片的猝倒是黑色水浸状斑点出现在第二片或第三片叶上。这些部位分泌出水珠，严重时表皮层下可看到水状物，位于叶纵向的斜线上。另一个症状是叶片发灰色（特别是在中部）。猝倒是因为温室中相对湿度高以及根系发育差，从而导致植株中水分的运输减少，植物快速生长的部分缺钙而引起的。叶片的开裂不能通过维持一个低的相对湿度来避免，它主要与根系发育差或种球部分发霉变空相关。其敏感程度与品种相关。

预防：

① 在温室中的各种温度条件下，避免相对湿度过高（大于80%）。

② 及时种植，避免冷处理过长。

③ 保证根系正常。

④ 避免植株生长过快。

⑤ 通过确保植株间明显的空气流动，给它们提供最佳的蒸发能力。可在植株上方约40cm处使用加热管或安装能水平方向吹风的风扇。

⑥ 将出现倒伏现象的这批种球上的花采收后，放入浓度为1%的硝酸钙溶液中。

3）盐分的损伤。盐分损伤发生在盐分含量非常高（EC 值大于 2mS/cm）或非常酸性（pH 小于4）的土壤中。也有可能因为不正确地使用肥料或消毒药品而造成。受危害的植株根系生长得很短、弯曲，通常颜色变为浅褐色，根尖为深褐色，有时变厚更容易折断。

预防：

① 预先调节介质的盐分和 pH 至合适的范围。pH 过低，可用石灰中和。

② 不要使用过多的肥料（如预防茎中空的硝酸钙）。

③ 按照所推荐的用量进行消毒。

4）乙烯的伤害。乙烯是一种影响植物呼吸作用和组织形成的激素，在温度高于13℃，浓度过高时（大于 0.1mg/kg）会造成伤害。在植株不同生长阶段，会导致根系发育差、植株矮小、植株纤细、芽坏死、花芽败育等危害。感染镰刀菌的种球会释放出乙烯气体。成熟的水果、蔬菜、花卉以及未完全燃烧的油、气、煤或其他燃料也会释放出乙烯气体。

二、仙客来

1. 形态特征

报春花科球根花卉，具扁圆形肉质块茎，外被木栓质。须根纤细，密生于球茎底盘处。叶丛生于球茎的顶端，呈莲座状，叶片近心形，具花纹，边缘具大小不等的圆齿牙，表面深绿色具白色斑纹；叶柄肉质，褐红色；叶背暗红色。花大型，单生而下垂，花梗细长，肉质，自叶腋处抽出；花瓣5枚，开花时花瓣向上反卷而扭曲，形如兔耳，故又名兔子花。花色有白色、粉红色、绯红色、紫红色、玫红色、大红色等，基部常有深红色斑；有些品种有香气；花期冬春。受精后花梗下弯。蒴果球形，种子褐色，多数，花后 2～3 个月成熟。

2. 生物学特性

仙客来性喜凉爽、湿润及阳光充足的环境；秋、冬、春三季为生长期。生长适温为18～20℃，温度过高容易徒长，气温达到 30℃ 植株进入休眠；冬季室温不宜低于 10℃，10℃ 以下花易凋谢，花色暗淡，低于 5℃ 球茎易受冻害。生长期相对湿度以 70%～75% 为宜，盆土要经常保持适度湿润，不可过分干燥，即使只经 1～2 天过分干燥，使根毛受到损伤，植株发生萎蔫，生长即受挫折，恢复缓慢。不耐寒，怕酷热，要求疏松、肥沃、排水良好而富含腐殖质的沙质壤土，土壤反应宜微酸性（pH = 6.0）。虽是球根花卉但种球不易滋生小球，因此繁殖上还是采取播种繁殖。

3. 生理病害及处理

（1）花梗变粗　发生的原因多为达到元旦上市的目的，促使仙客来提前开花和开花一致而使用赤霉素和 6 - 苄基腺嘌呤等激素，由于处理的时期、方法以及浓度等不正确，引起植株畸形生长，某一部分变形，导致生理病害发生。

（2）变形花　这种异常现象的发生同引起花梗变粗的原因是一致的，一般在花芽分化期的 9～10 月使用药剂处理，多产生变形花。开过变形花之后，到春天大多数仍可转为正常开花。

（3）球茎裂痕　仙客来的球茎上有时会发生一些纵裂，其产生的原因是由于施肥不均匀所致。由于裂痕的存在，使病菌很容易侵入而造成生理性病害。因此，必须正确掌握施肥量，以使球茎生长平衡，避免造成裂痕。在苗期要有充足的钾肥，氮肥的比例不宜过高。

4. 主要病虫害

（1）叶斑病　叶片出现黑色斑点，不断扩大，后变浅褐色并干枯。发现叶斑病后应及早摘除，并喷 0.5% 石灰半量式波尔多液。

（2）软腐病　受害叶片或者叶柄出现水渍状软化病斑，由白色透明烫伤状渐渐变暗褐色，严重时危及球茎，可用 0.5% 石灰半量式波尔多液或 0.1～0.3 波美度石硫合剂防治并加强通风以防病情恶化。

（3）根线虫病　由线虫危害根部引起病原菌感染，导致植株生长衰弱，叶片枯萎，可用 2000 倍升汞进行土壤消毒杀死线虫。

三、花毛茛

1. 形态特征（图2-33）

毛茛科球根花卉。株高 20～40cm，块根纺锤形，常数个聚生于根颈部；茎单生，或少数分枝，有毛；基生叶阔卵形，具长柄，茎生叶无柄，为 2 回 3 出羽状复叶；花单生或数朵顶生，花径 3～4cm；花期4～5月；花冠丰圆，花瓣平展，每轮 8 枚，错落叠层。

图 2-33　花毛茛

2. 生态习性

花毛茛喜凉爽及半阴环境，忌炎热，适宜的生长温度为白天 20℃左右，夜间 7～10℃，既怕湿又怕旱，宜种植于排水良好、肥沃疏松的中性或偏碱性土壤。6 月后块根进入休眠期。花毛茛原产于以土耳其为中心的亚洲西部和欧洲东南部，性喜气候温和、空气清新湿润、生长环境疏荫，不耐严寒冷冻，更怕酷暑烈日。在中国大部分地区夏季进入休眠状态。盆栽要求富含腐殖质、疏松肥沃、通透性能强的沙质培养土。

3. 繁殖

需控制种子发芽适温为 10～15℃，约 20 天发芽。早播，温度高于 20℃不发芽，直至下降到发芽温度，播后发芽所需时间长；晚播，越冬前营养生长量不足，第二年春开花小；播种太晚，温度低于 5℃也不能发芽，直至第二年 2 月，温度升高后发芽。实生苗栽培，虽然秋季播种，第二年春天能开花，但第一年的实生苗，花瓣少、花径小，观赏价值较低。一般切花、盆花以及用作花坛栽培的，都选用一年生实生苗球根种植。

4. 促成栽培

（1）播种　生产中为了延长营养生长期，培育优质的花毛茛，可提前到 8 月中、下旬播种。此时气温高，不利于种子发芽，需经低温催芽处理。种子萌动露白后，立即播种。有条件的地方可采用高山育苗。

（2）分割块根　对球茎 7cm 以上的精品球，可在 8 月对种球进行预处理（消毒液中浸泡 5～6h，13℃环境处理一周）后种植，可在春节前后开花。

【拓展知识】

一、球根花卉的定义

球根花卉是指植株地下部分变态膨大，有的在地下形成球状物或块状物，大量储藏养分的多年生草本花卉。

球根花卉概述及
常见种类介绍

二、球根花卉的习性及原产地

球根花卉为多年生草本花卉，从播种到开花，常需数年，在此期间，球根逐年长大，只进行营养生长。待球根达到一定大小时，开始分化花芽、开花结实。也有部分球根花卉，播种后当年或第二年即可开花，如大丽花、美人蕉、仙客来等。对于不能产生种子的球根花卉，则用分球法繁殖。球根栽植后，经过生长发育，到新球根形成、原有球根死亡的过程，称为球根演替。有些球根花卉的球根一年或跨年更新一次，如郁金香、唐菖蒲等；另一些球根花卉需连续数年才能实现球根演替，如水仙、风信子等。

球根花卉有两个主要原产地区。一个是以地中海沿岸为代表的冬雨地区，包括小亚细亚、好望角和美国加利福尼亚等地。这些地区秋、冬、春季降雨，夏季干旱，从秋季至春季为生长季，是秋植球根花卉的主要原产地区。秋天栽植，秋、冬季生长，春季开花，夏季休眠。这类球根花卉较耐寒、喜凉爽气候而不耐炎热，如郁金香、水仙、百合、风信子等。另一个是以南非（好望角除外）为代表的夏雨地区，包括中南美洲和北半球温带，夏季雨量充沛，冬季干旱或寒冷，由春季至秋季为生长季。春季栽植，夏季开花，冬季休眠。此类球根花卉的生长期要求较高温度，不耐寒。春植球根花卉一般在生长期（夏季）进行花芽分化；秋植球根花卉多在休眠期（夏季）进行花芽分化，此时提供适宜的环境条件，是提高开花数量和品质的重要措施。球根花卉多要求日照充足、不耐水湿（水生和湿生者除外），喜疏松肥沃、排水良好的沙质壤土。

三、球根花卉的分类

1. 根据种球形态分类

（1）球茎类（图 2-34）地下茎短缩膨大呈实心球状或扁球形，其上有环状的节，节上着生膜质鳞叶和侧芽；球茎基部常分生多数小球茎，称为子球，可用于繁殖，如唐菖蒲、小苍兰、番红花等。

（2）鳞茎类（图 2-35）由地下茎变态而成，呈圆盘状。其上着生多数肉质膨大的鳞叶，整体球状，又分有皮鳞茎和无皮鳞茎两种。有皮鳞茎外包被干膜状鳞叶，肉质鳞叶层状着生，故又名层状鳞茎，如水仙及郁金香。无皮鳞茎则不包被膜状物，肉质鳞叶片状，沿鳞茎中轴整齐抱合着生，又称为片状鳞茎，如百合等。有的百合（如卷丹），地上茎叶腋处产生小鳞茎（珠芽），

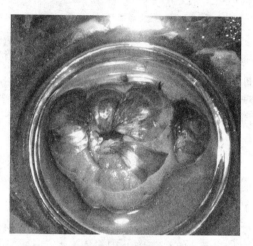

图 2-34　球茎类球根

可用以繁殖。有皮鳞茎较耐干燥，不必保湿储藏；而无皮鳞茎储藏时，必须保持适度湿润。

（3）块茎类（图 2-36）地下茎或地上茎膨大呈不规则实心块状或球状，上面具螺旋状排列的芽眼，无干膜质鳞叶。部分球根花卉可在块茎上方生小块茎，常用之繁殖，如马蹄莲等；而仙客来、大岩桐、球根秋海棠等，不分生小块茎；秋海棠地上茎叶腋处能产生小块茎，名零余子，可用于繁殖。

图 2-35　鳞茎类球根

图 2-36　块茎类球根

（4）根茎类（图 2-37）地下茎呈根状膨大，具分枝，横向生长，而在地下分布较浅。如大花美人蕉、鸢尾类和荷花等。

（5）块根类　由不定根经异常的次生生长，增生大量薄壁组织而形成，其中储藏大量

养分。块根不能萌生不定芽，繁殖时须带有能发芽的根颈部，如大丽花和花毛茛等。

2. 根据生长原产地分类

（1）温带性品种　喜好冷凉。大多原产于地中海沿岸的冬雨地区，如郁金香、风信子、水仙等。

（2）热带性品种　耐热不耐寒。大多原产于南非等夏雨地区，如晚香玉、网球花、美人蕉等。

图 2-37　根茎类球根

四、球根花卉生长对环境条件的要求

1. 光照条件

球根花卉除百合的部分品种能耐半阴外，其余的种类均需充足的阳光，光照不足（如冬季）将会出现花蕾脱落或花萎缩的现象，而且还影响种球的生长。

2. 温度条件

球根花卉的种植养护

球根花卉对温度的要求可以分为两类：一类原产于热带、亚热带，大多属于春植球根类；另一类原产于温带，一般都喜欢冷凉的气候，较耐寒，大多属于秋植球根类。秋季栽植的球根花卉，入冬前，根系及芽生长。入冬后，根和芽在土壤中停止生长，在地下过冬；春季一到，迅速生长开花；到了夏季，则进入休眠期。这类球根花卉的耐寒性因种类不同差异很大。

3. 水分条件

球根花卉抗旱性较强，怕积水，积水易造成种球腐烂，整株死亡，但在植株生长期又要保持土壤湿润，当种球快成熟时要保持土壤干燥。

4. 基质条件

球根花卉喜疏松、肥沃、排水良好的基质。黏重、排水不好的基质不利于种球的生长。

五、球根花卉的采收与储藏

球根花卉停止生长后叶片呈现萎黄时，即可采收球茎。

1. 球根采收

（1）采收要适时　过早采收，球根不充实；过晚采收，地上部分枯落，采收时易遗漏子球，以叶变黄 1/2～2/3 时为采收适期。采收应选晴天，基质湿度适当时进行。采收中要防止人为地将品种混杂，并剔除病球、伤球。

（2）采后要处理　掘出的球根，去掉附土，表面晾干后对种球进行分级分类，根据种球的大小和分级标准，把种球分为若干等级，并把子球和规格不全的球作为一类用于第二年的培育。根据不同球根对储藏和环境的要求进行正确安全的储藏。在储藏中通风要求不高，但对需保持适度湿润的种类，如美人蕉、大丽花等多混入湿润沙土堆藏；对要求通风干燥储藏的种类，如唐菖蒲、郁金香、水仙及风信子等，宜摊放于底为粗铁丝网的球根储藏箱内。

2. 球根储藏

球根储藏为球根成熟采掘后，放置室内并给予一定条件以利其适时栽植或出售的措施和过程。球根储藏可分为自然储藏和调控储藏两种类型。

（1）自然储藏 自然储藏是指储藏期间，对环境不加人工调控措施促使球根在常规室内环境中度过休眠期。通常在商品球出售前的休眠期或用于正常花期生产切花的球根，多采用自然储藏。

（2）调控储藏 在储藏期运用人工调控措施，以达到控制休眠、促进花芽分化、提高成花率以及抑制病虫害等目的。常用药物处理、温度调节和气调（气体成分调节）等，以调控球根的生理过程。如郁金香若在自然条件下储藏，则一般10月栽种，第二年4月才能开花。如果运用低温储藏（17℃经3周，然后5℃经10周），即可促进花芽分化，将秋季至春季前的露地越冬过程，提早到储藏期来完成，使郁金香可在栽后50～60天开花。这样做不仅缩短了栽培时间，并能与其他措施相结合，设法达到周年供花的目的。

球根的调控储藏，可提高成花率与球根品质，还能催延花期，故已成为球根经营的重要措施。如对中国水仙的气调储藏，需在相对黑暗的储藏环境下适当提高室温，并配合乙烯处理，就能使每球花梗平均数提高一倍以上，从而成为"多花水仙"。

六、球根花卉的休眠

球根花卉为多年生草本植物，即地上部每年枯萎或半枯萎，而地下部球根能生活多年，新老更替。然而在炎热的夏季，有些球根花卉和一些其他花卉，生长缓慢，新陈代谢减弱，以休眠的方式来适应夏季的高温炎热。如秋海棠、君子兰、天竺葵等，休眠以后，叶片保持绿叶，称为常绿休眠花卉；水仙、风信子、仙客来、郁金香等，休眠以后，叶片落光，称为落叶休眠花卉。

1. 休眠原因

许多球根花卉的种球由于内部的生理因素等尽管处于适合其生长发育的环境中，但种球不能萌发和生长都存在着一定程度的休眠。

种球的休眠有两个因素：一是外部的环境因素，即不利于种球生长的高温或低温及干旱等；二是其内部原因，在种球内存在抑制其生长的物质，只有当这些化学物质含量自然下降到一定值，而促进其生长的物质含量上升到一定值时，种球才有可能发育。

2. 打破休眠的途径

打破种球休眠，一般有下列三种途径：

（1）温度处理 用不同温度处理可以打破种球的休眠。如小苍兰经30℃高温处理可以打破休眠。有的则需要低温处理打破休眠，但要使种球发芽，仍需在种植后8～10周。如唐菖蒲、百合等也可用温水浸种处理打破休眠，经处理后至发芽仍需较长时间。有的种类如郁金香、风信子、朱顶红等只要低温春化即可打破休眠促进生长开花。

（2）化学药剂处理 乙醇蒸气熏蒸对解除百合、唐菖蒲种球的休眠有一定作用，乙烯处理对打破小苍兰和球根鸢尾休眠也有很好的作用。用 BA 浸渍可以打破唐菖蒲的休眠但必须控制其使用浓度，一般以 $(5\sim10)\times10^{-6}$ 为好，若浓度过高会推迟其开花时间、促发侧芽、降低单枝花的质量。用 GA 浸种对郁金香、百合等的提早发芽也有明显的作用。

（3）熏烟处理 鸢尾和小苍兰用稻谷壳燃烧发出的烟熏，可打破休眠。

3. 休眠期管理

（1）减少光照，通风凉爽　入夏以后，应将休眠花卉置于通风凉爽的场所，避免阳光直射，有条件的可以搭建遮阴棚。还要经常向盆株周围及地面喷水，以达到降低气温和增加湿度的目的。

（2）适时浇水，控制水量　夏眠花卉对水分的要求不高，要严格控制浇水量。若浇水过多，盆土太湿，花卉又处于休眠或半眠状态，根系活动力弱，易于烂根；若浇水太少，又容易使植株的根部萎缩，因此以保持盆土稍微湿润为宜。

（3）避免雨淋，防止积水　由于夏季正值雨季，休眠花卉如果受到雨淋，盆中容易积水，造成植株的根部或球部腐烂，使常绿休眠花卉引起落叶。因此，应将盆花放置在能够避风遮雨的场所，做到既能通风透光又能避风挡雨。

（4）减少养分，停止施肥　夏眠期间，植株的生理活动减弱，消耗养分很少，不需要施以任何肥料，否则容易引起烂根或烂球，导致整个植株枯死。

七、订购与种植注意事项

由于绝大部分球根花卉的种球都是从国外进口，因此及时提前向供货商订购种球非常重要。

尤其需要注意的关键环节：

1）在种植日期至少4个月之前订购种球。

2）种球到货后尽快安排种植，如遇土壤温度太高不适合下种，需将种球取出通气贮藏于干爽处。

3）保证种植球根处有良好的排水性能。

4）种植土壤的结构极其重要，要求疏松透气能保证球根进行正常呼吸作用。

5）切勿在同一处连续两次以上种植同一类球根。

6）注意土壤含盐量，如果含盐量太高，需先冲洗土壤。

7）土壤温度降到10℃以下是球根生长的最佳温度，此时最适合种植。

8）最适合的种植深度为球根顶部与土壤表层的距离为10cm左右。

实训8　郁金香盆花种植

一、实训目的

学习和掌握郁金香的盆花种植操作技术。

二、实训设备及器件

生产大棚、郁金香种球、规格为140mm的花盆、介质（进口苔藓泥炭60%、蛭石30%、珍珠岩10%）、河沙、多菌灵等。

三、实训地点

生产大棚。

四、实训步骤及要求

1. 介质的配制

按照既定的配比准备好材料。泥炭是压缩包，刚打开包时检查是否包内有变质迹象，并添加土壤杀菌剂（每包泥炭加40%五氯硝基苯可湿性粉剂80g）。需先将泥炭破碎，碎好后摊平。

2. 剥皮

剥去种球根盘周围的褐色表皮以利长根。

3. 种球消毒

将剥去根盘周围褐色表皮的种球浸在下列药液中15min：0.2%多菌灵可湿性粉剂，50%（有效成分：苯并咪唑-2-基氨基甲酸甲酯）。

4. 种植

先向花盆填入3~4cm高的介质，然后将种球放入盆内，一盆放3个球，放置位置均衡，芽朝向盆壁。

5. 覆盖

填上介质至盆口排水线。

6. 浇透水

7. 再次覆盖

郁金香根系是向下生长的，生长过程中对种球产生很大的向上顶的力量，为避免种球被顶出介质，需向浇透水的介质表面再覆盖上一层河沙至排水线（介质经过浇水后会向下沉，因此之前到排水线的介质经过浇水后会降到排水线下）。

8. 再次浇透水

五、实训分析与总结

1. 郁金香作为非常受大众欢迎的一种花卉，尤其是针对春节市场促成栽培的盆栽品种，其早期催根处理和后期升温处理对郁金香盆花栽培影响最为关键。因此种植后尤其要注意这两方面的管理。

2. 其栽培管理技术包括介质的配制与消毒、施肥、浇水、整形修剪、防治病虫害等，每一管理措施可以作为一项专门操作技能加以掌握，而将其连贯起来灵活运用便是花卉栽培管理的整个过程。

【评分标准】

郁金香盆花种植评价见表2-3。

表2-3　郁金香盆花种植评价

考核内容要求	考核标准（合格等级）
1. 能根据生产目标（盆花数量、需花时间）制定完整的生产计划方案 2. 能对郁金香种球进行催根处理以获得完整的根系 3. 能进行正常的水肥管理（掌握正确的浇水方法，能根据植株长势选择肥料种类和浓度） 4. 能定期打药进行病虫害防治 5. 能选择正确的方式保护盆花安全越冬 6. 能及时利用塑料膜、遮阳网对盆花进行遮光降温和给予充足光照的条件以保证盆花开花质量	1. 小组成员参与率高，团队合作意识强，服从组长安排，任务完成及时；种球根系生长完美、盆花长势健壮、无病虫害、能在预期时间开花并且质量好。考核等级为A 2. 小组成员参与率较高，团队合作意识较强，比较服从组长安排，任务完成及时；种球根系生长较好、盆花长势较健壮、少病虫害、基本能在预期时间开花并且质量较好。考核等级为B 3. 小组成员参与率一般，团队合作意识还有待加强，有少数不服从组长安排，任务完成及时；种球根系生长一般、盆花长势较弱、病虫害较为严重、不能在预期时间开花并且质量一般。考核等级为C 4. 小组成员参与率不高，团队合作意识不强，基本不服从组长安排，任务完成不及时；种球根系生长不好、盆花长势衰弱、病虫害严重、不能在预期时间开花并且质量不好。考核等级为D

任务 3　藤蔓类花卉盆花生产

教学目标

<知识目标>

1. 了解藤蔓花卉的概念，以及藤蔓花卉栽培中的牵引、立支架、整形修剪等措施。

2. 掌握铁线莲的生长习性、生长特点，对环境的要求等。

3. 掌握花卉无性（营养）繁殖的特点并重点掌握扦插繁殖成活的原理，影响扦插成活的因素等。

<技能目标>

1. 能采用扦插的繁殖方式进行铁线莲的育苗、管理。

2. 能对扦插苗进行正常的日常养护。

3. 能独立完成铁线莲容器苗各个生长阶段的管理尤其是花前的肥水管理和花后的修剪工作。

<素质目标>

1. 培养学生吃苦耐劳、积极动手动脑的工作习惯。

2. 培养学生的创新精神。

教学重点

1. 扦插繁殖的原理、影响插条生根的因素、操作方法、注意事项等。

2. 铁线莲的扦插育苗工作流程。

3. 铁线莲上盆后的养护管理。

4. 如何根据气候变化、植株生长发育的阶段性和长势进行及时灌溉、合理追肥、修剪整形以及积极防治病虫害。

教学难点

1. 铁线莲扦插育苗中的几个重要因素的把握，怎样才能促进插条的生根。

2. 当扦插繁殖不能获得预期的成活率时，怎样采取一些相应措施来改善效果，特别是与生产结合时。

3. 当植株出现生长的不良反应时，能根据植株的表现分析是何原因并且能采取适当的手段来进行修正。

【实践环节】

下面介绍铁线莲的扦插繁殖。

一、育苗设施

1. 温室及地表处理

温室大棚为连栋温室或单体大棚，棚内地表排水条件良好，不能有杂草，应铺设园艺地布或者铺碎石子。

2. 苗床

排水条件良好的地面上可以不设苗床，将育苗穴盘直接摆放在地上。也可架设苗床，苗床高 1m、宽为 1.4m 或 1.6m，长度依温室大小而定。

3. 遮阴系统

必须有遮阴系统，具备 1 道 75% ~ 80% 的遮阳网或者 2 道 55% 的遮阳网，用于控制扦插温室内的光照度。

4. 其他设备及要求

在温室内设有浇水设备和水质好的水源，水质要求 pH 为 5.5 ~ 7.5，EC 值小于 0.6mS/cm，含菌量少。全光照喷雾扦插温室，还需要安装喷雾自动控制系统，包括电力供应、水过滤网筛、增压水泵、管道、电磁阀、喷雾自动控制器、雾化喷头等。

二、育苗季节及容器

1. 扦插季节

4 月、9 月进行扦插，可以生产春插苗和秋插苗。

2. 容器的选择

选用 72 穴或 50 穴的穴盘扦插。

三、介质准备

1. 介质配比

各成分按体积配比：泥炭（直径 0 ~ 10mm）∶珍珠岩（直径 2 ~ 4mm）= 7∶3。

2. 肥料的选择和用量

肥料选用 6 ~ 7 个月肥效期的 18 - 6 - 12 长效控释肥，每立方米介质加入 0.75kg/m³，在配制扦插介质时加入并混合均匀。

3. 介质的消毒

高锰酸钾消毒：在混合介质时用 0.5% 高锰酸钾溶液浇洒，润湿后隔天使用。或者在介质装好穴盘后，整齐摆放在苗床上，然后用 0.5% 高锰酸钾溶液均匀浇透，隔天使用。

4. 装填介质

配制介质时适当润湿介质，以手捏成团、手松即散为度。穴盘容器装填时需将介质装满，适当振实，然后用平板刮去多余介质。装好的穴盘直接放置在苗床或地布上摆放整齐。

四、插穗处理

1. 母本的养护

用于剪穗的母本，生长要健壮，无病虫害。剪枝条的前 3 ~ 5 天喷施 0.1% 磷酸二氢钾和 75% 甲基托布津 800 倍液。

2. 插穗的剪取（图2-38）

插穗选取当年生半木质化的健
壮枝条，使用干净、锋利的剪刀，
在一对叶子节点下4cm左右剪断要
扦插的枝条，在靠近这个节点的上
方截断扦插枝条的另一端，只保留
一侧的叶子，其余多余的叶子都剪
除。剪好的插穗当天一定要插完。
整个过程中做好保湿工作。

3. 插穗激素处理、扦插

扦插前插穗基部2cm在浓度为
100mg/L的吲哚丁酸（IBA）溶液中
浸泡2h，然后进行扦插，扦插深度
为3cm。扦插时叶片朝同一方向，
以叶片相互之间不重叠为宜。

图2-38　铁线莲插穗

4. 养护管理

（1）湿度管理　在扦插初期，保证插穗不失水，进行频繁的间歇喷雾：间隔5~10min喷
5~10s，使叶面保持一层水膜；愈伤组织形成之后，可适当减少喷雾，间隔10~15min喷5~
10s；待普遍长出幼根时，间隔15~20min喷5~10s，即在叶面水分完全蒸发完后稍等片刻再
进行喷雾；大量根系形成后（根长3cm以上）可以只在每天11:00~15:00间喷雾3~5次，
并逐步减少喷雾次数。整个过程中，从下午5:00开始至第二天早上7:00不进行喷雾。

（2）光照管理　大棚内温度达到36℃以前不遮阴，棚内温度超过36℃遮一道55%遮阳
率的遮阳网，若温度仍无法降到36℃以下，则遮第二道55%遮阳率的遮阳网。从扦插开始
到全部生根要40~50天，扦插苗全部生根后减少遮阴进行炼苗。

（3）通风管理　生根期全光照扦插温室四周密闭，保持一个高温高湿的温室环境。但
在温度超过38℃的情况时要打开天窗通风；在温度降到36℃以下后，关闭天窗。夏季在早
上6:30以前打开大棚四周边膜通风换气1h再密闭。

扦插苗全部生根之后全天打开天窗和边膜通风。

（4）病虫害防治　扦插当天傍晚要及时喷施50%多菌灵可湿性粉剂600倍液或75%甲
基托布津可湿性粉剂800倍液，以后每隔5~7天喷1次。雨后要及时喷施杀菌剂。扦插期
可能会发生褐斑病和炭疽病，需要进行周期性的防治，防治药剂主要有70%代森锰锌可湿
性粉剂800倍液、75%百菌清可湿性粉剂800倍液等。如果有出现严重的病株和腐烂株，要
及时清理，防止病害蔓延。虫害主要是蛾类幼虫的危害，防治可用5%高效氯氰菊酯乳油
2000倍液等。喷药要求在傍晚停止喷雾后进行。插穗生根后可间隔7~10天喷药1次。

五、铁线莲容器苗的生产管理

1. 上盆或移栽时间

除去一年中天气炎热的6~8月，其他时间都可对铁线莲苗进行上盆或移栽。扦插苗上
盆应在根系已将穴孔中基质盘好之后进行。盆栽苗一般两年换一次盆。

2. 上盆容器及规格的选择

铁线莲苗种植所用盆器均采用黑色加仑盆。相同苗龄的铁线莲苗，盆器规格应统一。一般一二年生的铁线莲苗可用 1 加仑（容积约 3.5L）大小的盆、三四年生的苗可用 2 加仑（容积约 7.5L）大小的盆、五六年生的苗可用 3 加仑（容积约 11L）大小的盆种植。换盆时选用比原先大一号的容器，以此类推。不同苗龄铁线莲苗对应的盆器规格及支撑材料详见表2-4。

表 2-4　不同苗龄铁线莲苗对应的盆器规格及支撑材料

苗龄	盆器规格	支撑材料
一二年	1 加仑	直径 0.5cm 左右，长度 60cm 的竹竿
三四年	2 加仑	直径 1.5cm 左右，长度 200cm 的竹竿
五六年	3 加仑	直径 1.5cm 左右，长度 200cm 的竹竿

3. 介质准备

（1）介质配比　白泥炭（0～25mm）：发酵型介质松鳞:珍珠岩 = 2:2:1（体积比）。

（2）肥料的选择和用量　肥料选用 6～7 个月肥效的 18－6－12 长效控释肥和微量元素肥，添加量分别为 4kg/m³ 和 0.6kg/m³，在配制介质时混合均匀。

（3）调整 pH　在混拌介质时，添加农用消石灰 1.5kg/m³，将混合好的介质 pH 调整到 7.0 左右。

（4）添加防治根结线虫药剂　为预防根结线虫危害，每立方米介质中加入 300 目矽藻素 1kg。

（5）消毒　在混合介质时用杀菌剂 75% 敌克松可湿性粉剂 600 倍液浇洒，润湿后隔天使用。

铁线莲的换盆技术

4. 上盆或换盆

加入约盆高 1/3 的介质或土壤，然后把旧盆里的铁线莲带土轻轻倒出，把底部盘结的根系散开，再将苗置于盆中央，往盆内覆土。覆好土后最好轻提一下苗，可以让根系的缝隙尽量充实，也可让根系更顺畅。新土要填到老土上铁线莲的 1 节以上，新土表层到盆口和绿叶间需要 3～4cm 的空间，以方便浇水。换好盆后浇透水，也可以用 25% 多菌灵可湿性粉剂 1000 倍液和生根剂配制的溶液作定根水。让根系和介质或土壤充分接触。

5. 养护管理

（1）支撑（图 2-39）　铁线莲靠叶柄缠绕攀爬，只能缠绕细的支撑物，铁线莲苗所用支撑材料可采用竹竿。没有攀爬能力的铁线莲品种需加扶持才能直立，用扎带或细线将枝条固定在支撑材料上。

3 月，铁线莲开始萌发新梢，应及时绑扎。从铁线莲萌芽长至 铁线莲的绑扎及养护技术 10cm 以后，一般一周需整理一次。

（2）浇水　铁线莲喜湿润但怕涝，耐旱但不喜旱。浇水要遵循"见干见湿"的原则，即表层 2cm 深度的介质干了就要浇水，不能等盆内介质全部干了再浇。每次浇水要浇透。春季是铁线莲快速生长的时期，需要大量水分，需注意根据介质情况进行浇水。干旱季节，有规律地浇水是保证铁线莲正常生长的前提，但浇水不宜过多以防烂根。

（3）施肥　铁线莲花量大，喜肥，为使其健康生长，开出好看的花，需保证充足的养分供应。种植过程中应将底肥和日常追肥相结合，薄肥勤施。在生长期和开花后，以氮肥为主；现蕾至开花前，以磷肥为主；钾肥在各个时期都要平衡施不能缺。春季开始萌芽生长时（2 月底 3 月初）：施爱贝施乔灌木控释肥 18 - 6 - 12，用量每升介质 4g。追肥时将肥料均匀施于介质表面，切忌堆放在根颈部（秋冬、早春换盆的苗，控释肥肥效尚未到期，可不用追施）。现蕾至开花前（4月）：追施水溶性 10 - 30 - 20 开花肥，浇灌结合叶面喷施，7 ~ 10 天一次，浓度 1000 倍。首次盛花期后（一般 5 月底 6 月初，因品种而异）：结合修剪补施一次爱贝施乔灌木控释肥 18 - 6 - 12，用量每升介质 2g。立秋后（8 月中下旬或 9 月）：补施一次爱贝施乔灌木控释肥 18 - 6 - 12，用量每升介质 2g，根据各品种第二茬花的情况追施水溶性 10 - 30 - 20 开花肥，浇灌结合叶面喷施，7 ~ 10 天一次，浓度 1000 倍。不同规格容器苗追肥时控释肥施用量详见表 2-5。

图 2-39　铁线莲搭支架

表 2-5　不同规格容器苗追肥时缓释肥施用量

加仑盆规格	每一容器追肥量/g		
	2 月底 3 月初	5 月底 6 月初	8 月中下旬或 9 月
1 加仑	8	4	4
2 加仑	16	8	8
3 加仑	20	10	10

（4）常见病虫害的防治

1）白绢病。

①危害症状：多在茎基部发生，根部变褐腐烂，全株枯死；产生白色菌丝，后期形成油菜籽似的茶褐色圆形菌核。

②发病规律：夏季高温高湿天气条件下易发生，5 ~ 9 月为发病期，7 ~ 8 月为发病盛期。易发生重复侵染。

③防治方法：从 5 月初开始，在发病前，结合浇水，在根颈部周围撒施农药 40% 五氯硝基苯可湿性粉剂或 15% 三唑酮（粉锈宁）可湿性粉剂（三唑酮可湿性粉剂也可用 20% 粉锈宁乳油代替，配成 1500 ~ 2000 倍液，灌根颈部，每株灌 0.3 ~ 0.5kg 稀释药液），对周围土壤进行消毒，依苗大小，每盆撒施 1 ~ 2g，两种农药轮替使用。5 月、6 月、9 月，每 20天一次；7 月、8 月，每 15 天一次。若已发生病害，应将病苗及时清理掉。

2）枯萎病。

①危害症状：发病突然，植株整株或部分枝条发生枯萎。

②发病规律：常发生在 5 ~ 6 月，9 ~ 10 月的多雨天气里。

③ 防治方法：生长季每月喷洒一次 30% 噁霉灵可湿性粉剂 1000 倍液或 75% 甲基托布津 800 倍液。秋冬季清理完枯叶后再用一次。若已发病，要及时将病枝剪除干净，剪到坏死位置的下方，然后再喷洒 30% 噁霉灵可湿性粉剂 1000 倍液。发病部位在根颈部的，剪除病枝的同时，要将病部周围介质清除，换上新的介质。

3）潜叶蝇。

① 危害症状：幼虫潜食叶肉，在叶片上造成不规则的灰白色线状蛀道；成虫取食、雌虫产卵使叶片出现针刺状斑点。

② 发病规律：潜叶蝇为多发性害虫，不耐高温。一般以春末夏初危害最重，夏季减轻，南方秋季（8 月中旬开始）危害又加重；在生长茂密的地块受害较重。

③ 防治方法：在发病盛期（4 月 ~6 月中旬，8 月中旬 ~10 月），虫害发生前，喷药预防，10 ~15 天一次。夏季 20 天一次。若虫害已发生，视虫情每隔 7 ~10 天防治 1 次，连续喷 2 ~3 次。农药可用 75% 灭蝇胺可湿性粉剂、2.5% 敌百虫粉剂，交替施用。

4）蜗牛、蛞蝓。

① 危害症状：以齿舌刮食寄主叶、茎、花，形成孔洞或缺刻，甚至咬断幼苗。

② 发病规律：在 4 ~5 月和 9 ~10 月大量活动危害。一般昼伏夜出。喜阴暗、潮湿的环境，阴雨天或浇水后可昼夜活动、取食。

③ 防治方法：撒施农药 80% 四聚乙醛颗粒剂、矽藻素于根颈周围介质表面。

5）根瘤线虫。

① 危害症状：危害植物的根部，表现为侧根和须根较正常增多，并在幼根的须根上形成球形或圆锥形大小不等的白色根瘤，呈念珠状或不规则膨大状。受害株地上部生长矮小、缓慢、叶色异常，甚至造成植株提早死亡。

② 发病规律：多分布在 0 ~20cm 土壤内，特别是 3 ~9cm 土壤中线虫数量最多。土温 25 ~30℃，土壤湿度为 40% ~70% 条件下线虫繁殖很快，易在土壤中大量积累，10℃ 以下停止活动，55℃ 时经 10min 死亡。通过带虫土或苗及灌溉水传播。在大棚温室里可终年危害。

③ 防治方法：栽培介质混入矽藻素预防；结合浇水，穴施 2% 阿维菌素乳油 2000 倍液，每穴 200 ~250mL；或撒施 10% 克线磷颗粒剂，撒施时需注意防止根系直接与药剂接触。

（5）修剪

1）生长期修剪。

① 残花修剪：花期过后剪除残花，可防止形成种子消耗养分而使植株长势变弱。

② 花后弱剪：剪至花下 2 ~3 节。这种修剪方式会使铁线莲能较长时间地持续开花。

③ 花后强剪：从底部起算留 2 ~3 节，其余的全部剪除。强剪后，因为要重新长枝叶，铁线莲第二茬花花期会推迟，有些品种可能强剪后当年就开不了花。但花后强剪对于早花品种来说，在第二年比较容易达到繁花效果。铁线莲裸根苗因根部经过了修剪和清洗，而且植株的地上部也经过了强剪，为了养根，在栽植后第一年的生长季里除了病枝、伤枝修剪和花后轻剪之外，一般不进行花后强剪。

④ 病残枝的修剪：在铁线莲生长过程中，可能会受一些病害（如枯萎病）或机械损伤（不小心折断了枝条）的影响，而使植株整株或部分枝条发生枯萎，这种情况下要及时剪除

枯萎枝、病枝和伤枝，不要等到修剪季节才处理，以防病情恶化。

2）休眠期修剪。休眠期修剪是在冬末至早春铁线莲进入休眠期至腋芽萌动之前进行。铁线莲休眠期里的修剪方法一般分为三类，不同类型铁线莲有不同的修剪方式。

① 第一类修剪：又叫轻微修剪，只需剪除瘦弱和受损的枝条。这类修剪方式的铁线莲多为冬末至早春开花的品种。修剪方法：a. 冬天霜期过后，此类铁线莲大部分品种枝叶会干枯，这时候就可以将瘦弱或受损的枝条全部剪掉，可直接剪到当初萌发处。b. 枝叶过度茂密时可疏剪整形，剪掉拥挤的老化枝条。若需要整株返新，可将所有枝干剪至近地面的高度（15~30cm）。

② 第二类修剪：又叫中度修剪。这类修剪方式的铁线莲一般为早花品种。修剪方法：a. 将瘦弱或受损的枝条全部剪掉，可剪至当初萌发处或基部。b. 只保留均衡架构，其余枝条一律剪至健康的对生芽上方，从顶端起算需剪掉2~6节，具体视枝条情况、苗的大小及株形而定。

③ 第三类修剪：又叫强修剪，这类修剪方式的铁线莲一般花期较晚。在冬季铁线莲休眠后，保留植株地上部分20cm左右或从底部算起每个枝条留2~3节，其余部分全部剪除。

【理论知识】

一、铁线莲的形态特征及分类

1. 形态特征（图2-40）

铁线莲蔓茎瘦长，可达1~9m，因品种而异，富韧性，全体被有稀疏短毛。叶对生，有柄，单叶或1回或2回三出复叶，叶柄能卷缘他物；小叶卵形或卵状披针形，全缘或2~3缺刻。花单生或圆锥花序，钟状、坛状或轮状，由萼片瓣化而成，花梗生于叶腋，长6~12cm，中部生有对生的苞叶；梗顶开大型白色花，花径5~8cm；萼片4~6枚，卵形，锐头，边缘微呈波状，中央有3条粗纵脉，外面的中央纵脉带紫色，并有短毛；花瓣缺或由假雄蕊代替。雄蕊多数，常常变态，花丝扁平扩大，暗紫色；雌蕊也多数，花柱上有丝状毛或无。一般常不结果，只有雄蕊不变态的才能结实，瘦果聚集成头状并具有长尾毛。花期为5~6月，园艺品种从7~11月也重复开花，但花量相对5~6月盛花期要少。其多数原种、杂种及园艺品种群，其中有大花品种、小花品种、复瓣或重瓣品种以及晚花品种等。

图2-40　铁线莲

2. 分类

铁线莲有多种分类方法，目前世界上还没有统一的分类方法，国内外铁线莲苗圃上常用的分类方法为"类群"分类法，其综合了亲本来源、开花时间、花径大小等因素来分类，将铁线莲分成 13 类：早花大花型、晚花大花型、意大利型、佛罗里达型、德克萨斯型、长瓣型、单叶（杂交）型、蒙大拿型、华丽杂交型、葡萄叶型、西藏型、大叶型、卷须型。

二、铁线莲的生长习性

大部分铁线莲喜好冷凉气候，它们的原生种都野生于灌丛，所以一般地上部喜阳，根部喜荫蔽。铁线莲根部肉质，喜肥，喜湿润但怕涝，在微酸到弱碱性土壤中生长良好。除了一些常绿的铁线莲品种外，其他品种都是非常耐寒的，一般品种可耐 –30 ~ –20℃的低温（长瓣型铁线莲可耐 –35℃的低温）。幼苗的耐寒性相对弱些。在低温方面，我国绝大部分地区都可满足；耐热性因品种而异，具体情况还需要试种观察。

扦插繁殖技术

【拓展知识】

一、扦插繁殖概念

扦插是利用植物营养器官的再生能力，切取母株的一段枝条、根或一片叶，插入基质中，在适宜的条件下促其生根、发芽，培育出新植株的方法。扦插所用的繁殖材料称为插穗。扦插材料来源广泛、成本低、成苗快、简便易行、植株变异性小，又能大规模地进行生产，所以应用广泛。但扦插苗也有管理细致、费工、苗木根系浅、寿命比实生苗短等不利方面。因此在花坛花卉的生产上主要还是以播种繁殖为主。扦插繁殖只在某些结实率低的品种或种子发芽不太好的品种上使用。

二、扦插生根成活的原理

植物体的每个细胞都具有全能性，即每个活细胞都具有一套完整的遗传物质，它包含着重新形成与母本相同而又独立的植株的全部信息，具有发育成完整植株的潜在能力。在完整植株中，由于细胞在体内环境中受到内在环境的束缚，相对稳定；一旦脱离母体，在适宜的营养和外界条件下，就会表现出全能性。此外，植物体具有再生机能，当植物体的某一部分受伤或切除而使其受到破坏时，植物体能表现出弥补损伤和恢复协调的功能。当根、茎、叶等从母体脱离时，由于植物细胞的全能性和再生机能的作用，就会从根上长出茎、叶，从茎上长出根，从叶上长出茎、根等，从而形成完整植株。

三、扦插生根类型

1）潜伏不定根原基生根型。
2）侧芽或潜伏芽基部分生组织生根型。
3）皮部生根型。
4）愈伤组织生根型。

四、扦插方法

扦插方法按照所用的植物材料分，可分为叶插、芽叶插、枝插、根插。

1. 叶插

用叶作为材料进行扦插的方法称为叶插。此法只能应用于能自叶上发生不定芽及不定根的种类，凡能进行叶插的植物，大都具有粗壮的叶柄、叶脉或肥厚的叶片。

（1）全叶插（图 2-41）　　如秋海棠、落地生根、大岩桐、非洲紫罗兰、豆瓣绿等。

（2）片叶插（图 2-42）　　如秋海棠、大岩桐、椒草等。

沿黑色线切开

河沙
插入 1cm

发根适温为 20℃ 左右

图 2-41　全叶插　　　　　　　　图 2-42　片叶插〔秋海棠属（*Begonia*）〕

2. 芽叶插（图 2-43）

用带有腋芽的叶进行扦插，也可看成是介于叶插和枝插之间的带叶单芽插。当材料有限而又希望获得较多的苗木时，可采用这种方法繁殖，如山茶、天竺葵、八仙花、宿根福禄考等。

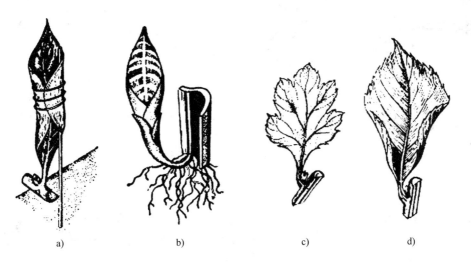

a)　　　　　　　　b)　　　　　　　　c)　　　　　　　　d)

图 2-43　芽叶插

a）橡皮树　b）虎尾兰　c）菊花　d）八仙花

3. 枝插（图 2-44）

用植物的枝条作为繁殖材料进行扦插的方法叫枝插，这是应用最普遍的一种方法。

（1）草本插　用草本植物的柔嫩部分作为扦插材料。

（2）嫩枝插（图 2-45）　　用木本植物还未完全木质化的绿色嫩枝作为扦插材料。

（3）硬枝插　用木本植物已经充分本质化的老枝作为扦插材料。

（4）休眠枝插　用休眠枝作为扦插材料。

（5）芽插　用比较幼小还未伸长的芽作为扦插材料。

（6）带梢插　用枝条的先端部分扦插。

（7）去梢插　用切除先端部分的枝条扦插。

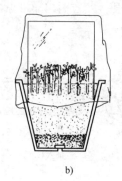

a)　　　　　　　　　b)

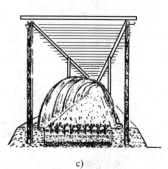

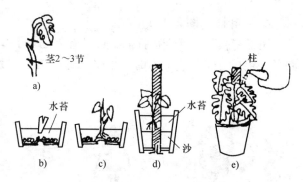

图 2-44　枝插

a）扣瓶扦插　b）大盆密插
c）露地床插　d）暗瓶水插

图 2-45　嫩枝插［龟背竹属（*Monrtera*）］
a）剪插穗　b）扦插　c）出苗　d）栽植　e）柱植夏日洒水

4. 根插（图 2-46）

有些植物的根上能产生不
定芽而形成幼株，如蜡梅、柿
子、牡丹、芍药、补血草等具
有肥厚根的种类，可采用根
插。一般在秋季或早春移栽时
进行，方法是挖取植物的根，
剪成 4～10cm 的根段，水平
状埋植于基质中，也可使根的
一端稍微露出地面呈垂直状
埋植。

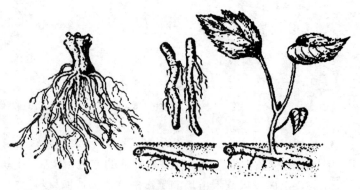

图 2-46　根插

5. 影响插条生根的因素

（1）内在因素

1）树种与品种。不同树种，其插条生根的难易程度有很大差别。而插条生根的难易又
与树种本身的遗传特性有关。

2）母树和枝条的年龄。选择的插条实生苗要比嫁接苗的再生能力强。幼龄母树的枝条比老龄母树的枝条较易生根成活，1～2年生枝条，再生能力强，作为插条生根成活率高。多年生枝条，生根成活率低。

3）枝条的部位及生长发育状况。当母树年龄相同、阶段发育状况相同时，发育充实、养分积储较多的枝条发根容易。一般树木主轴上的枝条发育最好，形成层组织较充实，发根容易，反之虽能生根，但长势差。

4）扦条上的芽、叶对成活的影响。无论硬枝扦插或嫩枝扦插，凡是插条带芽和叶片的，其扦插成活率都比不带芽或叶的插条生根成活率高。但留叶过多，也不利于生根。因叶片多，蒸腾失水大。

5）插条内源激素的种类和含量。营养物质虽然是保证插条生根的重要物质基础，但更为重要的是某些生长调节物质，特别是各种激素间的比例。当细胞分裂素/生长素的值较高时，有利于诱导芽的形成；当二者的摩尔浓度大致相等时，愈伤组织生长而不分化；当生长素的浓度相对地大于细胞分裂素时，便有促进生根的趋势。激素和辅助因子的相互作用是控制生根的因子，必须综合、全面地分析插条生根的因素。

（2）外部条件

1）介质。介质必须疏松、透气、清洁、消毒、温度适中、酸碱度适宜。创造一种通气保水性能好，排水通畅，含病虫少和兼有一定肥力的环境条件。

2）温度。温度对插条的生根有很大影响。一般生根的最适温度是30℃左右。

3）土壤水分和空气相对温度。一般要求较低的土壤水分和较高的空气湿度。

4）光照。日光对于插条的生根是十分必要的，但直射光线往往造成土壤干燥和插条灼伤，而散射光线则是进行同化作用最好的条件，对于硬枝插或嫩枝插都是有利的。

6. 扦插后管理

（1）水分 扦插后立即灌一次透水，必须经常保持基质的湿润和较高的空气湿度（图2-47）。

（2）温度 多数花卉扦插的温度要求为20～25℃。根据季节需进行适当的加温、降温处理。

（3）肥料 插穗生根前不需要肥料，生根成活后植株开始迅速生长，原先插穗内部的储藏营养已耗尽，就必须对扦插苗进行追肥。通常生根后，每间隔5～7天用0.1%～0.3%浓度的氮、磷、钾复合肥喷洒叶面，对加速生根有一定效果。

图2-47 喷雾

7. 扦插育苗失败的原因分析

（1）植物种类 有些植物生根很容易，有些相对就比较难，应区别对待，不能用同一个标准去衡量。如果育苗失败，应及时查阅文献资料，或到一些相关花卉生产公司、花圃等地询问该种植物扦插情况。而不是管它什么植物都拿来扦插，譬如鸡冠花、三色堇等就极难生根。

（2）插穗　多数植物枝条以中部位置扦插较好，但少数种类以老枝扦插更好，如三角梅木质化的老枝扦插成活率更高。

（3）扦插季节　现代化温室有加温、降温设备，周年均可进行扦插。注意温度太高插条失水萎蔫，温度太低则生根缓慢，这些在生产中均要根据表现来确定。但如果是一般生产性大棚等简易设施，则通常以春季、秋季扦插较好。但对每一种花卉而言，并不是春季和秋季一样好。譬如常春藤于秋季扦插比晚春好，因为晚春扦插碰上初夏高温则生长不好，生长极为缓慢，从扦插到可以出售的时间延长，增加生产成本。绿萝则春季扦插比晚秋好，因为绿萝越冬生长缓慢，增加生产成本。

（4）水分　水分是插穗发芽生根最重要的环境条件。一旦水分管理不当，则会前功尽弃。

实训 9　室内盆花的栽培管理

一、实训目的

1. 学习和掌握室内盆栽花卉的上盆、换盆、转盆、倒盆等操作技术。

2. 掌握盆花的施肥、浇水、保温加温、遮阴降温、病虫害防治、植株调整等栽培管理手段。

二、实训设备及器件

生产大棚、15cm 口径的花盆、盆花幼苗，园土∶泥炭∶珍珠岩 = 6∶3∶1，1m³ 介质加入爱贝施控释肥 4kg，70% 甲基托布津可湿性粉剂 800 倍液及小铁锹等。

三、实训地点

校园内盆景园。

四、实训步骤及要求

1. 介质准备

按照既定的配比准备好材料。园土∶泥炭∶珍珠岩 = 6∶3∶1，并添加爱贝施 21 – 5 – 12 控释肥 2kg/m³，70% 甲基托布津可湿性粉剂 800 倍液，并适当洒水。

2. 上盆

瓦片覆盖排水孔，垫碎石作为排水层，然后加入介质至适当高度，放入盆花幼苗，尽量使根系舒展，继续加入介质至距离盆口 1~2cm 处。压实根部，土面抖动平整即可浇透水置于阴凉通风处缓苗。

3. 换盆

为满足花卉生长发育的需要，将幼苗先脱盆，再用其他花盆进行上盆。注意换入大小适中的盆，不可换入过大的盆，造成管理不便。

4. 转盆

转盆即转换花盆方向：在单屋面温室及不等式温室中，光线较多自南面一方射入，由于趋光性，植株会偏向光线投入的方向，向南倾斜，为形成匀称完整的株形，每隔一定时间，需转换花盆的方向，使植株均匀生长。

5. 倒盆

倒盆即调换花盆在温室的摆放位置：通常有两种情况，其一是盆花经过一定时期的生长，株幅增大从而造成株间拥挤，为了加大盆间距离，使其通风透光良好、盆花苗壮生长必须进行的操作，如不及时倒盆，会遭致病虫害和引起徒长；其二是在温室中，盆花放置的部位不同，光照、通风、温度等环境因子的影响也不同，盆花生长情况也各异，为使花卉产品生长均匀一致，经常进行倒盆，调换生长位置以调整其生长。倒盆通常与转喷同时进行。

6. 松盆

为保持盆土疏松透气，经常用竹片等松动盆土。

7. 施肥

在花卉生长过程中，根据需要对植株进行追肥。可随水浇施，也可叶面喷施。施肥宜采用 20 - 10 - 20 和 14 - 0 - 14 肥料，以 200 ~ 250mg/kg 的浓度，一周交替施用一次。在冬季气温较低时，要减少 20 - 10 - 20 肥料的施用次数。在快速生长期，应当增加施肥次数和数量。但在花芽分化前两周，应停止施氮肥，减少浇水，抑制营养生长，促进花芽分化，提高着花率。现蕾后开始正常管理，逐渐恢复浇水和施肥，但不能往叶丛中浇水施肥，避免花蕾和花朵霉烂。

8. 浇水

水分管理的关键是采用排水良好的介质。每次浇水前保持适当的干燥。浇水按照早上浇水、傍晚落干的原则浇。

9. 温度控制

在浙江省的 7 ~ 9 月气温较高，需要避免直射阳光，正午前后要遮阴降温，可向地面洒水，向叶面喷水降温。但要防止水分过多，引起植株徒长和腐烂。气温较低后，应及时做好保暖防冻工作。气温在 5℃ 以下时，晚上还应盖上一道膜防止植株受冻。改变温度还可以催延花期。通过提高室温，可以提早开花，花初开时降低温度则可以延长花期。

10. 防治病虫害

用 70% 甲基托布津 1500 倍液进行喷洒防治病害，用 5% 吡虫啉乳油 2000 ~ 3000 倍液、40% 毒死蜱乳油防治虫害。

五、实训分析与总结

1. 花卉的栽培管理包括露地花卉的栽培管理和温室花卉的栽培管理两大部分内容。花卉的管理是一个整体过程，其中包括各个需要具体掌握的技术环节，学生在实训之后应能灵活运用。

2. 室内盆花的栽培管理技术包括培养土的配制与消毒，"五盆操作"（上盆、换盆、转盆、倒盆、松盆），施肥、浇水、整形修剪、防治病虫害等多个管理措施，每一管理措施可以作为一项专门操作技能加以掌握，而将其连贯起来灵活运用便是花卉栽培管理的整个过程。

【评分标准】

盆花栽植管理评价见表 2-6。

表2-6　盆花栽植管理评价

考核内容要求	考核标准（合格等级）
1. 能进行正常的肥水管理（掌握正确的浇水方法，能根据植株长势选择肥料种类和浓度） 2. 能定期打药进行病虫害防治 3. 能选择正确的方式保护盆花安全越冬 4. 能及时利用塑料膜、遮阳网对盆花进行遮光降温和给予充足光照的条件以保证盆花开花质量 5. 能及时正确进行摘心以促使盆花株型丰满、开花量大	1. 小组成员参与率高，团队合作意识强，服从组长安排，任务完成及时；盆花长势健壮、无病虫害、株型好、开花质量好、成苗率（开花植株/当初上盆后成活率）达到80%以上。考核等级为A 2. 小组成员参与率较高，团队合作意识较强，比较服从组长安排，任务完成及时；盆花长势较健壮、少病虫害、株型较好、开花质量较好、成苗率（开花植株/当初上盆后成活率）达到70%以上80%以下。考核等级为B 3. 小组成员参与率一般，团队合作意识还有待加强，有少数不服从组长安排，任务完成及时；盆花长势较弱、病虫害较为严重、株型散乱、开花质量一般、成苗率（开花植株/当初上盆后成活率）达到60%以上70%以下。考核等级为C 4. 小组成员参与率不高，团队合作意识不强，基本不服从组长安排，任务完成不及时；盆花长势衰弱、病虫害严重、株型散乱、开花质量不好、成苗率（开花植株/当初上盆后成活率）达到60%。考核等级为D

任务4　观叶类花卉吊盆生产

教学目标

〈知识目标〉

1. 了解室内观叶植物的概念、观赏特点。
2. 掌握室内观叶植物对温度、水分、光照、土壤以及肥料方面的要求。
3. 掌握常春藤吊盆的一次性扦插的繁殖方法特点。
4. 掌握常春藤的生长特点，生长各阶段对环境条件的要求。
5. 掌握绿萝的生长特点，生长各阶段对环境条件的要求。
6. 能认识常见的室内观叶植物并掌握其习性，能进行简单的养护管理。

〈技能目标〉

1. 能独立完成常春藤、绿萝吊盆的一次性扦插成形，确保扦插密度适当。
2. 能对扦插后的插条进行正确的光照、水分、温度管理以获得更高的生根率。
3. 能对生根后的吊盆进行正常的温度、水分、肥料、修剪等管理以获得高品质的吊盆盆花。

〈素质目标〉

1. 培养学生注重细节，做好工作而不只是做完工作的习惯。
2. 培养学生对工作负责任的态度。

教学重点

1. 吊盆一次性扦插成形的工作流程以及其中直接影响插条成活的几个细节。
2. 插后温度、光照、介质水分以及环境湿度的管理。

3. 插条生根后盆花的养护管理工作。

1. 如何提高插条的生根率。

2. 如何加强管理以获得高品质的盆花。

【实践环节】

吊盆常春藤一次性扦插成形技术

1. 生产前准备

（1）场地卫生整理和消毒　对场地进行卫生整理，包括整个空间。根据情况选用福尔马林溶液、石灰、杀菌杀虫剂等消毒。

1）福尔马林溶液消毒办法：将 0.1%～0.15% 福尔马林溶液喷洒在苗床和过道，尽快操作好并离开，密闭 5～7 天。操作人员必须带护目镜、口罩和皮手套等防护装备。

绿萝吊盆一次性扦插成形

2）石灰消毒主要针对苗床下，用量为每平方米 50g。

3）杀菌和杀虫剂消毒通常结合病虫害预防，除对植物喷洒之外，场地也要喷洒。使用药剂和浓度：杀虫剂用 0.6% 阿维菌素乳油 1000 倍液或 37% 乐斯本乳油 1000 倍液，杀菌剂用 50% 百菌清可湿性粉剂 800 倍液、70% 甲基托布津可湿性粉剂 800 倍液、75% 多菌灵可湿性粉剂 700 倍液等。

（2）介质的配制　介质配比为泥炭:蛭石:珍珠岩 =4:3:3。拌和介质时适当洒水，水沿介质画圈；一边洒水，水往翻入的干介质上浇去，将介质由一边拌向另一边空地（无须离原介质太远），水顺着铲来回浇；介质润湿即可，以捏一把在手上不滴出水来且手松抖动即散为好。介质来回需要拌 3 次以上方可搅拌均匀。

（3）介质上盆　介质装至离上口径 1～1.2cm 处，装得不平整时不可用手将其压平，只需手持盆口轻轻抖动将介质抖平即可。

（4）吊盆摆放和浇水　装好介质的盆子，摆放至场地，摆好后浇水。

2. 剪取插条

扦插枝条选择无病害、生长良好的一年生枝条，沿盆口剪下，采集的枝条存放要求不超过 2h，防止枝条失水。采后先洒水在枝条上，或者直接在洁净的水里捞一下；如果枝条脏了就要先洗净。如果剪取的母本枝条过多，就需要喷水保湿，置于阴凉处。每天每人的采穗量保证当天能够全部插完。

3. 扦插

扦插时，一插一剪、插一节剪一节。即拿整根枝条插下去一节（图 2-48），节间上方留取适当长度（2～10mm）剪下，节间接触介质，插入介质的节下部分不用太长，10～20mm 即可，操作时一插一剪，扦插速度加快。口径 210mm 的吊盆扦插常春藤 36 个插穗/盆，绿萝 20 个插穗/盆（图 2-49）。扦插完后要及时喷雾，以保证苗的湿度，否则易造成叶片枯萎。之后统计扦插数量和时间，以及当时的温度湿度情况。

4. 浇水及覆盖

插后立即浇透水，并对叶面喷水。盆口用塑料薄膜覆盖，盆周围用绳扎紧。

5. 插后管理

将盆放在阴凉、稍有阳光处。每日揭开塑料膜，用喷壶在叶面上喷水 1～2 次。喷后仍将薄膜覆盖并扎紧，以保持盆内的湿度。如此，经 7～10 天即可生根。

图 2-48　扦插常春藤　　　　　　　　　　图 2-49　扦插好的绿萝

6. 生根后管理

（1）温度　　最佳生长温度为 18～28℃。若温度高于 35℃生长速度减慢，叶面出现皱缩，影响观赏效果，同时其插穗生长也比正常的要慢，需要及时开湿帘、风机或通过对叶面及周围洒水来降低温度。

（2）光照控制　　光照度为 5000～10000lx。

（3）湿度和水分控制（图 2-50、图 2-51）　　介质干湿交替，但不出现干过头情况。空气湿度以 60%～75% 为好。

图 2-50　扦插后干过头的常春藤　　　　　图 2-51　水分管理适中

（4）通风 要保持通风顺畅，生长季节边膜摇起少放下。

（5）肥水管理 常春藤生长高峰期，肥料 20 – 10 – 20 由 1000 倍增至 800 倍，14 – 0 – 14 由 800 倍增至 600 倍，EC 值均在 1.3mS/cm 左右。

（6）病虫害、杂草管理 5 ~ 10 月是常春藤的生长旺季，同时也是病害的高发期，注意肥水的管理也不能怠慢病虫害的防治，危害常春藤的病虫害主要有叶斑病、蚜虫、红蜘蛛、夜蛾等。

1）叶斑病。侵染叶片，叶上病斑圆形，后扩大，呈不规则状大病斑，并产生轮纹，病斑由红褐色变为黑褐色。棚内潮湿容易发生，在梅雨季节、扦插期间、秋冬多雨季节要格外注意，平均一周用 50% 百菌清可湿性粉剂或 75% 甲基托布津可湿性粉剂 800 ~ 1000 倍液喷施，也可适当混入叶面肥，防病增肥两不误。

2）蚜虫。危害嫩梢，多发生在春秋季节，蚜虫吸嫩梢的汁液，影响其生长速度和观赏效果。用 5% 吡虫啉乳油 2000 ~ 3000 倍液喷雾防治，效果较好。

3）红蜘蛛。干旱少雨时期，空气干燥情况下容易发生红蜘蛛危害。在叶背面吸食汁液，致使出现灰白色斑点，严重时会使叶子枯焦。通常在 5 ~ 11 月之间发生，花叶品种容易滋生。防治可用 15% 哒螨灵乳油 2300 ~ 3000 倍液、73% 克螨特乳油 3000 倍液或 1.8% 阿维菌素乳油 4000 ~ 6000 倍液喷施。

4）夜蛾。成虫吸食汁液，幼虫啃食叶面或茎，极大地影响常春藤的观赏效果。在春夏季节和暖秋时期发生，繁殖速度快，稍不注意就大面积爆发。用 1.8% 阿维菌素乳油 1000 倍液、70% 氰戊菊酯乳油 1500 倍液轮换喷施，若量大则要每 3 ~ 4 天增喷一次。

（7）修剪与垂挂（图 2-52、图 2-53） 枝条长出盆口 10cm 左右时修剪一次，修剪可促进枝芽萌发形成紧凑性，增加垂挂枝条数量，枝条生长长度超过 10cm 时，应做垂挂处理。

图 2-52 修剪常春藤　　　　　　　　　　图 2-53 修剪后的常春藤

【理论知识】

一、常见吊盆观叶植物介绍

吊盆观叶植物通常具备柔软下垂的枝条或花梗。吊盆观叶植物是阳台和室内美化的重要装饰。它能充分利用空间，最适合阳台和居室面积小的环境。花盆悬吊室内、阳台外侧、窗口处，枝叶随风摇曳，别具一番风趣。吊盆的装置，务求牢固。吊盆高度，以不妨碍起居生活为原则。吊绳除能用尼龙绳索外，用吊挂灯具的锁链更是美观。

1. 常春藤

五加科常绿攀缘藤本。茎枝有气生根，幼枝被鳞片状柔毛。叶互生，2 裂，长 10cm，宽 3~8cm，先端渐尖，基部楔形，全缘或 3 浅裂；花枝上的叶椭圆状卵形或椭圆状披针形，长 5~12cm，宽 1~8cm，先端长尖，基部楔形，全缘。常春藤是一种颇为流行的室内盆栽花木，尤其在较宽阔的客厅、书房、起居室内摆放，格调高雅、质朴。株形优美、规整，是世界著名的室内观叶植物。其原产于我国，分布于亚洲、欧洲及美洲北部，在我国主要分布在华中、华南、西南、甘肃和陕西等地。性喜温暖、荫蔽的环境，忌阳光直射，但喜光线充足，较耐寒，抗性强，对土壤和水分的要求不严，以中性和微酸性土壤为最好。

2. 垂盆草（图 2-54）

多年生草本。茎细而柔软，地栽者匍匐向前爬，盆栽者枝条下垂。叶无柄，3 叶 1 轮，排列整齐。夏季开黄花和葱绿叶片相间，惹人喜爱。性耐寒冷，又耐高温干燥。扦插易活，6~7 天生根，生长快，管理简便，只需一般浇水施肥即可。

3. 吊竹梅（图 2-55）

多年生草本，茎匍匐。与紫鸭跖草同一科，形态习性也很相似。其叶片表面紫绿色而杂有银白色条纹，中部和边缘有紫色条纹，背面紫红色。叶片只有紫鸭跖草的一半大，长 3~7cm，宽 1~3cm。性喜温暖湿润环境，较耐阴，在肥沃、疏松、酸性土壤中生长良好。

图 2-54　垂盆草

图 2-55　吊竹梅

4. 虎耳草（图 2-56）

多年生常绿草本。匍匐茎，紫红色。单叶丛生，具长柄，肾脏形，密被长茸毛，沿脉处有时有白色斑纹，背面和叶柄紫红色。喜阴湿，易栽培，不可施浓肥，入室越冬。

5. 紫鸭跖草（图2-57）

一年生草本，高20～50cm。茎多分枝，带肉质，紫红色，下部匍匐状，节上常生须根，上部近于直立。叶互生，披针形，长6～13cm，宽6～10mm，先端渐尖，全缘，基部抱茎而成鞘，鞘口有白色长睫毛，上面暗绿色，边缘绿紫色，下面紫红色。花密生在二叉状的花序柄上，下具线状披针形苞片，长约7cm；萼片3枚，绿色，卵圆形，宿存；花瓣3枚，蓝紫色。喜温暖、湿润，不耐寒，忌阳光暴晒，喜半阴。对干旱有较强的适应能力，适宜肥沃、湿润的壤土。对水肥要求多，但最怕乱施肥、施浓肥和偏施氮、磷、钾肥，要求遵循"淡肥勤施、量少次多、营养齐全"的施肥（水）原则。

图2-56　虎耳草

图2-57　紫鸭跖草

6. 天门冬（图2-58）

多年生常绿，半蔓生草本。茎基部木质化，多分枝丛生下垂，长80～120cm，叶丛状扁形似松针，绿色有光泽，花多白色，花期6～8月，喜温暖湿润、半阴，耐干旱和瘠薄，不耐寒，冬季温度须保持6℃以上。

7. 吊兰（图2-59）

宿根草本，具簇生的圆柱形肥大须根和根状茎。叶基生，条形至条状披针形，狭长，柔韧似兰，长20～45cm、宽1～2cm，顶端长、渐尖；基部抱茎，着生于短茎上。吊兰的最大特点在于成熟的植株会不时长出走茎，走茎长30～60cm，先端均会长出小植株。花葶细长，长于叶，弯垂；总状花序单一或分枝，有时还在花序上部节上簇生长2～8cm的条形叶丛；花白色，数朵一簇，疏离地散生在花序轴上。花期在春夏间，室内冬季也可开花。目前吊兰的园艺品种除了纯绿叶之外，还有大叶吊兰、金心吊兰和金边吊兰三种。前二者的叶缘绿色，而叶的中间为黄白色；金边吊兰则相反，绿叶的边缘两侧镶有黄白色的条纹。其中大叶吊兰的株形较大，叶片较宽大，叶色柔和，属于高雅的室内观叶植物。其原产于非洲南部，在世界各地广为栽培。性喜温暖湿润、半阴的环境。适应性强，较耐旱，不甚耐寒。不择土壤，在排水良好、疏松肥沃的沙质土壤中生长较佳。对光线要求不严，一般适宜在中等光线条件下生长，也耐弱光。生长适温为15～25℃，越冬温度为5℃。

图2-58 天门冬

图2-59 吊兰

8. 络石（图2-60）

常绿藤本，长有气生根，常攀缘在树木、岩石、墙垣上生长；初夏5月开白色花，花冠高脚碟状，5裂，裂片偏斜呈螺旋形排列，略似"卐"字，芳香。常见栽培的还有花叶络石，叶上有白色或乳黄斑点，并带有红晕；小叶络石，叶小、狭披针形。枝蔓长2～10m，有乳汁。老枝光滑，节部常发生气生根，幼枝上有茸毛。单叶对生，椭圆形至阔披针形，长2.5～6cm，先端尖，革质，叶面光滑，叶背有毛，叶柄很短。聚伞花序腋生，具长总梗，有花9～15朵，花萼极小，筒状，花瓣5枚，白色，呈片状螺旋形排列，有芳香，花期6～

图2-60 络石

7月。喜半阴湿润的环境，耐旱也耐湿，对土壤要求不严，以排水良好的沙壤土最为适宜。适应性强，对土壤要求不严。喜光，稍耐阴、耐旱，耐水淹能力也很强，耐寒性强，抗污染能力强。络石生长快，叶长革质，表面有蜡质层，对有害气体如二氧化硫、氯化氢、氟化物及汽车尾气等光化学烟雾有较强抗性。对粉尘的吸滞能力强，能使空气得到净化。容易培育，管理粗放。

9. 绿萝（图2-61）

绿萝原产于热带雨林地区，为天南星科常绿藤本植物。属于攀藤观叶花卉，藤长可达数米，节间有气生根，叶片会越长越大，叶互生，常绿。茎细软，叶片娇秀。具有很高观赏价值，蔓茎自然下垂，既能净化空气，又能充分利用空间，为呆板的柜面增加活泼的线条、明快的色彩。性喜温暖、潮湿环境。要求土壤疏松、肥沃、排水良好。阴性植物，忌阳光直射，喜散射光，较耐阴。室内栽培可置窗旁，但要避免阳光直射。阳光过强会灼伤绿萝的叶片，过阴会使叶面上美丽的斑纹消失，通常以每天接受4h的散射光，绿萝的生长发育最好。

10. 千叶兰（图 2-62）

千叶草又名千叶兰、千叶吊兰，为蓼科多年生常绿灌木。植株匍匐丛生或呈悬垂状生长，细长的茎红褐色。小叶互生，叶片心形或圆形。其株形饱满，枝叶婆娑，具有较高的观赏价值，适合作吊盆栽种或放在高处的几架、柜子顶上，茎叶自然下垂，覆盖整个花盆，犹如一个绿球，非常好看。性强健，喜温暖湿润的环境，在阳光充足和半阴处都能正常生长，具有较强的耐寒性，冬季可耐 0℃ 左右的低温，但要避免雪霜直接落在植株上，并要减少浇水，若根部泡在水中，会造成烂根，使植株受损。生长期保持土壤和空气湿润，避免过于干燥，否则会造成叶片枯干脱落，每月施一次腐熟的稀薄液肥或观叶植物专用肥。夏季注意通风良好，并适当遮光，以防烈日暴晒。每年春季换一次盆，盆土宜用含腐殖质丰富、疏松肥沃，且排水、透气性良好的沙质土壤。发芽时对植株进行一次修剪，剪去过长、过密的枝条和部分老枝，其节处会萌发许多新枝，使株形更加饱满。由于千叶草生长速度较快，栽培中应经常整形，及时剪除影响株形的枝条，以保持美观。

图 2-61 绿萝

图 2-62 千叶兰

二、吊盆生产容器选择

1. 尺寸规格描述

165mm 吊盆，上外口径 16.5cm、内口径 14.5cm、高 10.8cm。

190mm 吊盆，上外口径 19cm、内口径 17cm、高 12cm。

210mm 吊盆，上外口径 21cm、内口径 19cm、高 15cm。

2. 材质要求

塑料盆（新料含量 50% 以上）。

3. 其他要求

盆及吊钩完整无破损，盆口、盆底及外壁无青苔及黏结物，不重复使用未清洗的、使用一年以上的旧盆。

三、吊盆生产注意事项

1. 介质选择

采用通透性及保水性良好的无土栽培介质，介质无毒、无异味、无地下害虫，浇水后盆

底无明显介质渗漏。

具有良好的通透性（透气性、透水性）；良好的保水性与排水性（保证枝条不失水，同时也要保证不因介质过湿导致烂苗）；无病虫害；混合介质及均匀性（混合介质要比单一介质好，但应做到混合介质的均匀性）；浇水，以手握可以成团，手松开自然散开即可。

2. 插穗剪取

（1）母本　健康、健壮无病虫害。

（2）剪具　锋利，保证插穗切口平整，不破皮，不撕裂，这样扦插不容易腐烂。

（3）保湿　采枝、剪穗全程要求保湿，及时喷雾是保证插条不失水的重要举措。

3. 扦插

（1）插条方向　严格区分插穗的形态学上下端，上端发芽，下端长根，如果插反了则不会生根，为了避免方向插错建议一边剪一边插。

（2）扦插的密度　如 165mm 吊篮盆插常春藤 25 个插穗/盆，绿萝 16 个插穗/盆；190mm 吊篮盆插常春藤 33 个插穗/盆，绿萝 18 个插穗/盆。以尽量密集，成形快但叶片之间不要相互重叠为基准。

同时扦插时要及时确保插穗下端与介质紧密结合。扦插完后要及时喷雾，以保证苗的湿度。然后统计扦插数量和时间，以及当时的温度湿度情况。

四、扦插后管理

（1）光照控制　光照度 8000lx 以下，光照过强首先考虑打开外遮阳。如果仍然相差较大，则考虑再增加内遮阳。但是阴雨天和低温天气不遮阴。一般春秋季节 50% 的遮阴是扦插生根中最普遍的。

（2）生根温度控制　最佳生根温度为 20～25℃，温度在 15℃ 以上的环境才进行扦插。温度过高易导致插穗失水甚至烧苗。温度低于 18℃ 则阻碍生根，成苗一致性差，成活率也较不理想。若棚内温度高于 33℃ 时，扦插生根也比正常的要慢，需要首先开外遮阴降温，如果仍然不能控制温度则开湿帘和风机进行降温，并通过对叶面及周围洒水来降低温度。

（3）湿度和水分控制　较高的空气湿度可避免插条失水，适当偏干的介质湿度可避免烂苗，多向叶面喷水保持叶面湿润防止蒸腾同时减少通风；平均 30min 喷雾一次，光照强烈的中午时段则视情况缩短喷雾间隔时间（增加喷雾次数），期间介质会变干，要及时浇透水，注意浇水时水不要开得太大以防插穗被冲出介质影响生根。85% 以上生根时减少喷雾。

【拓展知识】

室内观叶植物在园艺上泛指原产于热带、亚热带，主要以赏叶为主，同时也兼赏茎、花、果的一个形态各异的植物群。用于室内绿化装饰的植物材料，除部分采用观花、盆景植物外，大量采用的则是室内观叶植物。室内观叶植物是目前世界上最流行的观赏园艺植物之一。

一、室内观叶植物的观赏特点

1. 自然性美

如春羽、海芋、花叶艳山姜、棕竹、蕨类、巴西铁、荷兰铁等，

室内观叶植物概述

具有自然野趣的风韵，在非常讲究而豪华的环境中能够映现出自然之美。

2. 色彩性美

色彩是人最敏感的因素之一，它可以影响人情绪的变化，使人宁静、安稳、快乐、振奋。大量的彩斑观叶植物都具有这种特点。

3. 图案性美

如伞树、马拉巴栗、美丽针葵、鸭脚木、观棠凤梨、龟背竹等植物的叶片能呈某种整齐规则的排列形式，从而显出图案性美。

4. 形状美

如琴叶喜林芋、散尾葵、丛生钱尾葵、龟背竹、麒麟尾、变叶木等植物具有某种优美的形态或奇特的形状，因此受到人们的青睐。

5. 垂性美

如吊兰、吊竹梅、常春藤、白粉藤、文竹等植物以其茎叶垂悬，自然潇洒，而显出优美姿态和线条变化的美感。

6. 攀附性美

如黄金葛、心叶喜林芋、常春藤、鹿角蕨等植物能依靠其气生根或卷须和吸盘等，缠绕吸附在装饰物上，与被吸附物巧妙地结合，形成形态各异的整体。

二、室内观叶植物对环境的要求

由于受原产地气象条件及生态遗传性的影响，在系统生长发育过程中，室内观叶植物形成了基本的生态习性，即要求较高的温度、湿度，不耐强光。但由于室内观叶植物种类繁多，品种极其丰富，且形态各异，所以，它们对环境条件的要求有所不同。

1. 室内温度

室内观叶植物生长都要求较高的温度，大多数室内观叶植物生长的最适温度为 $20 \sim 30 ℃$。冬季低温往往是限制室内观叶植物生长乃至生存的一大障碍。由于其原产地的不同，各种植物所能耐受的最低温度也有差别。如花叶万年青、铁十字秋海棠、多孔龟背竹、海南三七、斑叶竹芋、丽穗凤梨、五彩千年木等越冬温度要求在10℃以上。而龙血树、朱蕉、散尾葵、三药槟榔、袖珍椰子、橡皮树、琴叶榕、伞树、虎尾兰、孔雀木、吊兰、花叶木薯、虎耳草、鹅掌柴、紫鹅绒等越冬温度要求在5℃以上。荷兰铁、酒瓶兰、春羽、龟背竹、麒麟尾、天门冬、常春藤、肾蕨、美丽针葵、棕竹、苏铁、一叶兰等越冬温度要求在0℃以上。因此，在栽培与养护上，必须针对不同类型室内观叶植物对温度需求的差别而区别对待，以满足各自的越冬需求。

2. 室内湿度

由于室内观叶植物原来的生长环境存在差异性，所以它们对室内湿度的需求也有所不同。除个别的种类比较耐干燥外，大多数在生长期都需要比较充足的水分。如花叶芋、花烛（又名红掌、火鹤花）、观音莲、冷水花、金鱼草、龟背竹、竹芋类、凤梨类等需要相对湿度在60%以上。花叶万年青、春羽、椒草、秋海棠、散尾葵、三药槟榔、袖珍椰子等需要相对湿度为50% ~60%。而荷叶兰、鹅掌柴、苏铁、美洲铁、棕竹、美丽针葵、橡皮树等需要相对湿度为40% ~50%。室内观叶植物对湿度的要求随季节的变化而有不同。春、夏、秋季需要水量大，秋末及冬季则需水量较少。

3. 室内光照度

室内观叶植物原来都在林荫下生长，所以更适于在半阴环境中栽培。但不同种类和不同品种对光照的需求不同。如苏铁、花叶鹅掌柴、变叶木、花叶榕、朱蕉、金边狭叶凤梨类等比较喜阳。而一叶兰、白鹤芋、绿巨人、龟背竹、黄金葛等则喜阴。橡皮树、琴叶榕、垂枝榕、常春藤、南洋杉、酒瓶兰、美丽针葵等既喜阳，也耐阴。

三、室内观叶植物的养护与管理特点

1. 光照

观赏植物的摆放位置应尽可能满足光照要求。为了给具体品种选择最佳的光照度，可利用照度计检测其适应光照度的范围指标，使其放置在较适宜的光线下良好生长，以呈现最佳观赏状态。

2. 浇水

植物在室内摆放期间，一般水分不宜过多，见干见湿，一次浇透，切勿浇"拦腰水"。此外还要定期用喷壶对叶面洒水，夏季每天 2 次，冬季每天 1 次。

3. 施肥

每半月施 5 ‰复合水肥 1 次或 1 个月叶面喷 1 次 1 ‰尿素。

4. 病虫害防治

室内不宜用剧毒农药防治病虫害。蚜虫可用 1 ‰洗衣粉或灭蚊药物喷洒（用量不宜太大）。白粉病可用酒精棉球擦净。若危害严重，要搬到室外对症防治。

四、室内观叶植物与室内装饰

用观叶植物装饰室内，首先要注意与周围的环境氛围、意境、格调形成有机的整体，其次还要注意层次分明、高低有序、疏密得当、错落有致。

1. 卧室装饰

卧室是休息睡觉的地方，绿化装饰应以轻松、温柔、欢快为主格调，无论盆栽还是切块植物均以小型为佳，小型文竹最妙，可衬托卧室的细密温情。同时应随时变换观叶植物的摆放位置。

2. 客厅装饰

格调明快、典雅而富于情趣是客厅绿色植物装饰的主旨。因客厅一般宽敞明亮，可在客厅中央种植或养护一些大叶植物，如龟背竹、印度橡胶树、斑纹叶等，还可在适当位置摆放一些桌饰插盘，既可观叶，又能闻香。这样，整个客厅就会充满蓬勃活力。在客厅一隅置放一花架，观叶植物和花盆上下左右、交叉重叠，也十分可行。

3. 书房装饰

书房重在书香，摆放几盆观叶植物，可调剂精神、休息眼睛，要求宁静安适、妙趣天成。书柜上摆置常春藤、吊兰就很得体，写字台上放上小型迷你仙人掌、文竹等也颇合宜。

4. 门前装饰

在较透光的门前两边，可放置一些抽叶藤、仙客来等，以表示喜迎宾客之意。在较宽敞的门前可放置一两盆观音竹、西洋杜鹃等，使宾客一进门就有耳目一新的感觉；在较狭小的门前，可利用角隅和板壁摆成一片观叶植物，以小巧玲珑为佳，或者利用天花板悬吊一些吊兰、垂盆草、鸭跖草等植物，使宾客一进门就有明朗、欢快之感。

5. 窗前装饰

窗前光线充足，可选用不同色彩和形态中性或阳性的观叶植物，如南洋杉、朱蕉、圆叶乌桕、凤梨、散尾葵、天竺葵、非洲紫罗兰、冰水花、抽叶藤等，以形成色彩和大小的对比。

6. 沙发旁装饰

沙发两旁摆上一两盆波斯顿肾蕨、彩叶芋、棕竹、印度橡胶树、苏铁、蒲葵等。人坐在沙发上如置身于大自然的怀抱之中。

7. 角隅装饰

在室内角落处，摆上龙血树、变叶木、蓬莱蕉、棕竹、孔雀竹等观叶植物，可以使室内富有生气。

8. 台座装饰

一般中小型观叶植物如南洋杉、凤梨类、蕨类、椒草类，均可放置在木制、塑料或瓷质的台座上，风韵雅致，借台座的衬托，赏心悦目。

9. 几架装饰

一些小型的观叶植物可放置在同一只几架上，以形成群体美。但一些名贵观叶植物，如龟背竹、蓬莱蕉、柳罗木等则宜单独放置在质地精良、造型优美的几架上，以显超凡脱俗之美。

实训 10　花卉的扦插繁殖

一、实训目的

1. 掌握花卉的扦插技术。

2. 掌握插后管理技术。

二、实训设备及器件

生产大棚、210 吊盆（上外口径 21cm、内口径 19cm、高 15cm）、介质（进口苔藓泥炭 60%、蛭石 30%、珍珠岩 10%）、爱贝施 21-5-12 控释肥、绿萝或常春藤母本、剪刀、喷壶等。

三、实训地点

生产性大棚。

四、实训步骤及要求

1. 介质的配制

按照既定的配比准备好材料。泥炭∶珍珠岩∶蛭石 = 6∶3∶1，加入爱贝施 21-5-12 控释肥 2kg/m³。拌介质时先将泥炭破碎，碎好后摊平，珍珠岩和蛭石沿泥炭堆上方环绕撒出，并适当洒水，水沿介质画圈；拌介质时一边洒水，水往翻入的干介质上浇去，将介质由一边拌向另一边空地（无须离原介质太远），水顺着铲来回浇。介质润湿即可，以捏一把在手上不滴出水来且手松抖动即散为好。介质来回需要拌 3 次以上方可搅拌均匀。

2. 上盆

介质装至离上口径 1 ~ 1.2cm 处，装得不平整时不可用手将其压平，只需手持盆口轻轻抖动将介质抖平即可。

3. 摆放和浇水

装好介质的盆子，摆放至场地，摆好后浇水。

4. 剪取插条

扦插枝条选择无病害、生长良好的一年生枝条，沿盆口剪下，采集的枝条存放要求不超过 2h，防止枝条失水。采后先洒水在枝条上，或者直接在洁净的水里捞一下；如果枝条脏了就要先洗净。如果剪取的母本枝条过多，就需要喷水保湿，置于阴凉处。每天每人的采穗量保证当天能够全部插完。

5. 扦插

扦插时，一插一剪、插一节剪一节。即拿整根枝条插下去一节，节间上方留取适当长度（2 ~ 10mm）剪下，节间接触介质，插入介质的节下部分不用太长，10 ~ 20mm 即可，操作时一插一剪，扦插速度加快。210 兰盆扦插 30 个插穗/盆。扦插完后要及时喷雾，以保证苗的湿度。然后统计扦插数量和时间，以及当时的温度湿度情况。

6. 浇水及覆盖

插后立即浇透水，并对叶面喷水。盆口用塑料薄膜覆盖，盆周围用绳扎紧。

7. 管理

将盆放在阴凉、稍有阳光处。每日揭开塑料膜，用喷壶在叶面上喷水 1 ~ 2 次。喷后仍将薄膜覆盖并扎紧，以保持盆内的湿度。

8. 炼苗

经 7 ~ 10 天即可生根。生根后应去掉薄膜，使插条逐渐见光。

9. 修剪

枝条长出盆口 10cm 左右时修剪一次，修剪可促进枝芽萌发形成紧凑性，增加垂挂枝条数量，在扦插成活后，枝条生长长度超过 10cm 时，应做垂挂处理。

五、实训分析与总结

1. 扦插繁殖是花卉常用的系列方法之一。根据扦插材料、扦插时期和方法的不同，扦插繁殖可分为叶插（片叶插和全叶插）、茎插（芽叶插、软枝扦插、半软枝扦插、硬枝扦插）、根插三大类，每一种扦插方式和扦插特点不同，学习中必须认真比较，加以区别和熟练掌握。

2. 本实训针对常见的盆栽观叶植物，即对绿萝或者常春藤进行盆插繁殖，应根据绿萝的特点采取相应的扦插方法，并在实训结束时统计成活率。

3. 该实训方法简单，但必须反复练习，才可熟练掌握。

【评分标准】

扦插繁殖评价见表 2-7。

表2-7 扦插繁殖评价

考核内容要求	考核标准（合格等级）
1. 能正确配制扦插基质（泥炭、珍珠岩、蛭石比例合适），并能正确添加杀菌剂消毒基质 2. 能熟练进行吊盆绿萝的一次性扦插成盆	1. 配制基质过程、扦插等操作方法正确；扦插过程中叶片分布均匀、插穗数量正确并能进行精心的插后管理，插穗成活率90%以上。考核等级为A 2. 配制基质过程、扦插等操作方法基本正确；扦插过程中叶片分布比较均匀、插穗数量与要求相差3枝以下并能进行正确而精心的插后管理，插穗成活率80%以上90%以下。考核等级为B 3. 配制基质过程、扦插等操作方法基本正确；扦插过程中叶片分布不够均匀、插穗数量与要求相差3枝以下而且扦插后管理比较粗放不够精心，成活率60%以上80%以下。考核等级为C 4. 配制基质过程、扦插等操作方法有误；扦插过程中叶片分布混乱、插穗数量与要求相差3枝以上，扦插后管理粗放不够精心，成活率60%以下。考核等级为D

任务5 水仙雕刻水养

 教学目标

＜知识目标＞

1. 掌握水仙的生长习性、生长发育各阶段对环境条件的要求。

2. 掌握水仙球雕刻技艺的关键环节。

3. 掌握雕刻水养的花期控制理论。

4. 掌握雕刻后水仙球的水养方法、水养注意事项。

＜技能目标＞

1. 能独立完成一个蟹爪水仙的雕刻工作并且至少母球中间的几个花芽没有在雕刻的过程中受到伤害或者有轻微的伤害但不足以影响到开花。

2. 能根据要求对雕刻好后的水仙进行正确养护，并能如期开花。

3. 能根据水仙球的长相雕刻适合的造型水仙。

＜素质目标＞

1. 培养学生一定的审美情操。

2. 培养学生统观全局的能力。

3. 培养学生一定的艺术情感。

4. 培养学生利用专业知识进行艺术创造的能力。

教学重点

1. 水仙的生态习性，水仙球好坏鉴定，常见水仙雕刻造型鉴赏。

2. 蟹爪水仙的雕刻工艺，尤其是几个关键环节的把握。

3. 雕刻好后水仙球的处理以及后期养护。

水仙雕刻水养之一 蟹爪水仙雕刻

教学难点

1. 如何熟练并准确无误地进行蟹爪水仙的雕刻。

2. 刻后如何进行养护。

【实践环节】

蟹爪水仙雕刻

1）净化（图2-63、图2-64）：去除护泥、褐色外皮、枯根、杂质。

图2-63 净化前

图2-64 净化后

2）划切割线（图2-65）：在水仙芽朝前弯的一面鳞茎，距鳞茎盘1～1.5cm划一横切割线至鳞茎两侧中点，由顶端两侧向下做切口与切割线末端相接。

3）开盖（图2-66）：左手握住花球（弯曲面对着自己），右手持雕刻刀，把切割线上的鳞片逐层剥弃，剥除切割线以内鳞片，直至露出浅绿色芽体。

4）疏除（图2-67）：刻除芽体中间的鳞片。各芽体间的鳞片也剥去部分便于产生空隙，从而对叶苞片、叶片和花梗进行雕刻，留下叶芽后面的1/4鳞茎作为"后壁墙"以便养护。

5）剥苞（图2-68）：把芽体外白色苞用刀尖挑开至基部，将叶芽外面的叶苞片刮去，碰到弯曲或紧靠的叶芽可用手指轻轻地拨开，再用刻刀将苞片刮破；以露出叶芽为止。记住在雕刻过程中一定不要碰伤花苞（藏于叶芽里面）。

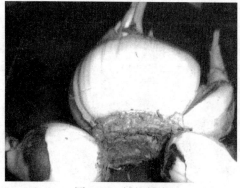

图2-65 划切割线

图2-66 开盖

图2-67 疏除

图2-68 剥苞

6）削叶缘（图2-69）：用圆形刀把所有叶削去1/5～2/5。为使叶芽和花芽分开便于削叶缘，可用手指向叶芽背后向前（或从叶芽顶端向下稍加压力），然后再从空隙处进刀，从外层至内层，从上往下地把叶缘削去部分（可根据造型需要来确定叶片刮削的宽度）。因为叶缘创伤的部位产生愈伤组织生长缓慢，而没有创伤的生长正常，形成生长不平衡，并逐渐向雕刻的方向弯曲，创伤度越大，卷曲也越大，呈现"蟹爪"状。

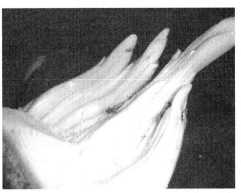

图2-69 削叶缘

7）雕花梗：根据需要刻去花梗不同部位不同大小的一块皮。可用雕刻刀从上而下将花梗外皮削去1/4（可根据所需弯曲的方向刮花梗，它将向创伤面弯曲），如果要使花矮化，可用刻刀的刀尖往花梗的基部正中戳刺一下，或从底部用竹签刺入花梗的基部正中一下即可。

8）刺花心：用解剖针刺伤花梗基部。

9）雕侧球：根据需要雕刻。

10）修整（图2-70）：将伤口修削平整。

11）浸洗（图2-71）：伤口朝下，把鳞茎全部浸入水中1～2天，每天用清水冲洗伤口流出的黏液1～2次，至基本不流黏液时取出，用脱脂棉盖住伤口和鳞茎盘，放盆内水养。

图2-70 修整

图2-71 浸洗

12）水养（图2-72）：把水仙伤口面朝上"仰置"于水仙盆内，周围填充石子固定，先在阴处养护1～2天，待叶片转绿，新根发出后放于阳光充足、温度适宜处养护，每天换清水，待其开花。

【理论知识】

一、水仙形态特征

石蒜科多年生草本植物。地下部分的鳞茎肥大似洋葱，卵形至广卵状球形，外皮棕褐色。叶狭长带状，二列状着生。花梗中空，扁筒状，通常每球有花梗数枝，多者可达10余枝，每葶数朵，至10余朵，组成伞房花序。主要分布于我国东南沿海温暖、湿润地区，以福建漳州、厦门及上海崇明岛的水仙最为有名。水仙花朵秀丽，叶片青翠，花香扑鼻，清秀典雅，已成为世界上有名的冬季室内陈设的花卉之一。

图2-72　水养

水仙雕刻水养之二　养护

1. 根

水仙为须根系，由茎盘上长出，乳白色，肉质，圆柱形，无侧根，质脆弱，易折断，断后不能再生，表皮层由单层细胞组成，横断面长方形，皮层由薄壁细胞构成，椭圆形。为外起源，老根具气道。

2. 球茎（图2-73）

中国水仙的球茎为圆锥形或卵圆形。球茎外被黄褐色纸质薄膜，称为球茎皮。内有肉质、白色、抱合状球茎片数层，各层间均具腋芽，中央部位具花芽，基部与球茎盘相连。

3. 叶

中国水仙的叶扁平带状，苍绿，叶面具霜粉，先端钝，叶脉平行。成熟叶长30～50cm，宽1～5cm。基部为乳白色的鞘状鳞片，无叶柄。栽培的中国水仙，一般每株有叶5～9片，最多可达11片。

图2-73　水仙球茎

4. 花

花序轴由叶丛抽出，绿色，圆筒形，中空；外表具明显的凹凸棱形，表皮具蜡粉；长20～45cm，直径2～3mm。伞形花序；小花呈扇形着生于花序轴顶端，外有膜质佛焰苞包裹，一般小花3～7朵（最多可达16朵）；花被基部合生，筒状，裂片6枚，开放时平展如盘，白色；副冠杯形鹅黄色或鲜黄色（金盏金台，其花瓣副冠均为黄色；银盏银台，其花瓣副冠均为白色）。雄蕊6枚，雌蕊1枚，柱头3裂，子房下位。

5. 果实

小蒴果。蒴果由子房发育而成，熟后由背部开裂。中国水仙为三倍体，不结种实。

二、水仙生态习性

水仙生长发育各阶段（如营养生长期、鳞茎膨大期、花芽分化期、开花期）需要不同的环境条件。其根、茎、叶、花各器官对环境条件的要求也不一致。水仙生长期喜冷凉气候，适温为10～20℃，可耐0℃低温。鳞茎球在春天膨大，干燥后，在高温中（26℃以上）进行花芽分化。经过休眠的球根，在温度高时可以长根，但不发叶，要随温度下降才发叶，至温度为6～10℃时抽花葶。在开花期间，如果温度过高，则开花不良或萎蔫不开花。在温度适当的情况下，喜光照，也较耐阴。对培养开花的球根，长时间的光照能抑制叶片生长，有助花梗伸长，高出叶片。生长期间好水肥，如果缺水，则生长欠佳。生长后期需充分干燥，否则影响花芽分化。土壤要疏松、膨软、中性或微酸性。

三、雕刻水养的意义

首先，提早花期。经过雕刻以后的水仙水养25天左右即可开花，而未经雕刻的则需50～55天才能开花。

其次，通过雕刻可以抑制叶片的生长，使得开花植株的株形比较规整而不会太过散乱。

最后，通过雕刻，可以发挥想象，做成各种可爱、生动的造型，提高观赏性。

四、如何挑选水仙鳞茎球

一问：庄数越小，个头越大，花芽也越多。

二看：看形、体大、形扁、质硬、枯鳞茎皮完整、根尚未长出。

三观：观色，表皮呈深褐色，包膜完好，色泽明亮，无枯烂痕迹。

四按：按压有弹性，手感紧实。

五、雕刻易出现的错误

1. 净化

从拿到球、工具开始到雕刻完成不要让手、球、雕刻刀等任何部位接触水。

2. 划切割线（图2-74）

在水仙芽朝前弯的一面鳞茎并且距鳞茎盘1～1.5cm划一横切割线。

3. 疏隙（图2-75）

留下叶芽后面的1/4～1/2鳞茎作为"后壁墙"以便养护。

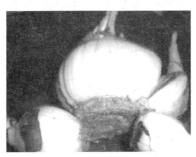

图2-74 划切割线

图2-75 疏隙

4. 剥苞（图2-76）

用雕刻刀从上往下剥苞片，以免碰伤花芽。

5. 雕侧球

注意雕刻的方向要与主球的雕刻方向一致。

六、水养注意事项

1. 水养条件

（1）光　雕刻好的球应立即用脱脂棉或纸巾包住伤口

图2-76　剥苞

防止焦黄，并且刚刚水养的雕刻花头不可立即晒太阳，否

则叶片、花苞都会脱水焦黄，而应置于避开直射阳光的通风之处，待几天后新根长出2~3cm，叶片由黄转绿，伤口基本愈合时，才可搬到有阳光的地方培植。

（2）水　一般以保持根须有水为妥（必要时可对植株喷水保湿），切忌花苞浸入水中。前期一两天换一次水，中后期四五天换一次水。雨水、井水、自来水均可用，但自来水用时最好经晾晒几天后更好。

（3）肥　水仙花水养一般不必施肥。

2. 花期控制

水仙花从雕刻到开花需24~30天。一般当花苞的苞皮变薄，能看清苞内花态时，两天即可破口（花苞裂开）。从雕刻之日到破口需3周多，破口后5天左右即可始花，再过三四天便进入盛花期。据此可以确定是否促控。开花可能推迟的，可采用电热升温、电灯照射光照等办法促使水仙开花。如果开花可能提早，那就把花昼夜放到北阳台上，也可在始花前后放入冰箱的冷藏柜内，温度控制在2~4℃，使其几乎停止生长，相差几天放几天（此法也可用于拉长花期和储藏花头）。

3. 水仙"哑花"

水仙在水养过程中，花梗中途夭折，花蕾枯萎或花蕾未开先衰的现象，称为"哑花"。发生"哑花"现象的原因如下：

（1）水仙球质量差　球体小，花芽发育不良；球体遭受病虫害，根盘干朽，发根少，体质弱。

（2）养护不当　换水不勤，光照不足，室温过高，通风不良，造成叶片徒长，花梗瘦弱。此外，换水时碰伤根和花梗，也会导致出现"哑花"。

（3）水养季节不当　如霜降前鳞茎处于休眠期或清明后气温升高时进行水养，均会出现"哑花"现象。

防止"哑花"，首先要挑选三年生的优质鳞茎进行水养。水养用水最好使用雨水或池塘水，如果用自来水，则应贮存一天再用。再就是要保证所养水仙光照充足，每天不少于6h，还要注意室内通风。气温保持在12~15℃，最利于水仙生长。在北方，天气干燥，每天要向水仙植株喷水。

4. 矮化处理

（1）化学药剂处理法　应用一些植物生长延缓剂兑水后浸泡水仙球，处理后，水仙的生长受到一定的限制，植株株形较矮小。

（2）采用雕刻的方法矮化水仙　具体方法是在水仙叶片生长过程中，用锋利的小刀切去叶片一侧，这样，叶片就会向该侧面反卷，并且据此再根据需要进行造型，达到了矮化植株的目的。

【拓展知识】

实际上，水仙作为我国的传统雕刻水养盆花，除了上述的基本雕刻手法外，根据球的长势、观赏的需要等还有很多雕刻手法。雕刻出来的水仙作品可以配以一定的造型和饰品展现出不一样的风采。

一、背刻法

为保护观赏面鳞茎的完好美观，如葫芦水仙、大象水仙等需要从花球的背面雕刻，但刻法与基本蟹爪水仙的雕刻法相似。

二、竖、斜刻法

其主要目的是提早开花。竖刻法是用刀从鳞茎的顶端，主、侧芽之间从上往下直切 1 ~ 2cm，割开鳞片；斜刻法是用刀从鳞茎顶端，以主芽为中心向左、右各斜刻一刀，形如人字，刻后的花头浸水 1 ~ 2 天，以便鳞茎的各芽体容易长出。

三、横切法（周刻）

将主鳞茎距根盘 1 ~ 1.5cm 处周刻上部的鳞片，以使各芽体全裸露，然后再将各芽体、叶片、花梗一前一后刮削以使在水养过程中，叶片、花梗能按雕刻者意愿生长，前、后盘曲于根盘上，分布均匀，四周均可观赏。

四、开窗法

在鳞茎观赏面的背面或侧面，于鳞茎顶部和根盘约 1cm 处各横切一刀，开出一梯形或腰鼓形窗口，从中剥弃鳞片至露出芽体，并按基本雕刻法雕刻各芽体，浸水 24h 后进行水养生长，让花、叶从窗口弯曲长出，点缀鳞茎侧面。

五、掏心法

以茶壶雕刻为例，从鳞茎顶端 1 ~ 1.5cm 处周刻做壶口，流露出的中心芽体，并用圆口刀从上往下逐层掏挖鳞片，保留 3 ~ 4 层鳞片为墙体，可选留 2 ~ 3 个芽体按照基本雕刻法进行雕刻，其余可去除。要注意保护花芽、叶芽，不伤及花苞，不刻破壶墙。

叶片、花梗的雕刻可处理较大的创伤，削去叶宽 1/2 ~ 3/5 的叶片至根盘处，纵刺花梗基部至根盘处。但此种雕刻手法难度较大，雕刻时容易过重而伤及花梗。水养过程中因壶内湿度大，易引起叶、花霉烂，出现"哑花"现象，故需细心雕刻加精心养护才好。

实训 11　蟹爪水仙的造型

一、实训目的

1. 掌握水仙球的挑选办法。

2. 掌握蟹爪水仙的雕刻技艺。

3. 掌握刻后水仙球的水养技术。

二、实训设备及器件

水仙球、雕刻刀、水仙盆、脱脂棉、镊子等。

三、实训地点

教室。

四、实训步骤及要求

雕刻造型的原理：不经雕刻的水仙，水养后叶片长大，花梗直立，缺乏艺术魅力。雕刻后由于叶片、花梗受到局部损伤，在愈合的过程中，生长异常。未雕的部分长得快，雕刻的部分长得慢，产生弯曲（弯向伤口一侧）变矮。由于雕刻的不同部位，不同长度、宽度及深度，叶片花梗产生无数变化，也就为艺术造型提供了基础。

下面以"蟹爪水仙"为例，介绍水仙的雕刻、水养及造型艺术。"蟹爪水仙"的雕刻方法和步骤如下：

1. 净化

去除护泥、褐色外皮、枯根、杂质。

2. 划切割线

在水仙芽朝前弯的一面鳞茎，距鳞茎盘 1~1.5cm 划一横切割线至鳞茎两侧中点，由顶端两侧向下做切口与切割线末端相接。

3. 开盖

剥除切割线以内鳞片，露出芽体。

4. 疏除

刻除芽体中间的鳞片。

5. 剥苞

把芽体外白色苞用刀尖挑开至基部。

6. 雕叶

用圆形刀把所有叶削去 1/5~2/5。

7. 雕花梗

根据需要刻去花梗不同部位、不同大小的一块皮。

8. 刺花心

用解剖针刺伤花梗基部。

9. 雕侧球

根据需要雕刻。

10. 修整

将伤口修削平整。

11. 浸洗

伤口朝下，把鳞茎全部浸入水中 1 ~ 2 天，每天用清水冲洗伤口流出的黏液 1 ~ 2 次，至基本不流黏液时取出，用脱脂棉盖住伤口和鳞茎盘，放盆内水养。

12. 水养

把水仙伤口面朝上"仰置"于水仙盆内，周围填充石子固定，先在阴处养护 1 ~ 2 天，待叶片转绿，新根发出后放于阳光充足、温度适宜处养护，每天换清水，待其开花。

五、实训分析与总结

1. 水仙雕刻是一门艺术。它需要熟练的操作技术、想象力和审美情趣作为基础。水仙雕刻的原理在于通过雕刻对水仙球的鳞片叶、花梗等造成伤口，使之形成愈伤组织的过程中改变了生长速度及方向，从而导致水仙植株形成多种多样的形态，以利人们欣赏。

2. 水仙雕刻造型千姿百态，全凭艺人的审美情趣和技术以变换和创新。但水仙雕刻是一个长期的反复练习的技艺，本次实训的目的是让学生通过较为常见的"蟹爪水仙"的雕刻方法，掌握水仙雕刻的原理。在水养过程中，学生需注意观察雕刻后的反应，以更好地理解其方法。

【评分标准】

水仙雕刻与水养评价见表 2-8。

表 2-8　水仙雕刻与水养评价

考核项目	考核内容要求	考核标准（合格等级）
蟹爪水仙雕刻	1. 雕刻的姿势正确 2. 能正确地进行蟹爪水仙的雕刻，过程中对花芽没有伤害	1. 雕刻时握手姿势正确，雕刻位置正确，正确进行削叶片、刮花梗，在疏隙、剥苞过程中没有损伤到花芽，所有的切口整齐、外观优美。在规定的时间内完成所有雕刻任务。考核等级为 A 2. 雕刻时握手姿势较为正确，雕刻位置正确，较为正确进行削叶片、刮花梗，在疏隙、剥苞过程中没有损伤到花芽，所有的切口较为整齐、外观较为优美。在规定的时间内完成所有雕刻任务。考核等级为 B 3. 雕刻时握手姿势较为正确，雕刻位置正确，较为正确进行削叶片、刮花梗，在疏隙、剥苞过程中损伤到花芽，所有的切口较为整齐、外观较为优美。在规定的时间内完成所有雕刻任务。考核等级为 C 4. 雕刻时握手姿势不正确，雕刻位置错误，削叶片、刮花梗方法错误，在疏隙、剥苞过程损伤到花芽，切口不整齐、外观不优美。不能在规定的时间内完成所有雕刻任务。考核等级为 D

（续）

考核项目	考核内容要求	考核标准（合格等级）
刻后水仙球水养	1. 能正确进行刻后24h 的处理 2. 能给予刻后水仙球的光照、温度等管理	1. 经过水养后能按时开花并且开花质量好，造型达到要求。考核等级为 A 2. 经过水养后基本能按时开花并且开花质量较好，造型比较优美。考核等级为 B 3. 经过水养后基本能按时开花，开花质量一般，造型比较混乱。考核等级为 C 4. 水养期间植株死亡，没有获得成品。考核等级为 D

任务6 水培花卉生产

教学目标

<知识目标>
1. 水培花卉的特点。
2. 掌握水培花卉容器选择的标准。
3. 掌握难生根植物催根、诱导的理论原理。

<技能目标>
1. 能独立完成易生根植物的水培养护。
2. 能对较难驯化生根的植物如沙生植物、木本植物进行驯化诱导成功水培。
3. 能配制水培营养液。

<素质目标>
1. 培养学生一定的审美情操。
2. 培养学生勤于思考、积极动手动脑的习惯。
3. 培养学生利用专业知识进行艺术创造的能力。

教学重点

1. 水培植物材料来源。
2. 土培转变成水培的处理方式方法。
3. 教材涉及的几种植物具体的水培技术。

教学难点

土培转变成水培的处理。

【实践环节】

草本为主（观叶植物以广东万年青、富贵竹、绿萝、吊兰、常春藤为例，观花植物以红掌、君子兰为例）水培。

一、取材

广东万年青：剪取带叶茎段，也可直接将植株脱盆、去土、洗净根系置入容器。

富贵竹：剪取生长健壮的枝条并将枝条基部叶片剪去，用利刀切成斜口，放置于事先准备好的玻璃容器中。

绿萝：剪取带叶茎段插在透明容器中。

吊兰：脱盆洗净泥土，去除老根、烂根，留下须根和健壮叶片定植于玻璃容器中。

常春藤：整株去土、洗根水培或者春秋季扦插生根后定植进行下一步的催根诱变。

红掌：整株去土、洗根后水培诱根。经常对根系进行冲洗，保持清洁。

君子兰：整株脱盆去土、洗根后水培诱根。

二、消毒

将上述材料用消过毒的剪刀进行修根或修去基部或下部叶片，剪去病根、枯根后，放入0.3%的高锰酸钾溶液中消毒10min。

三、催根

用500mg/L萘乙酸浸泡1min，将上述材料移入快繁苗床（苗床均采用珍珠岩基质），温度保持在20～25℃，利用间歇喷雾技术，1个多月即长出新根或直接插入清水养根。

四、驯化诱根

将上一步获得的植株移栽到水培苗床，配制乙烯利浓度为0.006%的溶液处理富贵竹、绿萝、广东万年青时间10天，用浓度为100μmol/L水杨酸+0.008%乙烯利的溶液处理吊兰、君子兰、常春藤、红掌时间10～20天。

五、水培花卉营养液的配制

将经过驯化诱根成功后的上述植株转入营养液中培养。配制营养液如下：硝酸钙0.27g、硫酸锌0.07mg、硝酸钾0.13g、硫酸铜0.04mg、磷酸二氢钾0.08g、硼酸2.0mg、硫酸镁0.13g、钼酸钠0.08mg、硫酸亚铁5.0mg、乙二胺四乙酸二钠8.0mg、硫酸锰1.4mg。将上述物质溶解后用蒸馏水定容至1000mL，并调节溶液的pH为5.5～6.0即可用。

六、养护

1. 换水施肥

（1）广东万年青，绿萝，吊兰，常春藤 春秋季生长比较旺盛，需要消耗较多的氧气，但水中的含氧量也较多，因此7～10天换一次营养液；冬季植株生长处于休眠或十分缓慢的状态，消耗的氧气少，而水中却含有充足的氧气，所以换水间隔长些，一般15天左右换一次营养液；夏季高温时，呼吸作用强烈，需消耗大量的氧气而同时水中的含氧量却很少，加上高温时微生物的繁殖十分迅速，容易使水质变劣，为了保证植株的正常生长，必须增加换水次数，一般4～5天即需换营养液一次。随蒸发平日补水到原来高度，水培植株的用水要求无污染、微酸性，若用自来水，则需提前接好，在空气中放置一天以上以充分溶解氧和放出氯气。换营养液时应洗净根部的黏液并剪除烂根和焦叶。

（2）富贵竹 刚开始水养时，每3～4天换一次清水，可放入几块小木炭防腐，长出新根前不要移动位置和改变方向，生根后不宜换水，水分蒸发后只能及时加水。常换水易造成叶黄枝萎。加的水最好是井水，用自来水时要先用器皿贮存一天，水要保持清洁、新鲜，不能用脏水、硬水或混有油质的水，否则容易烂根。水养富贵竹为防止徒长，不要施化肥，最好每隔3周左右向瓶内注入几滴白兰地酒，加少量营养液；也可用500g水溶解碾成粉末的阿司匹林半片或维生素C一片，加水时滴入几滴，即能使叶片保持翠绿（长出根后就不用）。

（3）红掌，君子兰　生长季节每半个月使用一次营养液，休眠期不用添加营养液；秋后君子兰恢复生长，需要增强营养，否则花开不出来，当花芽开始萌发时暂时停止施肥，有助于花朵挺出。

2. 病虫害防治

夏季要避免强光直射，以防日灼病，冬季应避免光照不足，以防出现黄叶。如果水培过程中出现软腐干裂、烂根等，可用65%代森锌可湿性粉剂600～800倍液，或75%百菌清可湿性粉剂800倍液防治。

【理论知识】

一、几种常见水培植物

1. 广东万年青（图2-77）

又名亮丝草、粗肋草，为天南星科亮丝草属多年生观叶植物。株高50～70cm，野生的可达1m，茎粗壮直立，不分枝，圆形有节。叶互生，叶片暗绿色，卵形或长卵形，先端渐尖，长15～23cm。广东万年青株型丰满，叶片翠绿清秀，质朴大方，又极耐阴，是室内优良的观叶植物。原产菲律宾和我国广东等地，性喜温暖湿润环境，极耐阴，忌干燥和强光直射，光线过强会使叶片变黄变小。10℃开始生长，生长适宜温度20～28℃，耐0℃低温，但冬季最好放入10℃以上的室内。

2. 富贵竹（图2-78）

图2-77　广东万年青	图2-78　富贵竹

百合科香龙血树属，别名"万寿竹""开运竹"等。多年生常绿草本，株高可达1.5～2.5m，如果作商品观赏，栽培高度以80～100cm为宜，品种有绿叶、绿叶白边（称银边）、绿叶黄边（称金边）、绿叶银心（称银心），主要作盆栽观赏植物，茎节貌似竹节却非竹。根状茎横走，结节状。叶互生或近对生，纸质，叶长披针形，有明显3～7条主脉，具短柄，

深绿色。原产非洲西部的喀麦隆和刚果一带，于 20 世纪 80 年代后期大量引进中国。喜欢温暖和半阴环境条件，最适温度为 18～28℃，越冬最低温度为 10℃ 以上。富贵竹是优良的案头装饰植物，容易生根，生长需肥性不高，是家庭水养的好材料。夏秋季高温多湿季节，对富贵竹生长十分有利，是其生长最佳时期。对光照要求不严，适宜在明亮散射光下生长，光照过强、暴晒会引起叶片变黄、褪绿、生长慢等现象。

3. 绿萝（图 2-79）

绿萝又名黄金葛，为天南星科常绿藤本植物，属于攀藤观叶花卉，藤长可达数米，节间有气生根，叶片会越长越大，叶互生、常绿。绿萝具有很高观赏价值，既能净化空气，又能充分利用空间。原产中美、南美的热带雨林地区。性喜温暖、潮湿环境，属阴性植物，忌阳光直射，喜散射光，较耐阴。在室内栽培时可置窗旁，但要避免阳光直射。阳光过强会灼伤绿萝的叶片，过阴会使叶面上美丽的斑纹消失，通常以每天接受 4h 的散射光，绿萝的生长发育最好。

图 2-79　绿萝

4. 吊兰（图 2-80）

龙舌兰科多年生草本。根茎短而肥厚，呈纺锤状；叶自根际丛生，多数；叶细长而尖，绿色或有黄色条纹，长 10～30cm，宽 1～2cm，向两端稍变狭。花梗比叶长，有时长达 50cm，常变为匍匐枝，近顶部有叶束或生幼小植株；花小，白色，常 2～4 朵簇生，排成疏散的总状花序或圆锥花序。喜温暖、湿润、半阴的环境，较耐旱，但不耐寒，对光线的要求不严，一般适宜在中等光线条件下生长，也耐弱光。生长适温为 15～25℃，越冬温度为 10℃。吊兰是家居栽培最为普遍的观叶植物之一。

5. 常春藤（图 2-81）

图 2-80　吊兰

图 2-81　常春藤

五加科多年生常绿攀缘灌木，长3～20m。茎灰棕色或黑棕色，光滑，有气生根；单叶互生；全缘或三裂；先端长尖或渐尖，基部楔形、宽圆形、心形；叶上表面深绿色，有光泽，下面浅绿色或浅黄绿色，无毛或疏生鳞片；侧脉和网脉两面均明显。原产于我国，分布于亚洲、欧洲及美洲北部，喜温暖湿润和半阴环境，也能在充足阳光下生长，较耐寒，能耐短暂 -3℃低温，为阴性藤本植物，也能生长在全光照的环境中，在温暖湿润的气候条件下生长良好，不耐寒。

6. 红掌（图 2-82）

天南星科多年生常绿草本植物，是典型的半肉质须根系，并具气生根。茎极短，近无茎。可常年开花，一般植株长到一定时期，每个叶腋处都能抽生花蕾并开花。其株高一般为50～80cm，因品种而异。具肉质根，无茎，叶从根颈抽出，具长柄，单生、心形，鲜绿色，叶脉凹陷。花腋生，佛焰苞蜡质，正圆形至卵圆形，鲜红色、橙红肉色、白色，肉穗花序，圆柱状，直立。四季开花。叶子和枝茎外形奇特：叶片颜色深绿，心形，厚实坚韧，花蕊长而尖，有鲜红色、白色或者绿色，周围是红色、粉色或紫色的佛焰苞，全都有毒。原产于哥斯达黎加、哥伦比亚等热带雨林区，常附生在树上，有时附生在岩石上或直接生长在地上，性喜温暖、潮湿、半阴的环境，忌阳光直射。适宜生长昼温为26～32℃，夜温为21～32℃。所能忍受的最高温度为35℃，可忍受的低温为14℃。光照度以16000～20000lx为宜，空气相对湿度以70%～80%为佳。

7. 君子兰（图 2-83）

图 2-82　红掌

图 2-83　君子兰

石蒜科多年生草本植物，其植株文雅俊秀，有君子风姿，花如兰，而得名。根肉质纤维状，叶基部扩大互抱成假鳞茎，叶形似剑，长可达85cm，互生排列，全缘。伞形花序顶生，花直立，每个花序有小花7～30朵，多的可达40朵以上。小花有柄，在花顶端呈伞形排列，花漏斗状，直立，黄色或橘黄色。可全年开花，以春夏季为主。花、叶并美。美观大方，又耐阴，宜盆栽室内摆设，为观叶赏花植物，也是布置会场、装饰宾馆环境的理想盆花。还有净化空气的作用，是居家栽培的首选品种之一。原产于非洲南部，生长在树的下面，所以它既怕炎热又不耐寒，喜欢半阴而湿润的环境，畏强烈的直射阳光，生长的最佳温度在 18 ~ 22℃之间，5℃以下，30℃以上，生长受抑制。

二、水培花卉

水培花卉就是使用无土栽培技术种植的花卉。水培花卉又分为有固体基质水培花卉、无固体基质水培花卉两种。有固体基质水培分为沙培、砾培、泥炭培等；无固体基质水培花卉又分为直接水培花卉、浮式水培花卉、定植篮水培花卉、雾化水培花卉等多种栽培形式。每种栽培形式各有优劣，现在市场上销售的水培植物一般都是直接水培。目前适合水培的花卉品种有红掌、春羽、龙血树、万年青、荷兰铁、香石竹、文竹、非洲菊、郁金香、风信子、菊花、马蹄莲、大岩桐、仙客来、月季、唐菖蒲、兰花、巴西木、绿巨人、鹅掌柴以及一些多浆及木本植物等几十个种。

1. 水培花卉的特点

（1）操作简单，养护方便　土壤栽养的花卉，需要根据不同的生长习性合理浇水和施肥，如果不注意养护，花卉生长就会受到严重的影响。而水培花卉的养护简单方便，只需夏天 15 天、冬天 30 天左右换一次水，加少许营养液即可。

（2）花鱼共养，观赏性强　水培花卉不仅可以像普通花卉那样观花、观叶，还可以观根、赏鱼。

（3）净化空气、有益健康　水培花卉的枝叶可吸收 CO_2，释放 O_2，可以增加室内空气湿度，调节室内小气候，怡人心情，有益身心健康。

（4）干净美观　水培花卉摒弃了土壤，适应如今快节奏的生活方式。

2. 水培花卉的取材方法

水培花卉生产的首要环节是植株的培育，植株有 3 种来源，从种子培育植株、从枝段培育植株和从成品花卉植株诱变，然后根据不同植株进行催根和诱根。

（1）从种子培育植株　用花盆装上珍珠岩，在珍珠岩中间挖一个小孔，放入种子，再覆盖上珍珠岩，然后将花盆放入快繁苗床进行催根。15 天后，种子生根发芽长出小苗，催根过程就已经完成。再将小苗放入诱变苗床诱根，10 天后小苗长成完全适应水环境的植株，然后就可装盆上市。此法方便简单，相对成本少，但培育周期长。

（2）从枝段培育植株　现先将一段枝叶剪下，再进行分段，一般选取有 2 个芽的枝段，然后将枝段竖立放入生物诱导剂中，浸泡 30 ~ 60min 后，把枝段放入快繁苗床进行催根。将枝段插入珍珠岩的苗床中，注意不要使枝叶重叠，经过 20 天的催根后，枝段已经长出根系，这时候将枝段移栽进花盆里，花盆下面放珍珠岩，起到透气作用。然后将花盆放入水生诱变苗床，30 天后，完全生成水生根系，即可上市。此法成本低，同种子诱变一样，植物生长在高湿环境下，容易培养、诱变。

（3）从成品花卉植株诱变

1）草本花卉。首先将花卉从盆中取出，把根上的泥土洗净，配备高压喷气洗根设备可提高工作效率和生产。有些花卉较大，根系较多，就要进行适当的分株，用剪刀去根，剪掉根总长度的 2/3，去掉烂根系，将切口剪平。然后用消毒液浸泡 10min，再放入生物诱导剂，诱导 10s。然后直接将植株放到诱变床上，用泡沫固定，注意将切口接触水面，使它们漂浮在苗床上，开启诱变计算机系统。

2）木本花卉。首先将植物从盆中取出，清洗根部泥土，剪掉土生根系，然后将切口放在消毒液中浸泡10min，在生物诱导剂中诱变5min。诱变后放到快繁苗床中进行生根，20天后，将初步生根的植物装入盆中，放少许珍珠岩，然后放到诱变苗床诱变。有个别较大、较重的植物时，需用泡沫固定。

3. 水培花卉的栽培

（1）室内观赏栽培

1）容器选择。水培花卉的器皿不但是置放花卉的容器，同时也是水培花卉不可缺少的观赏部分，清晰度要高为了便于观赏水培花卉的根系，用作水培花卉的器皿以无色透明、无印花、无刻花、无气泡的为好。选择时应重点考虑以下几个因素：

① 款式要与花卉的姿势相协调。对于花叶蔓长春花、络石藤、绿萝、洋常春藤等枝蔓下垂的花卉种类，应选细而高的器皿，以使垂枝飘挂而下；对于三角柱嫁接球、彩云阁、龙骨等重心较高而根系较少的花卉种类，应选择深度较大的器皿，以帮助花卉直立。

② 规格要与花卉的大小匹配。对于龟背竹、绿巨人等具有大型叶片，或地上部分较大的植株应选择规格较大且比较厚实的器皿，以要求平衡与稳定。对于宝石花、莲花掌、条纹十二卷等小型花卉，则应选择小巧轻盈的器皿。

通常用的器皿有如下种类：玻璃器皿，品种繁多，造型柔美，透明度高，是理想的植物水培容器；塑料制品，特点是品种繁多、造型各异、有一定的透明度，还可以根据植物水培时的要求，对其改造、剪裁后应用，常见的有饮料瓶、矿泉水瓶、食物和保健品的外包装容器等。

2）花材来源。一般来源于花卉枝段或已成形的土培植株。

3）基质的选择。基质的主要作用是将花卉植物固定在容器内，保存养分及水分供给植物生育，因此应选用具有一定的保水性、排水性，同时又有一定强度及稳定性，不含有害物质的基质，如泥炭、珍珠岩、蛭石、砂砾等。

4）装饰物的选择。装瓶时可进行一些艺术性的制作，装饰物一般有雨花石、水晶石、水草等。如果进行花鱼共养，可放入几只金鱼，能够起到装饰作用，只要对植物没有伤害即可，这样的水培艺术作品更具观赏价值。

5）定植方法。

① 定植杯定植法（图2-84）。首先进行根部的清洗与修根，洗去根部表面附着的杂物与黏液，剪掉根量过长或过大的植株，剪掉变色的根系。选择口径与定植杯相符的花瓶，加入少许雨花石增加美观效果，倒入少许清水，加入3～5滴护理浓缩液。把带定植杯的植株装入花瓶，注意把根系的1/5～1/3露于空气中，以利于根系吸收氧气。最后用喷雾器喷叶片，去除灰尘，保持新鲜。

② 直接泡根法。将诱导后的植物取出，剪掉过多的根，直接放到加水的容器中，在水中加3～5滴营养液，用泡沫固定植株，保证根部露于空气中1/5～1/4。也可以利用大小与玻璃瓶相当的塑料泡沫圈固定植株，将泡沫圈瓣成两半，然后把植株的根颈部位放于半圈泡沫中心，固定于玻璃容器口内，植株悬着于容器内，使水与空气间形成湿气层，有利于露根部分的生长与呼吸。

③ 水晶泥固定法。对天南星科等缺氧适应性强的植株可以进行水晶泥固定法，选择透

明的玻璃容器，把根系插入瓶中，然后一边往瓶内倒水晶泥一边摇动植株，使根系伸展于水晶泥中。水晶泥定植法只适应于耐阴性强的品种，不能长期养护，但它的观赏价值较高。

图 2-84　定植杯定植法

（2）大量生产

1）容器选择。用箱式容器比较方便实用。

箱体：通常包装防振用的聚苯类白色硬质泡沫箱，或具有一定强度的瓦楞纸板箱、木板箱等均可使用。规格一般约为 35cm×25cm×15cm 或 60cm×40cm×16cm。如果箱底有孔洞，可用木板或泡沫板铺平。箱内衬以黑色农用薄膜，以防营养液渗漏。如果确认箱体不会渗漏又不透光则可免用薄膜，若无黑膜其他薄膜也能代用。

上盖：上盖兼定植板的功能。找一块与箱子面积一样的，厚 5cm 左右的聚苯类泡沫板作为上盖兼定植板，只要能将所选用的定植杯放置其中又能露出约一半杯高即可。定植穴的数量视箱子大小而定，一般为 6～16 穴。另在上盖侧旁靠近箱体内侧附近开一直径为 2cm 的小孔，作为平时窥测营养液的液位和添加营养液之用。

浮板：取一块比箱内净面积四周各小 2.5～3cm、厚 2.5～3cm 的聚苯泡沫板作为浮板，上面有规则地开些直径为 1～2cm 的小孔，用以增加浮板的空气含量，并利于根系伸入营养液中。浮板上铺一层薄岩棉（厚 1cm 左右），或同样厚度的玻璃棉，或 25～50g/m² 的无纺布，作为渗吸营养液之用。渗吸棉层的面积比浮板四周各多出 6cm 左右，使铺在浮板上的多余部分能从浮板四周自由下垂，浸入营养液中渗吸营养液，借以保证浮板上形成具有营养液的潮湿层。植物的根系能在浮板上自由伸展，更多地直接接触空气。另一部分根系仍可经浮板四周或从浮板上的小孔伸入营养液中吸收养分。用这种方法可以弥补一般静水培不能循环营养液和充氧的不利环境。

2）花材来源。种子培育，枝段或土培、沙培的植株均可。

3）栽培方法。将调配好的营养液倒入栽培箱内。刚定植时液位应略高一些控制在营养液正好碰到无纺布的根卷以便营养液能渗吸上去，最高液位一定要在栽培箱内留有一定的空间。当营养液随着植物的吸收、蒸腾而减少至 3 ~ 5cm 时，应添加营养液直至液深为 10cm 左右。当营养液的养分发生大幅度的变化或沉淀、混浊、恶臭及病原菌感染时，应酌情更新营养液，甚至全部更新。

4. 养护

（1）换水洗根。换水洗根是保证水培花卉生长良好的重要一环。水培花卉换水洗根的目的：一是补充营养液中的氧气；二是去除营养液中的有毒物质；三是洗掉植物根部的黏液。换水洗根技术和换水洗根时间需要注意以下几点：一是根据不同的花卉种类及其对水培条件适应的情况，进行定期换水。有些花卉，特别是水生花卉或湿生花卉，十分适应水培的环境，水栽后可较快地在原根系上继续生出新根，且生长良好。对于这些花卉，换水间隔可以长一些。而有些花卉水栽后很不适应水培环境，恢复生长缓慢，甚至水栽后会出现根系腐烂现象。对于这些花卉，在刚进入水培环境初期，应经常换水，甚至 1 ~ 2 天换 1 次水，直至萌发出新根并恢复正常生长之后才能逐渐减少换水次数。二是根据气温的高低换水。一方面，温度越高，水中的含氧量越少；温度越低，水中的含氧量越多。另一方面，温度越高，植物的呼吸作用越强，消耗的氧气越多；温度越低，植物的呼吸作用越弱，消耗的氧气越少。因此，在高温季节应勤换水，低温季节换水间隔长一些。三是花卉生长正常且植株强壮的，换水时间长一些，由于种种原因造成花卉植株生长不良的，则换水勤一些。根据以上几个方面，对于换水洗根的要求，大致可以掌握以下原则：炎热夏季，4 ~ 5 天换 1 次水；春、秋季节可 1 周左右换 1 次水；冬季的换水时间应长一些，一般 15 ~ 20 天换 1 次水即可。在换水的同时，要十分细心地洗去根部的黏液，切记不可弄断或弄伤根系。如果发现器具、山石等有青苔时，应及时清除，以提高观赏价值和利于花卉正常生长。

（2）病虫害防治。静止水培花卉因其摆设环境的特殊性，一旦发生病虫害，不宜使用化学农药杀虫，也不能用大剂量的杀菌剂灭菌。这些药物虽能起到杀虫灭菌的作用，但同时对环境也会造成污染。对水培花卉可能发生的病虫害应以预防为主。在选择花卉水培时，尽可能挑选植株健壮、生长茂盛、无病虫害的花卉。在水养过程中若发现虫害，可采用人工捕捉的方法，或用自来水冲洗清除。水培花卉发生侵染性病害不多，只有在少数叶片上有褐色病变，干瘪坏死，或者有不规则圆形湿渍状病变，是由真菌或细菌侵染形成的，发现后应将整片病叶摘除烧毁，勿使其蔓延。水培花卉的非侵染性病害多由不适宜环境引起。夏季闷热的高温天气、寒冷的冬天、干燥的气候、烈日灼伤、空气不通畅的环境、过度的荫蔽、营养液浓度过高或不能均衡吸收，都可能造成静止水培花卉叶尖焦枯，下部叶片发黄脱落。炎夏温度过高，因营养液中溶解氧急剧下降，易发生根腐病，这是静止水培的常见症状。发生脱节、烂根的水培花卉，可采用植株更新的方法处理，在茎节下端 3cm 处截取上端完好的枝条，插在清水里，经过一段时间的养护管理，能长出新根成为独立的植株。下端脱节的枝条，只要不腐烂，也能在茎节部位萌生新芽，此时可改用营养液栽培。

由于花卉水培时植物根系直接生长在营养液里，这种独特栽培方式使植物根系病害的管理成为一个重要的内容，如何有效防治水培花卉根系病害，已成为众多栽培者关注的重要内容。40% 五氯硝基苯粉剂 10mg/L 可以对水培根系的病害起到有效防治的目的。

（3）其他管理。植物是不断生长的，因此日常还需要细心养护，如随时剪掉枯黄的老叶，修剪腐烂的老根。

【拓展知识】

对于一些较难生根的木本植物或者与水生花卉亲缘关系较远的沙生植物在进行水培前还需采用专门的设施设备和园艺技术处理才能正常地水培生长。水生诱变技术是水培花卉的核心技术，也是水培花卉的关键。一般要经过植物催根和诱根两个过程，即实现植物水生根系的生成和水生诱导。这两项技术可以在较短时间内使植物原来根系的组织结构生理性能发生变化，逐步具备对水环境的适应性，最终诱导植物生成能够完全适应水环境的水生根系，达到在水中生长的目的。植物水培要有一套完整的植物水培设施系统。植物水培设施系统主要包括植物快繁苗床系统和植物诱变苗床系统两种。

一、催根——实现水生根系的生长（植物快繁苗床系统）

这一步是通过植物非试管快繁苗床系统来完成的。它是应用计算机来控制一切主导外围系统，能够为植物创造一个最适宜生长的温、光、气、热和养分环境，实现植物的催根过程。植物非试管快繁苗床系统主要由微喷弥雾系统、营养补充系统、人工光照补充系统、加温系统、高压电场处理系统、磁场系统和二氧化碳强制补充系统构成。微喷弥雾系统由管道、微喷头和水泵几个部分组成，通过微喷弥雾能为植物保持植物叶片水分平衡和苗床基质及空气的湿润。营养补充系统主要由营养池和营养泵组成，营养泵和微喷弥雾系统共用，其主要通过叶面追肥为植物补充矿物营养，更利于植物快速生根。人工光照补充系统由植物生长灯组成，通过具有特殊波段红光光谱的植物生长灯为植物补充光照，打破植物休眠，促进其生长，更有利于植物的光合作用的进行。加温系统有多种方式，如北方的日光温室，利用风炉加温和电加温，主要满足植物初生根对温度的要求。高压电场处理系统由电厂场网和高压直流静电器组成，在可调控的高压直流静电器的作用下，在植物周围形成高压电场，加速植物对水分和营养物质的吸收，从而更有利于植物的生根，并且十万伏的高压，有杀菌保护的作用。磁场系统由永磁铁组成，铺于苗床的底部，有利于根系对水和营养液的吸收。二氧化碳强制补充系统主要由二氧化碳发生器和管道组成，为植物提供充足的碳源，有利于植物进行光合作用。

二、诱根——水生诱导（植物诱变苗床系统）

水培诱变苗床系统是植物水培诱变苗床系统以完成植物水生根系形成为目的，即完成水培花卉生产的诱根过程。苗床由 4 个同等大小的诱变池组成，苗床的规格一般为 $1.2 \mathrm{m} \times 30 \mathrm{m} \times 0.25 \mathrm{m}$，诱变池底部应做纵向倾斜，在最低点设置出液口，4 个诱变池水位的溢出口最终汇入一条主管道到储液池，使营养液能够排出与循环。每个诱变池应配备供氧泵、电池阀各 1 台，4 个诱变池建立与主控计算机相连的补水泵、循环泵各 1 台。根据诱变的植物种类在池底摆放永久性磁化块，如果诱导根的植物为草本则需 3 块，木本植物则需 6 块，在微喷下部和池底铺设高压静电正负电网，每 $4.2 \mathrm{m}$ 安装植物生长灯 1 盏，并在下部 $20 \mathrm{cm}$ 安装微喷头 1 个。

实训 12　花卉水培

一、实训目的

1. 掌握观叶植物水培营养液的配制方法。

2. 掌握洗根法水培花卉技术。

二、实训设备及器件

广东万年青（吊兰、常春藤、龟背竹、绿萝等观叶植物均可）、枝剪、玻璃器皿、高锰酸钾、硝酸钙、硫酸锌、硝酸钾、硫酸铜、磷酸二氢钾、硼酸、硫酸镁、钼酸钠、硫酸亚铁、乙二胺四乙酸二钠、硫酸锰。

三、实训地点

实验室。

四、实训步骤及要求

1. 脱盆

选择长势健壮，土壤栽培（或其他基质栽培）已成形具观赏价值的广东万年青；将植株从盆中脱出剔除根际泥土。

2. 植株处理

在水中冲洗干净泥土，剪除部分老根、枯根、烂根、过长根。

3. 消毒

用0.5%的高锰酸钾溶液浸泡消毒以防止水培初期根系腐烂，促进新根生成。

4. 养根

把处理好的广东万年青植株放入准备好的玻璃器皿中，注入没过 1/2～2/3 根系的自来水，培养新根。

5. 配制观叶植物营养液

硝酸钙 0.27g、硫酸锌 0.07mg、硝酸钾 0.13g、硫酸铜 0.04mg、磷酸二氢钾 0.08g、硼酸 2.0mg、硫酸镁 0.13g、钼酸钠 0.08mg、硫酸亚铁 5.0mg、乙二胺四乙酸二钠 8.0mg、硫酸锰 1.4mg。

将上述物质溶解后用蒸馏水定容至 1000mL，并调节溶液的 pH 为 5.5～6.0 即可用。高锰酸钾配制成 0.5% 的浓度用于根系的消毒。

6. 营养液养护

将前面培养的长出新根的植株移入配好的营养液中养护。注意营养液只没过 1/2～2/3 的根系。

7. 换水养护

根据季节变化和植株反应更换营养液。

五、实训分析与总结

用洗根法水培广东万年青一年四季均可进行，但最佳时间为春、秋两季，因此时温度适宜，广东万年青生长比较旺盛，盆栽植株洗根后容易适应水培条件。

【评分标准】

花卉水培评价见表 2-9。

表 2-9 花卉水培评价

考核内容要求	考核标准（合格等级）
1. 能正确配制水培营养液 2. 能正确处理植株 3. 能进行植株的水培管理	1. 小组成员参与率高，团队合作意识强，服从组长安排，任务完成及时；配制营养液过程、处理植株的过程方法正确；能进行正确的水培管理，水培成活并且长势优良。考核等级为 A
	2. 小组成员参与率较高，团队合作意识较强，比较能服从组长安排，任务完成比较及时；配制营养液过程、处理植株的过程方法基本正确；能进行正确的水培管理，水培成活并且长势良好。考核等级为 B
	3. 小组成员参与率较高，团队合作意识较强，基本服从组长安排，任务完成比较及时；配制营养液过程、处理植株的过程方法基本正确；基本能进行正确的水培管理，水培成活。考核等级为 C
	4. 小组成员参与率不高，团队合作意识不强，不服从组长安排，任务完成不及时；配制营养液过程、处理植株的过程方法有严重错误；不能进行正确的水培管理，水培植株死亡或生长不良。考核等级为 D

任务7 组合盆栽创作

教学目标

< 知识目标 >

1. 了解组合盆栽的概念、发展。
2. 掌握组合盆栽植物的选择原则。
3. 掌握组合盆栽容器的选择原则。
4. 掌握组合盆栽作品创作的手法。

< 技能目标 >

1. 能独立完成组合盆栽作品的创作。
2. 能进行组合盆栽的日常养护工作。
3. 能对组合盆栽作品进行鉴赏。

< 素质目标 >

1. 培养学生一定的审美情操。
2. 培养学生统观全局的能力。
3. 培养学生一定的艺术情感。

教学重点

1. 如何选择恰当的植物进行组合盆栽的创作。
2. 如何选择与设计理念相符合的种植容器。
3. 如何进行作品的创作。
4. 如何进行正确养护。

教学难点

1. 植物材料的选择。
2. 种植容器的选择。
3. 如何构思、立意、创作出自己的作品。

【实践环节】

一、构思

根据所创作作品的用途（办公室摆放、探望病人、家居装饰、开业庆贺等）以及成本核算、风格喜好等诸多因素确定作品的构思、立意。

二、植物材料的选择

根据制作目的、用途以及所摆放的场合等选择植物。一个作品可能会用到多种花卉，但突出的只有一两种，其他材料都是用来衬托这个主题花材的。主花的颜色也奠定了整个作品的色彩基调。

三、容器选择

根据作品风格和摆放位置选择适合的容器。

四、介质准备

介质选择的原则是疏松透气、无病虫害感染，同时根据植物习性的不同加以选择。

五、种植

将选定好的植物材料植入容器里。注意种植的先后顺序、种植的位置、种植植株姿态。先把盆花连同基质一起从盆中脱出，如果原来的基质不多或组合盆栽用的容器较大，可直接进行再种植，否则应剥去外面基质的1/3，有时还可剪去较长的根系。上盆时在盆底铺上基质，最高的先种，并用基质固定好，再依次从高到矮种植，种完后用基质将缝隙填上并适当压实，最后浇上定根水。如果基质是裸露的，还可在基质表面铺上一层彩石、陶粒等增加观赏性，如仙人掌和多肉植物组合盆栽。

六、制作名片卡

名片卡包括作品名称，所用植物材料名称、习性、养护方法等。

【理论知识】

一、组合盆栽概述

组合盆栽又称为复合栽培，或"迷你小花园"，是将数种花卉通过艺术配置的手法栽种在一个容器内，构成一个美妙的盆栽景致，以增强观赏情趣。组合盆栽观赏性强，近年来在欧美和日本等国相当风行，

组合盆栽之一创作的三要素

在荷兰花艺界还有"活的花艺、动的雕塑"之美誉。目前，组合盆栽在国外已达到消费鼎盛时期，而在我国还处于刚起步阶段。随着社会的发展，人民生活水平的提高，单一品种的盆栽花卉因为传统及色彩单调，已经满足不了市场的需求，而组合盆栽因其色彩组合较为丰富，有望成为今后花卉业的主流产品。这种栽培方式至少有以下几个优点：首先，它比传统的盆栽方式更有利于花卉生长；其次，经过配置组合的各种花卉的观赏性更强；第三，组合盆栽形式多样，可以因地制宜地摆放，是美化居室的一种新选择。

以生产上的产品而言，组合单元作物养成周期短、成本低、品种多样化、替代性高、附加价值大。

以销售的商品而言，可针对时令、节庆、对象及价格设计商品，推陈出新创流行。

以艺术作品而言，组合盆栽结合植物、容器、环境空间、人文思想，以巧手技术无止境创新的创意表现，满足消费者最丰富的创意表现。

以生活用品而言，组合盆栽因人、时、地、事被塑造成调剂身心、美化空间、促进人际关系的对象。

二、四个基本元素、一个创作手法

分解组合盆栽，包含植株、容器、介质与装饰物（配件）四个基本元素，将这些基本元素，运用美的技术整合而成的物品，其变化多端可以下列方程式引喻，组合盆栽 =（植物 + 装饰物）×美的技术，经过加、乘之运算转化，所呈现组合盆栽之范围可大可广，依不同植物尺寸、容器材质变化、配件之画龙点睛，变化之多，件件皆可称为"活的艺术品"。

1. 植物选择

（1）确定主题品种　要想制作一件令人满意的组合盆栽作品，首先要确定植物的主题品种。一个作品上可能会用到多种花卉，但突出的只有一两种，其他材料都是用来衬托这个主题花材的。主花的颜色也奠定了整个作品的色彩基调，而这一切的选择都是与制作目的、用途以及所摆放的场合密不可分的。

（2）环境对选材的影响　不同种类的花卉和品种对环境有不同的适应性。组合盆栽因其占地面积小、灵活、轻便，而可以摆放在各种不同的地方，例如街道、广场、桥头、树下、阳台等。由于各个场所的光照条件不一样，在选择组合盆栽植物时，首先要辨别哪些是耐阴品种，哪些是喜光品种，哪些品种介于这两类之间。一般喜光或全光照品种，每天需要至少 6h 的光照，不耐荫蔽，典型的喜光品种有矮牵牛等。喜欢部分光照的品种，在夏季强烈的光照下，需要适当遮阴。这类品种仅在上午或下午的后半段的光照条件下生长最好，如"夏雨"天竺葵。耐阴品种具有较强的耐阴能力，通常不能忍受强光直射，尤其在气候干旱的环境下，适宜在 50% ~ 80% 的遮阴度下生长，洋凤仙就是典型的耐阴品种。进行组合盆栽时需将植物分类，把对光照要求相近的植物组合在一起。组合盆栽选材，除因光照条件不同而分门别类外，还要注意品种对温度的要求。多数花卉是喜温耐热的，而有部分品种是喜凉的，只适宜在春、秋季种植。这类品种有三色堇、角堇、金鱼草等。

（3）组合盆栽的设计特点对选材的影响　组合盆栽讲究多层次、立体感，色彩搭配合理，形式多种多样，所以对组合盆栽植物的选择有不同要求。

1）植株高度。一般将株高为 40 ~ 60cm 的植物均归为高秆植物；高度为 20 ~ 40cm 的植物为中等高度植物；低于20cm的植物为低矮植物。在低矮植物中，有一类植物是为组合盆栽广泛应用的，即垂吊型植物，如垂吊矮牵牛、常春藤等。这类植物不仅能增加组合盆栽的整体深度，而且赋予整个作品流线感，是组合盆栽时不可或缺的一类植物。

2）植株质地。组合盆栽时既要选择阔叶、粗犷的植物，如彩叶草，也要选择纤细、小叶、小花型植物，如香雪球。将阔叶大花与小花细秆的植物搭配起来，可以使组合盆栽更加丰满。

3）观叶植物。约2/3的组合盆栽中选用了观叶植物。观叶植物与观花植物搭配可丰富组合盆栽的叶形、叶色，并改善组合盆栽的质地，使组合盆栽更具有观赏价值。观叶植物的选择应着重于叶片的颜色，如紫色、银灰色等，这些颜色在观花植物中并不常见。还有些观叶植物具有特殊的生长习性，如垂吊型或匍匐型。

4）观花植物。观花植物的花期要长，能持续开花，残花最好能自然清理。

（4）应避免的某些植物类型

1）有毒的或是多刺的植物。

2）散发强烈难闻气味的植物。

3）茎秆柔弱的高秆植物。

4）叶形、叶色、观感一般，生长松散的观叶植物。

5）花期很短的观花植物。

2. 容器选择

选择合适的容器是组合盆栽中一个十分重要的环节。从植物栽植容器的基本功能来讲，只要能够容纳适量介质，提供足够的栽植深度，均可用作组合盆栽的容器。但是在大多数情况下，组合盆栽的容器并不仅仅是提供一个植株生长的场所。组合盆栽的容器与植株共同形成一个可供观赏的艺术品，因此，组合盆栽容器的选择一定要有创造性和艺术性，并充分考虑到与其中栽植的植株及周围的环境，以及与组合盆栽摆设的目的和谐一致。

（1）摆放地点对容器选择的影响　组合盆栽既可以摆在地面，也可以吊在空中，还可以固定在窗台或墙壁上，甚至还可以漂浮在水面上。摆放地点决定了容器本身作为艺术品的重要性。比方说，对于摆在大门口的大型容器，就应有较高的艺术要求，但绝不能喧宾夺主，观赏的主体还应该是植物。

（2）栽植的植物种类对容器选择的影响　如果是垂吊型的品种，或是植株可将容器的全部或大部分覆盖，容器的外观就不是那么重要了。

（3）容器的本身形状与大小对作品的影响　容器的形状要根据摆放地点、设计需求及整体的视觉效果来选择。容器的大小，则要依栽植的品种类型和植株数量来确定。容器必须能够提供所有成熟植株正常生长的土壤空间，并具有适当的土壤深度。浅的容器有较大的表土面积，水分蒸发快，同时也会使直根系的植物根系发育受阻。

（4）容器本身的排水性能对作品的影响　对大多数植株来说，如果长期生长在排水不良的环境中，轻者生长受阻，容易感染病害，重则根系腐烂，植株死亡。理想的容器应该是上粗（宽）下细（窄），并在基部留有排水孔。对那些没有排水孔的大型容器，可采用两种办法来补救：一是在其内套一个有孔的容器，并在无孔的容器内保留足够的空间来收集多余的水分；二是在无孔的容器基部先垫一些大的砂石，然后装土。

（5）容器本身的质地与颜色对作品的影响　市场上的容器可谓千姿百态、形形色色，但就其质地或是材料来说，主要有塑料胶泥、陶土、陶瓷、木材、石材、金属、纤维、水泥等。质地的选择除了满足设计效果及功能的要求外，容器的通透性也是一个考虑因素。在颜色的选择上，一是要求与栽植的植株相匹配，另外是从物理性质上考虑。黑色容器吸热，放在阴凉地方可以，但最好不要放在强光的环境中。

（6）容器本身的移动性、经久性及安全性对作品的影响　如果容器需要经常搬动，重量应较轻一些，但也必须有足够的重量，以免被风吹倒或被一些小动物碰倒。要考虑到是否会给小孩子造成意外伤害。如果容器是一直摆放在室外的，还应该考虑到在北方寒冷的气候条件下，冻融交替对容器产生的影响。

3. 介质选择

组合盆栽介质种类很多，主要有水苔、泥炭土、珍珠岩、蛭石、发泡炼石、树皮、蛇木、水草、壤土等。通常，介质可依其吸水力分为保水性介质和疏水性介质两类，较常用的是混合性介质，即以保水性和疏水性介质按不同的体积比，以植物对水分、通气等的要求进行调整，或依照原植株的配方调配。通常使用的混合介质比例是2:1，旱生植物或耐旱植物可按1:1调配，特别喜湿的植物需按3:2调配。附生性植物，如热带兰花则宜增加疏水性介质的比例，或比照原介质及自己习惯的介质配方调整浇水次数。

4. 装饰物及配件的选择与应用

装饰物及配件的运用，必须以自然色为根本原则。它们的应用具有强化作品寓意和修饰的功能，尤其是情景式、故事性的设计，如果搭配大小适宜的偶人、模型有助于故事画面的具体化。但必须注意它们之间的比例，以免过于突出或失真。

5. 创作手法的选择

创作手法上，目前有造园园艺手法、花艺手法、礼品包装手法和架构式手法四类。各种创作手法的运用也需要从创作目的上来考虑选择。比如为西式餐厅创作组合盆栽桌花，就可以用花艺手法和架构手法，并运用西式插花花艺风格创作；用于开业或庆典的组合盆栽，则要根据场合、气氛以及摆放位置综合考虑设计手法和风格；古典装修风格的房间可以摆放优美的观叶植物或者蕨类植物组合盆栽；现代建筑室内摆放小叶植物组合盆栽相当迷人；若作为日常馈赠礼物，也可采用礼品包装手法，即将组合盆栽用包装纸或羽毛、丝绸等点缀装饰，彰显华丽美观。

三、组合盆栽的种植方法

1. 种植过程

一般应把主景植物放在盆中央或在盆长的2/3处，容器深度需大于植物根团，体积不超过整体组合作品的1/3～1/2，然后再配置一些陪衬植物，也可留有空隙铺一些卵石、贝壳加以点缀。容器边缘也可

组合盆栽之二　创作

种植蔓生植物垂吊下来，遮掩容器边框。选择摆放组合盆栽的位置时，要考虑植物的最终高度不可遮掩，以免造成阻挡。容器尺度最好依摆放的位置长度量制，塑料盆可加木框或金属架构保障安全。

2. 种植时的三个注意点

（1）种植顺序　一般先种焦点植物，然后种背景、陪衬植物，最后种填充植物起遮挡作用。

（2）种植位置　一般后高前低或中间高四周低。彩叶品种、花色艳丽的观花品种种于盆器中心或重心位置成为焦点；低矮匍匐的植物种于前面或四周。

（3）种植植株姿态　直立、前倾、后倾、向外围偏斜或向中心位置靠拢等都要符合整个作品的造型要求，前后呼应，浑然一体才是优美的一件艺术品。

3. 养护管理

（1）浇水　在土壤略干时，用长嘴壶注水于土壤中，并避免多余水分留在水盘，以免烂根。如果是没有排水孔的容器，更要保守些给水。平时盆面见干就浇水，避免强烈的阳光直射，也可用帘子遮阴，减少水分蒸发。组合盆栽用水不受限制，但含碱的水不宜使用，水温要保持正常，以减少对植物根系的刺激。冬天，盆面也要注意保持湿润，冬天易疏忽浇水，一旦脱水时间过长，根毛细胞难以恢复吸水能力，植物就会枯萎。

（2）施肥　组合盆栽采用的培养土要具有一定养分，但时间长了，盆土中养料耗尽，显得贫瘠，不能满足植物生长需要，应及时施加追肥，以补不足。每3～6个月提供一点长效性的肥料即可。施肥宜淡不宜浓。一般在盆土见干后施肥，易被植物吸收。若能针对植物的生长需要合理地施肥，就能事半功倍。如生长期的植物对氮的需要量大，可多浇施饼肥；开花、结果的植物，对磷、钾的需要量大，可多施骨粉、腐熟的鱼杂肥等；如遇叶色泛黄、新枝细弱的植物，应加施氮肥，当植物进入休眠期时，无须施肥。

（3）其他养护管理　通常每周转动受光面一次，使植物生长匀称；随时将枯萎的叶片或残花摘除；枯死的植物可以小心取出，再补上适合的植物，就能重现生机；视生长状况每隔1～2年更新种植，或补植新株，并予以换土。

【拓展知识】

一、作品的风格塑造、构思立意

目前市场上能提供组合设计的盆栽素材体积偏大且种类有限，而在双重考虑作品成本及搬运的前提下，通常一个组合盆栽作品中，使用的植物相较不如切花之于花艺设计般的丰富，甚至只用一两种、一两盆，在这种不利创作的限制下，一个预先设计时就赋予强烈设计风格、立意明确的作品，不仅能弥补上述的缺憾，而且往往更能强调出组合盆栽特有的魅力，一个好的组合盆栽，经过风格塑造、构思立意已不再只是单纯的植物了，而成为一种艺术品，既然是以艺术为主角，则每一个作品都要有自己的特色。

二、植物本身的特性

1. 植物的相容性

（1）光照需求　在组合盆栽中应用的观赏植物，应以其在生长过程中对光照的需求，分为全日照、半日照及耐阴植物三大类。

1）全日照植物。需要光照度比较强。如香冠柏、垂叶榕、天竺葵、变叶木及各种阳生草花等（图2-85）。

2）半日照植物。需要中等光照。如大花蕙兰、蝴蝶兰、发财树、凤梨科植物等（图

2-86）。

3）耐阴植物。则要求光照较弱，如竹芋、袖珍椰子、蕨类、粗肋草等（图 2-87）。

图 2-85 变叶木需求全日照

图 2-86 蝴蝶兰光照需求中等

（2）水分需求 如彩色马蹄莲和白色马蹄莲，前者怕涝后者喜水；多浆类植物及有气生根的植物则不需要太多水分，而有些植物如仙客来、杜鹃及草花类植物则必须天天浇水（图 2-88、图 2-89、图 2-90）。

图 2-87 蕨类光照需求较弱光照

图 2-88 湿度高

图 2-89 湿度中等

图 2-90 湿度低

2. 形态搭配

（1）填充型（图 2-91） 茎叶细致、株形蓬松丰满，可发挥填补空间、掩饰缺漏功能的植物，如波士顿肾蕨、黄金葛、白网纹草、椒草等。

（2）焦点型（图 2-92） 具鲜艳的花朵或叶色，株形通常紧凑，叶片大小中等，在组合时发挥引人注目的重心效果，如观赏菠萝、非洲堇、报春花等。

图 2-91　填充型

图 2-92　焦点型

（3）悬垂型（图 2-93）　具蔓茎或线型垂叶者，适合摆在盆器边缘，叶向外悬挂，增加作品动感、表现活力及视觉延伸效果，如常春藤、吊兰、蕨类等。

3. 色彩质感搭配

观叶植物的组合盆栽要强调植物色彩斑纹的变化，利用植物叶片颜色的深浅，将同色系、质地类似的多种植物或品种混合配植，来强化作品的色彩。而制作观花植物组合盆栽，选定主花材时，一定要有观叶植物配材，颜色交互运用，也可采用对比、协调、明暗等手法去表现，使作品活泼亮丽，呈现视觉空间变大的效果。不同植物色彩及质感的差异，能提高作品的品位，使作品更加耐人寻味。

图 2-93　悬垂型

4. 植物的象征意义

运用植物的象征意义，来增强消费者购买组合盆栽的愿望。比如蝴蝶兰象征高贵、祥和；大花蕙兰象征幸福、快乐；凤梨象征财运高涨，用这些花卉来作组合盆栽的主花材，适宜节日送礼。金琥有辟邪、镇宅之功效，而绿萝、吊兰、虎尾兰、一叶兰、龟背竹是天然的清道夫，可以清除空气中的有害物质，特别是在对付甲醛上颇有功效。用这些植物作组合盆栽的主花材，适于庆贺乔迁新居。

三、盆器的特点

盆器的选择与应用方法也很重要，应该根据设计组合盆栽的目的，参照盆器本身的材质、形状、大小、摆放位置与周围环境的协调性和种植植物种类等选取盆器，以达到整体统一、和谐共融的美感效果。一般来说，组合盆栽容器的材质和色调的选择要与周围环境相协调（图 2-94）。如传统的建筑风格适合用红土陶盆、木料或石材；而白色或有色塑料玻璃纤维、不锈钢盆器则适用于现代化的建筑风格。此外，多个组合盆栽的再组合及其所反映的季节特性也都是值得注意的地方。

制作花园式组合盆栽时，装有基质的木桶，藤竹制容器及铁、锌、铝等薄的金属容器在两年左右会腐朽，使用上述材质容器，应特别注意防腐及防锈处理。最好移放到隐秘处或换

图 2-94　不同组合盆器

容器改种；持久性容器则仍需随季节更新并栽种草花等短期植物以保持缤纷的色彩。

四、组合盆栽的模式

依水分管理方式的不同，可归纳为三种基本模式，开放式、半开放式、密闭式三种。分述如下：

1. 开放式（图 2-95）

传统的盆栽一般均为开放式的盆栽，排水洞设在盆子的底部，因而盆栽内植物生长所需的水分，完全是要靠介质含水及保水能力而定，需定时地浇水或配合当时环境因子，如风、日照、温度有所变动时，随时补充。对专业栽培者，其优点为能提供植株最佳的生育条件，但相对于消费者则增加了管理的频度。制作开放式的组合盆栽，在盆底的排水口，宜先铺上防虫网片，如塑料窗纱，以杜绝蚯蚓、蛞蝓或其他虫类的进入。接着在网片的上方堆放一些小石头、破瓦片或颗粒较粗的介质，如小碎石、

图 2-95　开放式

161

珍珠石、蛭石等，以防止排水口堵塞，或内衬无纺布还可预防介质的流失。其后即可按一般种植方式种植。开放式盆栽除了以浇水频度控制水分外，还可从调整保水或疏水介质的配方比例着手。开放式的盆栽，浇水时宜一次浇透至盆底有多余的水流出为度，水流宜细、软、缓，让灌溉水与介质有充分的接触。还可以水浴的方式，将整盆浸水 10~20min，之后取出沥干即可。

2. 半开放式（图 2-96）

将盆子的排水提高至盆高 1/4 处，优点是可承接少许水分，调节介质的湿度。澳大利亚及日本市场均有取得的专利半开放式的容器贩售，目前国内也有引进，但价格较高，一般消费者尚不熟悉。设计组合盆栽时可自行将传统的花盆改装成半开放式。改装的方法：先将花盆底部 1/4 高度处铺上厚塑料布、铺上等高的珍珠石，最后铺上无纺布。或将旧有的排水洞塞住，重新用电钻在 1/4 高度处钻一排小洞即可。

3. 密闭式（图 2-97）

图 2-96　半开放式

图 2-97　密闭式

无排水孔者或须以塑料布区隔的容器，如木器或藤篮，于容器底部放置一层炼石或粗颗粒介质作为畜水层，观赏时可避免浇水外溢，影响放置点的摆设，也可将多余水分先行储存，利用虹吸原理，提供植物水分，减少浇水次数。现代人对于放在室内的盆栽，希望在浇水后不会有多余的水流出来而弄湿室内，所以密闭式容器较受消费者的青睐。不过要注意的是，由于有些容器大都不是专为种植植物而设计，质材大都为不防水，在利用这些容器进行组合盆栽前就必须要做防水措施，但如果容器已是用防水的质材做成，如塑料容器，这个步骤则可以省略，不过陶盆最好还是要铺塑料纸，因为陶盆壁有孔隙，时间久了，由于水汽的渗透会使盆器的外壁长青苔，如果要放在室内的话就不太美观。首先在容器内面铺上一层可以防水的塑料纸，注意超出容器边缘的部分要修剪得与容器口平，在作品完成后不能看见这层塑料纸，然后铺上一层厚约 2cm 的发泡炼石或任何一种排水性良好的物质均可，作为排水兼蓄水层，这是因为容器的底部没有开口，如果水浇得太多时，植物的根就会整个泡在水里而烂掉，所以就要让多余的水排到最底部，同时也可作为蓄水层，当土壤干燥时，底部的水就可以借着毛细作用上升而为植物提供水分。

实训13　迷你小花园的种植

一、实训目的

在顾及植物的生长习性和美学原则的基础上，学生能够自由选择植物和容器并且创造出优美的组合盆栽作品。

二、实训设备及器件

观叶植物（如文竹、富贵竹、常春藤、天门冬、龟背竹、广东万年青、绿萝、喜林芋、幸福树、棕竹、袖珍椰子、翠云草等）；多肉植物（宝石花、观音莲、虹之玉、石莲花、翡翠珠、生石花、龙舌兰、芦荟、黑法师、灿烂、花月夜、白牡丹等）；观花植物（观赏凤梨、蝴蝶兰、大花蕙兰、仙客来、花毛茛、瓜叶菊、香石竹、郁金香、风信子、洋水仙等）；各种容器、栽培基质（泥炭或陶粒、蛭石、珍珠岩、园土、水草等）、剪刀、小铁铲。

三、实训地点

生产性大棚。

四、实训步骤及要求

1. 构思

构思自己作品的风格，选择好所需的植物和容器。

2. 填介质

查看盆器是否底下有洞，如果有洞则需要放上一颗陶粒或者其他能盖住洞的东西（防止介质漏出来），然后加进适量介质。

3. 脱盆

将所选植物脱盆出来准备种入新的容器里面。

4. 种植

注意种植的先后顺序、种植的位置、种植的植株姿态。

5. 制作名片卡

名片卡包括作品名称，所用植物材料名称、习性、养护方法，售价。

五、实训分析与总结

组合盆栽是一项相当有特点的项目，它既要求有花卉栽培的技术，又要有插花的艺术感，因此作品既有插花的丰富多彩，又兼具盆栽花卉长久的花期和寿命。既立足于本门课程的专业技术，又面向市场需求。其操作很简单，但要想做到更好或很好却需要许多的锻炼和思考，是一个需要长时间去掌握学习的技术。

【评分标准】

组合盆栽评价见表2-10。

表 2-10　组合盆栽评价

考核内容要求	考核标准（合格等级）
1. 能依据价格定位、习性相似、株形相配、一定色差等原则选择完成一个作品所需要的植物材料 2. 会种植具有艺术感的组合盆栽 3. 能根据作品的风格、造型等选择与之相配的容器并给作品取一个贴切、吉祥的名字 4. 能根据成本、利润、市场需求等方面给作品定价，并会种后的水分、肥料的管理 5. 能对组合盆栽作品进行鉴赏	1. 选取的植物习性相似；造型优美；取名贴切、动听；操作过程认真、熟练；名片卡制作全面简洁；场地枝叶等清理干净；剪刀、洒水壶等工具归还及时、完好。在规定时间内完成任务。考核等级为 A 2. 选取的植物习性基本相似；造型较为优美；取名基本贴切、动听；操作过程比较认真、熟练；名片卡制作基本全面简洁；场地枝叶等清理干净；剪刀、洒水壶等工具归还及时、完好。在规定时间内完成任务。考核等级为 B 3. 选取的植物习性差异较大；造型比较混乱；取名不妥；操作过程不熟练，还伴有打闹声；名片卡没有制作或制作太简单；场地较为杂乱无章；剪刀、洒水壶等工具归还及时。在规定时间内完成任务。考核等级为 C 4. 选取的植物习性差异大；造型混乱；取名不妥；操作过程不熟练、还伴有打闹声；名片卡没有制作或制作太简单；无团队协作精神；场地杂乱无章；工具损坏或丢失。不能在规定时间内完成任务。考核等级为 D

项目③ 鲜切花的周年生产

本项目的教学目标是使同学了解鲜切花的周年生产模式，能根据上市日期、市场需求等制订完整的周年生产计划，并利用现代化的设施设备进行既定供花期的鲜切花生产。重点是掌握利用现代化设施和设备进行重点切花的周年生产和切花的适时采收、适当保鲜的技术。

📚 工作任务

1. 切花百合的周年生产。
2. 切花非洲菊的周年生产。
3. 切花月季的周年生产。

任务1　切花百合的周年生产

👨‍🏫 教学目标

<知识目标>

1. 了解花期调控的意义、理论依据以及调控途径。
2. 了解鲜切花生产的一般概念以及生产模式、特点。
3. 掌握百合催根的理论依据、催根的方法、催根的注意事项。
4. 掌握百合生长的各阶段对环境条件的要求。
5. 掌握不良环境如冻害，土壤 EC 值偏高，生理性病害如叶烧、落蕾和花芽干缩、缺铁等的发生原因，表现，防治方法。
6. 掌握切花百合的适时采收、合理储存保鲜的意义，理论依据以及常用方法。
7. 掌握切花百合保鲜剂的配制、鲜切花的采后处理及保鲜处理。

<技能目标>

1. 能利用设施设备，进行既定花期的百合切花生产。
2. 能根据植株的生长阶段和生长势判断植株的状况，尤其是一些不良反应发生的原因并能进行及时、正确的处理。
3. 能适时采收并会分级处理后进行包装。
4. 会配制切花百合保鲜剂并进行鲜切花的采后处理及保鲜处理。

<素质目标>

1. 培养学生外出劳动中的安全意识。

2. 培养学生细心观察、积极思考、自己寻找解决问题方法的习惯。

教学重点

1. 掌握花期调控的意义、理论依据以及调控途径。

2. 掌握切花百合周年生产的栽培技术。

3. 掌握切花百合的适时采收、分级、包装、采后保鲜处理的方法。

教学难点

1. 既定花期的切花生产。

2. 能根据植株长势、气候变化等因素管理生产温室或大棚，给花卉提供适宜的生产环境，生产出高品质的百合切花。

【实践环节】

下面介绍东方百合的箱式栽培。

一、种球的消毒

将种球放入 0.1% 的多菌灵或克菌丹、百菌清等水溶液中浸泡 30min。种球表面药液稍干后，进行种植。

二、冷库生根（图 3-1）

采用泥炭箱栽来进行冷库生根，箱子底部铺薄薄一层泥炭，芽朝上紧密排列（防止搬运过程中种球歪倒）一层百合种球，种球上面覆盖泥炭（覆土时土不能太厚，以免芽出土时消耗的能量太多，致使以后生长时造成植株的生长不良）。浇透水后移入 12℃ 左右的冷库进行生根 2~3 周。待百合茎生根萌动即可移栽入温室。

三、出库移栽（图 3-2）

1. 配制培养土

图 3-1　冷库生根

图 3-2　出库移栽

泥炭，加无氯珍珠岩。pH 调整为 5.5 ~ 6.5。方法是 pH 每上升 0.3 需每立方米施 1kg 的碳酸钙。同时每立方米泥炭添加 0.5kg 的硝酸钙和 1kg 的氮磷钾肥料（12.5∶15∶27）。浇水至培养土湿润。

2. 种植

高温季节，选择早晨或傍晚下种。种植时先在百合箱里铺上 4cm 厚的基质，然后种入百合球。通常一箱种 9 个，然后盖上基质，浇透水。注意以下几个方面：

1）尽量选择芽高度一致的种球种于一箱中。

2）百合球必须种入箱子底部，越深越好（因为百合是茎生根，种浅了根系外露影响吸收）。

3）种好后必须浇透水。

4）百合种球的芽头必须保持直立状态。

四、张网

种植后进行张网，以后随着植株的生长而抬升网的高度，以避免由于植株太高而倒伏。网格的长宽为 15cm×15cm，可根据实际情况调整（图 3-3）。

五、施肥

种球种植后的 3 周内，不用施肥。3 周后，即可适当追肥。前期以氮肥为主，一般每 100m² 施 1kg 的硝酸钙，后期适当增加磷肥、钾肥的施用量（图 3-4）。

图 3-3 张网

图 3-4 箱栽百合施肥

六、温度管理

生长期的东方百合，最佳生长温度为 15 ~ 17℃，但在白天，温室内温度有时会上升到 25℃，也是可以接受的。若温度低于 15℃，则可能导致落蕾、黄叶和裂苞（图 3-5）。在高温季节，可采取以下措施来降低温度：外遮阴（图 3-6）、通风、低温的地下水灌溉。

图 3-5 百合裂苞

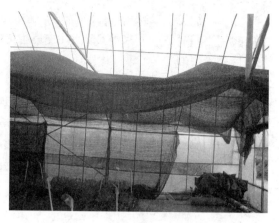

图 3-6 百合用两层遮阳网降温

七、水分管理

种植时的基质湿度以手握成团、落地松散为好。定植后再浇一次水，使土壤和种球充分接触，为茎生根的发育创造良好的条件。浇水以保持土壤湿润为标准，即手握一把土成团但挤不出水为宜。过多的水分将挤压土壤中氧气的存在空间，致使根系无法吸收到足够的氧气。浇水一般选在晴天上午。

八、相对湿度

相对湿度以 80%～85% 为宜，应避免相对湿度有太大的波动，否则会抑制植物生长并造成一些敏感的栽培品种如元帅等发生叶烧。当相对湿度过大时应开窗或开环流风机来减少相对湿度。

九、病虫害防治

苗高 30～40cm 时，喷 40% 乐斯本乳油 800～1000 倍液于苗底部，苗高过 40cm 左右再喷一次。苗期、花期、地下球茎膨大期各喷一次甲基立枯磷溶液。晴天打花后马上喷 50% 多菌灵可湿性粉剂 600 倍液。如遇长期阴雨天，可喷 70% 甲基托布津可湿性粉剂 700～1800 倍液。交替施用以防病菌产生耐药性。

十、适时采收

当 10 个以上花蕾的植株有 3 个花蕾着色，5～10 个花蕾的植株有 2 个花蕾着色，5 个以下花蕾的植株有 1 个花蕾着色时，百合切花就可以采收了。过早采收影响花色，花会显得苍白难看，一些花蕾不能开放。过晚采收，会给采收后的处理与包装带来困难，花瓣会被花粉弄脏，切花保鲜期大大缩短。

十一、分级

根据切花百合的分级标准，按照花蕾数、花蕾大小、茎的长度和坚硬度以及叶片与花蕾是否畸形来进行分级，每一级别分别放置。

十二、绑扎

分级完后，每一级别的切花整理成束，花朵或花蕾在同一端并要求整齐，10 枝一束或 20 枝一束。摘掉黄叶、伤叶和茎基部 10cm 的叶子绑扎。

十三、储藏

成束后，直接把百合插在清洁水中。如果温度较高，最好用预先冷却的温度在 2～3℃ 的水。等百合吸收了充足的水分后，可以干贮于冷藏室，但以储藏在清洁的水中为宜，且储藏时间越短越好。

十四、包装

百合应包装在带孔的干燥的盒子中，以利于散热和乙烯的挥发。运输时保持 2～5℃ 的低温。

十五、配制保鲜液

130mg/L 的 8 - 羟基喹啉柠檬酸盐 + 0.463mol/L 的硫代硫酸银 + 1mg/L 的赤霉素 + 3% 蔗糖。

十六、保鲜处理

将预处理完成后的切花花梗浸入保鲜液中处理 6～24h，插入花梗长度为 10～15cm，环境温度为 10～15℃。避免干燥和吹风。相对湿度提高至 70% 左右。

【理论知识】

一、鲜切花的概念及分类

鲜切花为切取有观赏价值的、新鲜的、用于花卉装饰的茎、叶、花、果等植物材料，通常分为以下四类：

1. 切花

各种剪切下来以观花为主的花朵、花序或花枝，如月季、康乃馨、百合、唐菖蒲、鹤望兰、非洲菊、菊花等。

2. 切叶

各种剪切下来的绿色或彩色的叶片或枝条，如龟背竹、文竹、肾蕨、铁线蕨、龙血树、常春藤、变叶木、针葵等。

3. 切枝

各种剪切下来具有观赏价值的着花或具彩色的木本枝条，如银芽柳、桃花、连翘、海棠、牡丹、梨花、绣线菊、红瑞木等。

4. 切果

各种剪切下来的以观果为主要目的的果枝或果实，如南天竹、火棘、观赏南瓜、观赏茄、观赏辣椒等。

目前生产中主要还是以切花为主。不论栽培面积，还是产量，鲜切花都占绝对优势。

二、切花栽培质量管理

切花质量的含义包括观赏寿命、花姿、花朵的大小、小花发育状况、鲜度、颜色、茎和花梗的支撑力、叶色和质地等。观赏性是它的主要商品性能。切花的质量主要取决于采前的栽培技术、采后的处理措施。不同种类、不同品种的切花，花色、花形、产量、抗性、产花周期、采后寿命差别都很大。如红掌的瓶插时间可达20～41天，而非洲菊只有3～8天。同一种类不同品种的切花采后寿命差异也很大，如月季有些品种瓶插寿命可达14天，而有些品种一般为7天。因此现代切花品种的选育工作已把采后寿命作为育种的重要目标。在评价新引进的切花种类和品种时，其储运性和瓶插寿命是最重要的考虑因素。

三、切花百合

百合（*Lilium* spp.）是百合科百合属多年生草本植物，分食用百合和观赏百合两类。观赏百合象征纯洁、高雅，又有"百年好合"的寓意，中国人自古将其视为婚礼必不可少的吉祥花卉，是节假日不可缺少的切花种类，也是十大切花中近几年来发展速度最快的球根切花种类。

1. 形态特性（图3-7）

百合植株由地上部和地下部两部分组成。地下部分由鳞茎、子鳞茎、茎生根、基生根组成；地上部分由叶片、茎秆、珠芽（有些百合无珠芽）、花序组成。

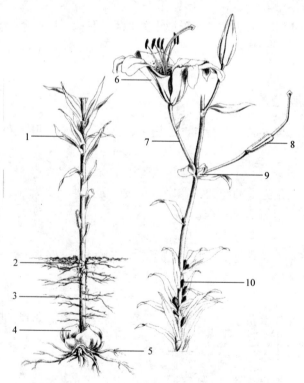

图3-7　百合形态

1—叶　2—芽　3—茎生根　4—鳞茎　5—基生根

6—花　7—茎　8—种荚　9—叶腋　10—腋芽

百合的根为须根，分布范围小，根毛少。百合根分为基生根和茎生根两类。基生根肉质，着生于鳞茎盘下，种植后的头3周主要靠这些根进行水分、氧气和营养的吸收。茎生根是长在百合地下茎上的根，百合茎开始长出土面时，茎生根开始生长，这些根很快就替代了基生根为百合以后的生长提供90%以上的水分、氧气和营养。茎生根除吸收功能外，还有固定地上部、避免倒伏的作用。百合的茎分为地上茎和鳞茎两类，地上茎直立，不分枝或少数上部有分枝，茎上长叶和花苞，是切花百合的主要产品，这部分产品的优劣是切花百合种植是否成功的标志。鳞茎由许多肥厚肉质的鳞片抱合而成，故起名"百合"，鳞茎球的大小、优劣对地上部分的生长、花苞的数量和品质起着非常重要的作用，种植者在种植前须注意对鳞茎球的选择。叶互生或轮生，线形、披针形至心形，具平行叶脉。有些种类的叶腋处易着生珠芽。花单生、簇生或成总状花序；花大型，漏斗状或喇叭状或杯状等，下垂、平伸或向上着生；花具梗和小苞片；花被片6枚，平伸或反卷，基部具蜜腺；花色白、粉、橙等非常丰富；常具芳香。蒴果3室，种子扁平。

2. 品种分类

　　百合属约有一百余种，我国有60多种，但大多数为野生百合。用于观赏栽培的百合，大多依据亲缘种的发源地与杂种的遗传衍生关系、花色、花姿的不同等划分种系。商业上主要有东方百合、亚洲百合、铁炮百合（又叫麝香百合）、O-T杂交百合、L-A杂交百合、O-A杂交百合、L-O杂交百合。

　　（1）东方杂交型百合（简称东方百合，又称为香水百合）（图3-8）　地下鳞茎肥大，地上茎直立。叶宽披针形，排列疏散。花数朵，排列成总状花序，花朵多侧向开放，花蕾多数，具芳香气味。花瓣反卷或呈波浪形，花被片常有彩斑。常见品种有西伯利亚（Siberia）、索蚌（Sorbonne）、莱奥多（Rialto）、泰伯（Tiber）、元帅（Acapulco）、马可波罗（Marco Polo）、伯尼尼（Bernini）、苏纹（Souvenir）、小彩虹（Little Rainbow）、自选（Free Choice）、林荫大道（Boulevard）等。有专门的切花和盆栽品种。

图3-8　东方百合

　　（2）亚洲杂交型百合（简称亚洲百合）（图3-9）　地下鳞茎肥大，地上茎直立。叶狭披针形，排列密集，光滑。花色丰富，花数朵，排列成总状花序，花朵向上开放，瓣缘光滑不反卷，无芳香气味。常见品种有拉脱维亚（Latvia）、卡莎贝拉（Casa Bella）、夜古巴（Cuban Night）、白天使（Navonna）、视野（Horizon）、全速（Full Speed）、艾尔格都（Elgrado）、新浪潮（New Wave）、黄色宝贝（Yellow Baby）等。有专门的切花和盆栽品种。

　　（3）麝香杂交型百合（简称麝香百合，又称为铁炮百合）（图3-10）　地下鳞茎肥大，地上茎直立。叶散生，狭披针形，排列密集。花数朵顶生；花朵为喇叭形，侧向开放，花白色；具芳香气味。常见品种有雪王后（Snow Queen）、白天堂（White Heaven）等。

　　（4）L-A杂交型百合（简称L-A百合）　由亚洲百合和麝香百合杂交所得，花形类似亚洲百合。常见品种有激流（Jet Stream）、同事（Yellow Fellow）、恒星绯红色（Scarlet Star）、麦兰露（Maranello）等。

图 3-9　亚洲百合

图 3-10　铁炮百合

另外，还有由东方百合和喇叭百合杂交的 O-T 杂交型百合、由铁炮百合和东方百合杂交的 L-O 杂交型百合、由东方百合和亚洲百合杂交的 O-A 杂交型百合等类型。

其中，东方百合因为花大、有香味、色彩鲜艳而在市场上最流行。其次分别是亚洲百合、L-A 杂交百合、铁炮百合、O-T 杂交百合。O-A 杂交百合和 L-O 杂交百合在市场上种植很少，在百合的展览中才能见到。整体来看，东方百合的种植面积在增加，其他类型正在减少，尤其在中国的市场上，东方百合的种植面积越来越大，估计已经超过 90%。另外，O-T 杂交百合正在成为未来百合发展的方向，比如耶罗林（Yelloween）和康伽德奥（Conca d'Or）已经列入十大品种。

3. 商业种球

（1）仔球　在荷兰，比开花球小的种球都称为仔球。这就意味着在东方百合中 12cm 以下，铁炮和亚洲百合 10cm 以下都是仔球。百合仔球通常有 3 个来源：鳞片、开花球附属物、组织培养。进入中国市场的仔球通常来源于开花球附属物。仔球的尺寸范围通常为 3~11cm。

仔球的包装通常都是 12.5kg/箱。12.5kg 是指去掉基质后种球的净重量。由于种球是大小不一的，同时根的多少也会影响每箱中种球的实际数量，有时候种球数量在不同的箱子中差异较大。

（2）开花球　开花球主要有荷兰球、南美球和法国球。荷兰是世界上最大的百合种球出口国家。荷兰出口的部分种球是荷兰人在法国和南美生产的，又称为"法国球"和"南美球"。

1）荷兰球：在每年 10、11 月收获，供应市场时间为当年 12 月下旬~第二年 10 月。它又分为一般荷兰球和两年生球。两年生百合种球只是在荷兰北部海边一块特定小气候条件的花田可以生产，冬天没有那样冷，因此冬季露地越冬成为可能。因此两年生百合种球的供应量比较有限，可以提早 2~3 周收获。中国市场可以在 1 月 10 日之前下种，面向"五一"市场。

2）法国球：比荷兰球晚收获一个月，后期种植有一定优势，但质量不稳定，数量较少。

3）南美球：目前的生产国是智利和新西兰。因为南美的季节与荷兰正好是相反的，所以他们通常在每年的6、7月开始收获种球，在10月初的时候，种球就能达到中国。南美球在10～12月种植，与荷兰球相比具有明显的优势。因为种球非常新鲜，所以无论是植物的高度、花苞数，还是抗病、抗寒力都要高于这时的荷兰球。目前可供的数量还非常少。

常规包装：塑料箱尺寸为60cm×40cm×23cm。

表3-1为标准包装数量，但是有时会有所变动，如14/16的球有时包装为250粒/箱。

表 3-1 种球尺寸和箱容量

种球尺寸/cm	容量/（粒/箱）	备注
20/ +	125	
18/20	150	
16/18	200	
14/16	300	
12/14	400	
10/12	500	

四、东方百合

1. 习性

喜半阴，喜肥沃、富含腐殖质的土壤，要求土壤深厚、排水良好，以中性和微酸性土壤为宜。喜干燥而通风的环境，忌连作。生长期和花梗抽生期应有充足的水分供应，花后要减少水和肥。

2. 花期调控

根据浙江省的自然条件结合保护地栽培，一年四季均可种植百合切花。但每个季节的气候和市场均不尽相同，因此栽培时栽培管理的技术、栽培设施、所取得的效益均有所不同，应根据自己的实际情况选择适宜的时间种植。在浙江省百合切花要赶在国庆前上市，就要求种球必须在7月下种，而此时土壤温度相当高，使用箱栽比较好。目前箱栽百合的量正在增加。箱栽百合的优点是：易于管理，容易控制病害；更有效地使用温室；易采用冷库生根，提高切花品质。缺点是：需要大量劳力和额外的设施。

（1）春季种植 第一季度1～3月种植是最理想的季节，由于春季气候回暖，气温回升，是百合的自然生长期，不需要任何的加温和降温设施，采花时间为5～6月。此季节的种植技术要求不高，切花的品质也都较好，尽管消费量较大，但花价一般，市场竞争激烈。

（2）夏季种植 第二季度4～6月种植，下种时的气候很适宜，但是到采花时，也就是7～9月，是高温天气，这时百合质量很难控制，市场消费量相对也因高温而减少，因而这时花价一般都不是很好，效益不是很理想。

（3）秋季种植 第三季度7～9月种植，是目前浙江省百合下种的最佳时节，也是下种最多的季节，目标花期是"国庆"至"春节"的销售旺季。为了克服夏季高温，可在7月底和8月气温开始回落时种植，前期全部采用冷库预生根技术，定植后采用强遮阴结合喷水来降低大棚内的温度，以有效解决前期种植时温度较高的难题。浙江省7～8月下种的切花采收期应在"国庆"前后，而下半年的切花市场节日多，鲜花消费也随之增多，所以一般农户和没有加温设施的种植大户都会选择在这段时间进行种植。

（4）冬季种植　第四季度9月以后种植百合种球，采花时间自"元旦"至"春节"，是市场用花的最高峰，一般来讲花价也是最好的时期，但在浙江省，从11月底～12月以后，晚上气温一般都会低于10℃，生产上必须保证有很好的加温设施，因百合植株不能受冻一次，这样才能保证切花的品质。一般在11月下旬开始保温，12月下旬开始加温，但加温的成本很高。

3. 栽培管理

（1）到货处理　东方百合种球的储藏温度为 -2.0～-1.5℃，一旦种球解冻后，就不能再冷冻进行储藏。在国内经过长时间的运输，很可能会导致种球的解冻。因此，最好在收到种球时尽快安排种植。未解冻的球应在10～15℃条件下，打开塑料包装袋，缓慢解冻。种球解冻后，应立即种植，如果不能马上下种，种球可在0～2℃的环境下存放最多2周，或在2～5℃的环境下存放1周，但是塑料包装袋必须打开。在种植过程中，应避免种球脱水变干，这样会导致植株高度变矮和花苞减少。

（2）土壤准备　东方百合喜疏松、通透性良好的沙壤土，pH 为 5.5～6.5，EC 值为 1.5mS/cm。有条件的情况下，应该在种植前6周采取土壤样品，检测土壤的 pH 和 EC 值，以便有充裕的时间来改良土壤，或者换地种植，并提早进行土壤消毒。

提前1周整好土地，在高温季节种植时，应提早1周盖遮阳网，保持通风，提早3天用冷水浇灌土壤，以便能很好地降低地温，以保证种植时，土壤温度尽可能接近14～16℃，并且有足够的湿度。

（3）灌溉水　百合灌溉水的盐分含量（EC 值）应尽可能低，最好小于0.5mS/cm，氯含量最好低于50mg/L。百合灌溉水的 pH 也最好能调整到5.5～6.5之间。

（4）肥料　种球种植后的3周内，全部依赖种球基生根系吸收水分、养分和氧气。这段时间也是百合茎生根生长的关键时期，一般不用施肥，以免盐分过高而导致茎生根发育不良（图3-11）。3周后，即可考虑进行适当追肥。前期以氮肥为主，一般每 $100m^2$ 1kg 的硝酸钙，后期适当增加磷肥和钾肥的施用。若在生长期间因氮肥缺乏使植株不够强健，可在采收前3周喷施能够快速吸收的氮肥，比例为每 $100m^2$ 1kg 氮肥。最好将肥料化水液来浇灌，使用时间为上午，阴雨天不用。为防止叶烧，可在施用氮肥后用清水清洗。

鉴于各地土质不同，土壤中所含的微量元素有缺失，导致百合切花的质量不够理想，需要施用含有百合切花生长所需的各类元素的配方水溶性肥料。

百合对氯是非常敏感的，它会导致叶片变焦。含氯肥料如过磷酸盐、磷酸盐、氯化钾等不应使用。

（5）温度　东方百合生长期的温度主要有两个阶段：一个是生根期的低温（图3-12），一个是生长期的适温。生根低温控制不好，根系长不好，则整个植株的生长势都受影响。生长期的适当温度如果调控不好，过高或过低，则切花品质受影响，如裂苞、畸苞等均是由温度造成的。

图 3-11 百合施肥过量

图 3-12 百合低温冷害

（6）病虫害防治

1）青霉菌：此病是由青霉菌通过鳞茎组织上的伤口侵入，并在储藏期传染。

① 症状：储藏期间，在鳞片腐烂斑点上长出白色的斑点，然后会长出绒毛状的绿蓝色斑块。受感染后，在整个储藏期间，甚至在 -2℃ 的低温时，腐烂也会逐步增加。病菌将最终侵入鳞茎的基盘，使鳞茎失去价值或使植株生长迟缓。虽然受感染的鳞茎看起来健康，但只要保证鳞茎基盘完整，那么在栽种期间植株的生长将不会受到影响。种植后，青霉菌的侵染不会转移到茎秆上，也不会从土壤中侵染其他植株。

② 防治方法：不要种植那些基盘已被侵染的种球；感病的种球要尽快种植，种植前必须用 80% 克菌丹可湿性粉剂、50% 百菌清可湿性粉剂、25% 多菌灵可湿性粉剂等 1000 倍液浸泡 30min，然后定植；在种植前后，应保持适宜的土壤湿度；将种球储藏在推荐的最低温度。

2）种球和鳞片腐烂以及镰刀菌：此病是由尖孢镰刀菌和自毁柱盘孢菌两种真菌引起的。这些真菌通过伤口或寄生昆虫来侵染植株的地下部分，伤口主要是由鳞茎和茎根部裂开而造成的。这些真菌能在鳞茎上扩展，病菌也能通过土壤侵染，某些品种对侵染特别敏感。

① 症状：种球和鳞片腐烂的植株，其生长非常缓慢，叶片呈浅绿色。在地下，鳞片的顶部或鳞片与根盘连接处出现褐色斑点，这些斑点逐渐开始腐烂（鳞片腐烂）。如果根盘被侵染，那么整个鳞茎球就会腐烂。茎腐是镰刀菌侵染地上部的症状，识别的标志是基部叶片在未成年就变黄，变黄叶片以后变成褐色而脱落。在茎的地下部分，出现橙色到黑褐色斑点，以后病斑扩大，最后扩展到茎内部。然后茎部腐烂，最后植株未成年就死去。

② 防治方法：消毒被感染的土壤；尽可能快速地把那些轻度或中度感染的鳞茎种完，土壤温度要低。

3）丝核菌：此病害由茄丝核菌引起。此真菌主要从土壤中侵染植株，在温度高于 15℃、潮湿的条件下最活跃。此菌能危害许多其他植物，如郁金香、鸢尾、菊花和番茄，所以许多土壤会被丝核菌感染。

① 症状：如果感染轻微，只危害土壤中的叶片和幼芽下部的绿叶，叶片上出现下陷的、浅褐色的斑点。一般来说，虽然植株的生长受一些影响，但仍能继续生长。感染严重的植株，它的上部生长受到妨碍，地下部白色叶片以及地上部最基部的叶片将会腐烂或萎蔫而落

175

去，只在茎上留下褐色的疤痕。幼叶和生长点常常被危害，被感染的植株将抑制根茎发育，这反过来又阻碍了植株的生长，造成开花不理想甚至无花，因为花芽在很早的阶段就已干枯。

② 防治方法：用土壤消毒剂消毒已被怀疑感染的土壤，消毒后必须保证土壤不再受感染，特别是在夏季土壤温度高时；如果前茬作物已表现感染，就不能施用一般的土壤消毒剂，在种植前用防治丝核菌的药剂预先处理土壤（完全掺入土壤 10cm 深处）；保证芽迅速发育；提供合适的土壤温度，种植具有良好根系的鳞茎；在夏季土壤温度要尽可能低；最好采用箱栽冷库生根。

4）疫霉病：此病通常由真菌烟草疫霉菌及其变种引起。在荷兰球根栽培业中未发现有疫霉菌。在亚热带气候下，它对很多种类的植物都有影响，因而在大多数栽培土壤中都有此菌的存在。此菌在栽培过番茄和扶郎花的土壤中普遍存在，并可在潮湿土壤中生存许多年。土壤和植物太潮湿以及温度高（20℃以上）将促进此病发生。

① 症状：植株茎基部腐烂（疫霉菌），会妨碍生长或使其突然枯萎。茎基部被感染处产生软腐，成为暗绿色至褐色并向上扩展，叶片变黄，在茎基部开始失色。在地上的茎部也常发生类似软腐的感染，引起茎猝倒或弯曲。

② 防治方法：用一般土壤消毒剂消毒受感染的土壤；在栽培期间用控制疫霉菌的杀菌剂也能有效控制茎基部腐烂；保证土壤有良好的排水条件，防止作物在浇水后长期处于潮湿状态；在夏季土壤温度要尽可能低。

5）腐霉病：此种根腐是由腐霉菌引起的。这种真菌在潮湿条件和温度 20～30℃时很活跃。它们存在于土壤和鳞茎根上，不适宜的栽培条件，如差的土壤结构、土壤含盐量高或者土壤太湿会促进此病发生。

① 症状：此类菌可侵害一个区域内植株的根系，引起根腐，感病的植株矮小，下部叶片变黄，上部叶片变窄，叶色较浅，常萎蔫，尤其在高温蒸腾作用下更是如此。受根腐影响的植株，花芽干缩。这些植株在冬季常会有落蕾的现象，而且花较小，经常不能完全开放，或者花朵不易着色。如果将植株拔起，在种球和根颈部可见透明的、浅褐色腐烂斑点，或者它们已完全变软和腐烂。

② 防治方法：用一般土壤消毒剂消毒感染的或怀疑受感染的土壤；在栽培初期保持低的土壤温度；在整个栽培期间，采用正确的栽培步骤；在作物长出之后或可能已发生腐霉菌感染的情况下，可以用易于喷洒到作物上的防治腐霉病的杀菌剂，最好在傍晚进行；如果已观察到感染的话，则应保持尽可能最低的室温和土壤温度以限制作物的蒸腾，这可通过通风和遮阴来实现，土壤尽可能保持微湿。

6）葡萄球菌：由葡萄菌引起"火斑"。在潮湿的环境下，葡萄球菌会发育产生孢子，孢子可通过风或雨水而迅速传播到邻近植物上。孢子在干的植株上不会萌发，这样干的植株便不会受感染。

① 症状：在叶片上可见直径为 1～2mm 的小黑褐色圆点。在潮湿条件下这些圆点很快发展成较大的圆形或椭圆形界线分明的斑点。斑点在叶片两边肉眼可见。受感染的组织逐步死亡（凋谢而成纸状）。感染不但可从叶片中部开始，而且也可从叶缘开始，使叶片变成畸形，叶片生长受阻。茎也可受感染，最终芽完全腐烂或畸形发育。在感染的初期，在初感染芽的外层花瓣上会出现隆起的区域。已开的花对感染极其敏感，并出现灰色、水浸状、圆形

的斑点，这些斑点称为"火斑"。

②防治方法：尽量保持植株干燥，降低种植密度，增加通风和加热；病害易发生季节，可在早期交替施用防葡萄球菌的杀菌剂；清除杂草和植株残余物，保证清洁卫生。

7）蚜虫

①症状：受传染的植株，其底部的叶片发育正常，而上部的叶片在发育初期卷曲并呈畸形。蚜虫只危害幼叶，尤其是向下的叶片，也危害幼芽，产生绿色的斑点，花变得畸形并部分仍为绿色。

②防治方法：清除杂草，因为杂草常常是蚜虫的寄主；若有蚜虫出现，则应每周用杀虫剂喷施作物，交替用药以防蚜虫产生抗药性。

（7）生理性病害

1）叶烧。当植株吸水和蒸发之间的平衡被破坏时即会出现叶片焦枯。这是吸水或蒸腾不足时引起幼叶细胞缺钙的结果，细胞被损害并死亡。同时较差的根系、土壤中高的盐含量以及相对于根系来讲生长过快一样，温室中相对湿度的急剧变化会影响到这过程。敏感品种大球更加容易发生。

①症状：首先，幼叶稍向内卷曲，数天后，焦枯的叶片上出现黄色到白色的斑点。若叶片焦枯较轻，则植株还可以继续正常生长，但若叶片焦枯很严重，则白色斑点可转变成褐色，伤害发生处，叶片弯曲。在很严重的情况下，所有的叶片和幼芽都会脱落，植株不会进一步发育，这称为"最严重的焦枯"。

②防治方法：确保植株有良好的根系；种植前应让土壤湿润；最好不要用敏感的品种，或采用小球；种植深度要适宜，在鳞茎上方应有 6～10cm 的土层；在敏感性增强的时间里，避免温室中的温度和相对湿度有大的差异，尽量保持相对湿度水平在 75% 左右；防止植株过快地生长；确保植株能保持稳定的蒸腾。

2）落蕾和花芽干缩：当植株不能得到充足的光照时会发生落蕾现象。在光照缺乏的条件下，花芽内的雄蕊产生乙烯，引起花芽败育。如果根系生存条件差，会增加花蕾干缩的危险。

①症状：在花蕾长到 1～2cm 时出现落蕾。花蕾的颜色转为浅绿色，同时，与茎相连的花梗缩短，随后花蕾脱落。在春季，低位花蕾首先受影响，而在秋季，高位花蕾将首先脱落。

花芽干缩在整个生长期中都会发生，花芽完全变为白色并变干，这些干花芽有时会脱落。假若在发育早期阶段出现花芽干缩，那么在以后就会在叶腋上出现微小的白色斑点。

②防治方法：不要将易落蕾的品种栽培在光照差的环境下；为防止花芽干缩，在栽培期间鳞茎不能干燥；确保植株的根系良好地生长。

3）缺铁：pH 过高或过低，易积水的土壤最易发生缺铁现象。如果土壤温度太低，根系活动能力差，也会出现缺铁症。缺铁主要是由于缺乏植物可吸收的铁而引起的。如果只是稍微一点变黄，那么在采收期就可恢复正常。

①症状：幼叶叶脉间的叶肉组织呈黄绿色，尤其是生长迅速的植株。

②防治方法：确保土壤排水良好，pH 在 5.5 左右；确保植株有良好的根系；根据作物对缺铁的敏感性，种植前在 pH 高于 6.5 的土壤中增施螯合态铁，并根据作物的叶色，在种植后第二次施用。如果植株的颜色仍然不满意，应在大约两周后再施一次。

【拓展知识】

一、鲜切花花期调控概念

花期调控即采用人为措施，使观赏植物提前或延后开花，又称为催延花期。使花期比自然花期提前的栽培方式称为促成栽培，使花期比自然花期延后的栽培方式称为抑制栽培。

二、花期调控的基本设施

1. 冷库（低温库）

冷库是花卉生产者（尤其是我国南方）进行花卉生产的重要设施。没有冷库，许多花卉不能抑制到春天开花，对生产者来说是很大的经济损失。生产上冷库不仅可以储藏球根花卉的种球，还可以使一些原来在温带地区生长的花卉移到南方栽培开花能有保障，另外还可以将提早开花的花卉移到冷库，延迟发育，延迟开花。

2. 温室

温室能有效地调控花卉生长发育所需的环境因子，因此不论我国南方还是北方，不论什么花卉植物都适用，对花卉的周年生产、开放不时之花，以及生产鲜切花的质量都极为有利，同时病虫害危害的程度也大大降低。

3. 荫棚

荫棚能防晒、遮阳、降温、抗风、防治病虫害，对一些要求中性日照、荫蔽环境或者越夏花卉的生产尤为重要。

4. 短日照设备

短日照设备有黑布、遮光膜、暗房和自动控光装置等，暗房中最好有便于移动的盆架。

5. 长日照设备

长日照设备有点灯光照设施和控时控光装置。

三、花期调控的前期准备

1. 花卉种类、品种选择

要选择既能满足市场需求，又能对调控敏感，在既定的时间能顺利开花的品种。

2. 球根成熟程度

成熟度不高，则促成栽培不易成功。

3. 植株或者种球的大小

植株或者种球必须达到一定大小，经过处理开花才有较高的商品价值，如郁金香鳞茎重量要达到12g以上，风信子周径要达到8cm以上。

4. 栽培条件和栽培技术

优良的栽培条件和熟练的栽培管理技术是花期调控成功的另一重要条件。

四、花期调控的常用方法

1. 温度处理

（1）依据

1）打破休眠。增加休眠胚或生长点的活性，打破营养芽的自发休眠，使之萌发生长。

2）春化作用。在花卉生活期的某一阶段，在一定的低温条件下，经过一定的时间，即可完成春化阶段，使花芽分化得以进行。

3）花芽分化。花卉的花芽分化，要求一定的温度范围，只有在此温度范围内，花芽分化才能顺利进行，不同花卉的适宜温度不同。

4）花芽发育。有些花卉在花芽分化完成后，花芽即进入休眠状态，要进行必要的温度处理才能打破休眠而开花，花芽分化和花芽发育需要不同的温度条件。

5）影响花茎的伸长。有些花卉的花茎需要一定的低温处理，才能在较高的温度下伸长生长，如风信子、郁金香、君子兰、喇叭水仙等。也有一些花卉的春化作用需要低温，也是花茎的伸长所必需的，如小苍兰、球根鸢尾、麝香百合等。

由此可见，温度对打破休眠、春化作用、花芽分化、花芽发育、花茎伸长均有决定性作用。因此采取相应的温度处理，即可提前打破休眠，形成花芽，并加速花芽发育，提早开花。反之可延迟开花。

（2）途径

1）增加温度法：主要用于促进开花。大部分花卉在5℃以下就停止生长，进入休眠状态，部分热带花卉还会受到冻害，因此通过加温阻止花卉进入休眠状态，防止热带花卉受到冻害，提供花卉继续生长以便开花的条件，使得花卉提早开花。如瓜叶菊、牡丹、杜鹃、绣球花、瑞香等都可通过加温促使其提前开花。增加温度的方法如下：

① 利用南方冬季气温高的优势进行提前开花处理。如牡丹经过北方的自然低温处理后运到南方经过自然高温打破休眠，一个月后就可开花。

② 温室加温、保温。

③ 对附近其他热源加以利用，如接入管道。

2）降低温度法。

① 完成花芽分化成熟，促使提前开花：如一些球根花卉的种球，在完成营养生长，形成球根的过程中，花芽分化阶段已经通过，这时采收后如果不经过低温处理阶段再种则不能开花或开花不良。如郁金香、风信子等。

② 低温春化，促使开花提前：一般二年生的耐寒性草本花卉，有低温春化的要求，在低温条件下完成花芽的分化和发育，然后在高温条件下开花。

③ 利用热带高海拔地区进行花期调控：这个地区的温度适合大部分花卉的生长，生长速度快，而且昼夜温差大，花卉生长质量好，又能省电能。

④ 延迟花期：利用低温条件下花卉生长迟缓或者休眠的特性，植株或种球生长缓慢或休眠，等到需要开花前拿出来进行促成栽培即可调节花期。

2. 光照处理

（1）依据 光周期现象，即植物通过感受昼夜长短变化而控制开花的现象称为光周期现象。

1）短日照植物。指在24h昼夜周期中，日照长度短于一定时数才能开花的植物。

2）长日照植物。指在24h昼夜周期中，日照长度长于一定时数才能开花的植物。

3）日中性植物。这类植物开花不受日照长短的影响，在任何日照下都能正常开花。因此对于长日照花卉和短日照花卉，可人为控制日照时间，以提早开花，或延迟其花芽分化或花芽发育，调节花期。

（2）途径

1）短日照处理法：在长日照季节里（夏天），要使长日照花卉延迟开花，或使短日照花卉提前开花都需进行遮光处理。一般在日出之后至日落之前用黑布或黑色塑料布将光遮挡住，人为造成短日照条件。切记此法一般春季、初夏为宜，盛夏容易造成高温伤害。

2）长日照处理法：在短日照季节里（冬季），要使长日照花卉提前开花，或使短日照花卉延迟开花。一般在日落前将灯光打开延长光照 5~6h 或半夜用辅助灯光照射 1~2h 中断暗期长度。

3）颠倒昼夜处理法：如昙花在花蕾长至 6~9cm 时，颠倒昼夜处理 5~6 天即可在白天开花。

4）遮光延迟开花时间处理法：有些花卉尤其是在含苞待放时不适应强光，这时进行适当的遮光可延迟开花观赏期，如月季、康乃馨、牡丹等。

3. 药剂处理

植物激素对植物的生长发育有调节作用。主要用于打破球根花卉和花木类花卉的休眠，提早开花。常用的药剂主要为赤霉素（GA）类药剂。但在生产中应用却并非想象中那样广泛而简单，这是因为该类药剂作用复杂。针对不同植物种类，采用的激素种类、浓度、施用方法，所要求的生产环境条件均不同，实际生产中很不好把握，把握不好容易造成药害，因此要慎用。

4. 栽培措施处理

（1）依据　日常的栽培措施由于直接对植物的生长发育产生影响，因而对植物的开花也产生影响。

（2）途径

1）调节种植期：对于不需要特殊环境诱导，在适宜的生长条件下只要生长到一定大小即可开花的种类，均可以通过改变播种期或种植期来调节花期。

2）修剪、摘心、除芽等：针对某些花卉，当营养生长结束后，在适宜的条件下，从修剪、摘心等到开花在不同季节有特定的时间，因此可以在预定花期前特定时间修剪就可达到理想的开花时间。

3）施肥：适当增施磷肥和钾肥，控制氮肥施用量，常常对花芽的发育起促进作用。

4）控制水分：人为控制水分，使植株落叶休眠，再于适当的时候给予水分供应，则可解除休眠，并发芽、生长、开花。牡丹、玉兰、丁香等木本花卉，可用这种方法在元旦或春节开花。

在花期的控制过程中，常采用综合性技术措施处理，控制花期的效果更加显著。如百合种球在采收后应用温度处理打破休眠后冷藏，然后根据需花期在不同时间种植，再辅以合适生长环境，即可达到周年生产的要求。

实训14 切花百合的种植

一、实训目的

学习和掌握切花百合的种植和管理。

二、实训设备及器件

生产大棚、介质（泥炭：珍珠岩＝3：2）、百合箱、70%的遮阳网、碳酸钙、硝酸钙、氮磷钾肥料（12.5：15：27）、尼龙网、25%多菌灵可湿性粉剂或50%克菌丹可湿性粉剂、50%百菌清可湿性粉剂等。

三、实训地点

冷库、生产性大棚。

四、实训步骤及要求

1. 种球的消毒

将种球放入25%的多菌灵或50%克菌丹、50%百菌清等500倍液中浸泡30min。种球表面药液稍干后，再进行种植。

2. 冷库生根

采用泥炭箱栽来进行冷库生根，箱子底部铺薄薄一层泥炭，芽朝上紧密排列（防止搬运过程中种球歪倒）一层百合种球，种球上面覆盖泥炭（覆土时土不能太厚，以免芽出土时消耗的能量太多，致使以后生长时造成植株的生长不良）。浇透水后移入12℃左右的冷库进行生根2~3周，待百合茎生根萌动即可移栽入温室。

3. 出库移栽

配制培养土：介质（泥炭：珍珠岩＝3：2）。pH调整到5.5~6.5。方法是pH每上升0.3需每立方米施1kg碳酸钙。同时每立方米介质添加0.5kg硝酸钙和1kg氮磷钾肥料（12.5：15：27）。浇水至培养土湿润。

种植：高温季节，选择早晨或傍晚下种。种植时先在百合箱里铺上4cm厚的基质，然后种入百合球。通常一箱种9个，3个×3个，然后盖上基质，浇透水。

注意：

1）尽量选择芽高度一致的种球种于一箱中。

2）百合球必须种入箱子底部，越深越好（因为百合是茎生根，种浅了根系外露影响吸收）。

3）种好后必须浇透水。

4）百合种球的芽头必须保持直立状态。

4. 张网

种植后，进行张网，以后随着植株的生长而抬升网的高度，以避免由于植株太高而倒伏。网格的长宽通常为15cm×15cm，可根据实际情况调整。

5. 施肥

种球种植3周后，即可适当追肥。前期以氮肥为主，一般每100m² 施1kg硝酸钙，后期适当增加磷肥和钾肥的施用量。

6. 温度管理

因为是9月高温季节种植，需采取以下措施来降低温度：外遮阴、通风、低温的地下水灌溉，否则容易造成裂苞等不良后果。

7. 水分管理

种植时的基质湿度以手握成团、落地松散为好。定植后再浇一次水，使土壤和种球充分接触，为茎生根的发育创造良好的条件。浇水以保持土壤湿润为标准，即手握一把土成团但挤不出水为宜，过多的水分将挤压土壤中氧气的存在空间，致使根系无法吸收到足够的氧气。浇水一般选在晴天上午。

8. 相对湿度

相对湿度以80%~85%为宜，应避免相对湿度有太大的波动，否则会抑制作物生长并造成一些敏感的栽培品种如元帅等发生叶烧。当相对湿度过大时应开窗或开环流风机来减小相对湿度。

五、实训分析与总结

切花百合的生产对设施和设备的要求不高，但针对"国庆""元旦""春节"等节日的夏、秋高温季节的种植则需要生产者注意降温的措施，细心养护，否则会影响切花品质从而影响销售。同学们需要反复练习、反复观察才能较好掌握。

【评分标准】

切花百合种植评价见表3-2。

表3-2　切花百合种植评价

考核内容要求	考核标准（合格等级）
1. 能对百合种球进行催根处理以获得完整的根系 2. 能进行正常的水肥管理（掌握正确的浇水方法，能根据植株长势选择肥料种类和浓度） 3. 能定期打药进行病虫害防治，并能及时发现感染病株将其拔除销毁 4. 能利用塑料膜、遮阳网等方便设施在恰当的时候进行降温、保温，同时配合适当的光照以获得优质切花	1. 小组成员参与率高，团队合作意识强，服从组长安排，任务完成及时；种球根系生长完美、植株生长健壮、开花量大并且品质较好。考核等级为A 2. 小组成员参与率较高，团队合作意识较强，比较服从组长安排，任务完成及时；种球根系生长较好、植株生长较为健壮、开花量较大并且品质较好。考核等级为B 3. 小组成员参与率一般，团队合作意识还有待加强，有少数不服从组长安排，任务完成及时；种球根系生长一般、植株生长一般、开花量少并且品质一般。考核等级为C 4. 小组成员参与率不高，团队合作意识不强，基本不服从组长安排，任务完成不及时；种球根系生长不好、最终开花植株不及当初种球下种的60%、切花品质不好。考核等级为D

实训15　切花百合的采收和保鲜处理

一、实训目的

通过实际操作，让学生们动手进行百合鲜切花的采收、分级、再裁剪、绑扎、预处理

（保鲜液的使用）、包装等工作，使学生们认识切花分级的指标，常规的绑扎、包装方法及所用材料，掌握鲜切花采后处理的环节和技术，深刻认识鲜切花保鲜处理的必要性。

二、实训设备及器件

百合切花（前期种植的百合）、试剂（8-羟基喹啉柠檬酸盐、硫代硫酸银、赤霉素、蔗糖）、剪刀、直尺、水桶、自来水、鲜花包装纸（塑料）、烧杯、量筒、玻璃棒和标签等。

三、实训地点

生产性大棚、实验室。

四、实训步骤及要求

1. 开花与采收

当10个以上花蕾的植株有3个花蕾着色，5~10个花蕾的植株有2个花蕾着色，5个以下花蕾的植株有1个花蕾着色时，百合切花就可以采收了。过早采收影响花色，花会显得苍白难看，一些花蕾不能开放。过晚采收，会给采收后的处理与包装带来困难，花瓣被花粉弄脏，切花保鲜期大大缩短。

2. 分级

根据切花百合的分级标准，按照花蕾数、花蕾大小、茎的长度和坚硬度以及叶子与花蕾是否畸形来进行分级，每一级别分别放置。

3. 绑扎

分级完后，把每一级别的切花整理成束，花朵或花蕾在同一端并要求整齐，10枝一束或20枝一束。摘掉黄叶、伤叶和茎基部10cm的叶子后绑扎。

4. 储藏

成束后，应直接把百合插在清洁水中。如果温度较高，最好用预先冷却的温度在2~3℃的水。待百合吸收了充足的水分后，即可以干储于冷藏室，但还是以储藏在清洁的水中为宜，而且储藏时间越短越好。

5. 包装

百合应包装在带孔的干燥的盒子中，以利于散热和乙烯的挥发。运输时保持2~5℃的低温。

6. 配制保鲜液

130mg/L 8-羟基喹啉柠檬酸盐 +0.463mol/L 硫代硫酸银 +1mg/L 赤霉素 +3%蔗糖。

7. 处理切花花梗

将预处理完成后的切花花梗浸入保鲜液中处理6~24h，插入花梗长度为10~15cm，环境温度为10~15℃，应避免干燥和吹风，相对湿度提高至70%左右。

五、实训分析与总结

重点掌握鲜切花采后处理包装的环节，以及各个环节的重点问题。同学们通过对保鲜处理和普通处理对比统计切花寿命和观赏价值。

【评分标准】

切花百合采收和保鲜处理评价见表3-3。

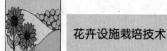

表3-3　切花百合采收和保鲜处理评价

考核内容要求	考核标准（合格等级）
1. 能采用正确的采收方法在最适合采收的阶段进行采收 2. 对采收下来的切花能正确进行分级、绑扎和包装 3. 会配制百合切花保鲜液	1. 小组成员参与率高，团队合作意识强，服从组长安排，任务完成及时；采收方法正确，采收时机把握准确；分级标准统一，绑扎方法、包装方法正确；配制保鲜液操作方法无误。考核等级为A 2. 小组成员参与率较高，团队合作意识较强，服从组长安排，任务完成比较及时；采收方法基本正确，采收时机把握基本准确；分级标准比较统一，绑扎方法、包装方法基本正确；配制保鲜液操作方法基本无误。考核等级为B 3. 小组成员参与率一般，团队合作意识还需加强，基本能服从组长安排，任务完成比较及时；采收方法有少量错误；分级标准比较统一，绑扎方法、包装方法基本正确；配制保鲜液操作方法有少量错误。考核等级为C 4. 小组成员参与率不高，团队合作意识不强，不服从组长安排，未能及时完成任务；采收方法不正确，采收时机把握不准确；分级标准不统一，绑扎方法、包装方法不正确；配制保鲜液操作方法有误。考核等级为D

任务2　切花非洲菊的周年生产

<知识目标>

1. 了解切花非洲菊花期调控的意义、理论依据以及调控途径。

2. 掌握非洲菊切花生产中对环境的要求、通常会遇到的问题、常出现的状况等。

3. 掌握切花非洲菊的适时采收，合理储存保鲜的意义、理论依据以及常用方法。

4. 掌握切花非洲菊保鲜剂的配制、鲜切花的采后处理及保鲜处理。

5. 了解与鲜切花生产相关的一般栽培措施的理论知识。

<技能目标>

1. 能对购买的非洲菊组培苗进行正确的种植。

2. 能进行非洲菊切花生产过程中的各种养护管理工作。

3. 能适时采收并会分级后进行包装处理。

4. 会配制切花非洲菊保鲜剂并进行鲜切花的采后处理及保鲜处理。

5. 掌握一般鲜切花生产的栽培措施，包括田间管理、采收、分级、包装、保鲜处理等。

<素质目标>

1. 培养学生在工作中的耐心并养成收拾工具与废弃物的习惯。

2. 培养学生密切联系当地企业，了解市场动向的习惯。

教学重点

1. 非洲菊切花的种植管理。
2. 鲜切花生产的各个环节、关键技术等。

教学难点

1. 根据需花期进行生产。
2. 根据植株长势、气候变化管理生产温室或大棚，给植株提供适宜的生长环境，生产出高质量的非洲菊切花。

【实践环节】

1. 繁殖

繁殖一般用组培，生产者直接从种苗生产商那里订购组培苗。组培苗选择比较正规的种苗生产商订购；优质种苗标准为株高 10~15cm，5~6 片叶，根系发育良好，叶色鲜绿，无病虫害。

2. 做高畦

（1）5 畦双行（图 3-13）　　6m 宽大棚种 5 畦，畦高 30~35cm，畦顶宽 60cm，沟宽 40~45cm，大棚两边各留 60~70cm 走道，每畦种 2 行。

（2）4 畦 3 行　　6m 宽大棚种 4 畦，畦高 30~35cm，畦顶宽 85cm，沟宽 40~45cm，大棚两边各留 60~70cm 走道，每畦种 3 行。

3. 定植

（1）定植密度　　每畦种 2 行，株距为 30cm。

（2）定植技巧　　定植前一天要将

图 3-13　5 畦双行定植

畦面浇透水，这一点非常重要。栽植时要"深穴浅栽"，即地下根系尽可能伸展，但要使根颈部位刚好露出土表，否则易造成烂心和根颈腐烂。定植太浅时植株常因田间农事操作时发生折断现象，而且不利于前期发棵。定植后立即浇透定根水，5 月下旬定植因气温高，不必覆盖薄膜，定植后应及时盖遮阴率为 70% 的遮阳网，有效缩短缓苗时间，促进植株生长。

4. 温度管理

一般白天温度控制在 22~26℃，夜温在 20~22℃。开花期昼温以 22~28℃，夜温以 15~16℃为宜。若日平均温度低于 8℃则会使花蕾发育停止，而且长期低温会诱导植株休眠，气温高于 35℃则生长停止。进入 11 月后，外界气温急剧下降，大棚内最低气温降到 12℃时，应及时采用双层保温，防止因低温引起植株休眠。一般白天大棚内气温可提高到 30~35℃，使切花产量在元旦、春节维持较高水平，春季日最低气温回升至 15℃后不必保温。

5. 光照管理

一年生苗夏季要选用70%的遮阳网遮阴，9月初去除遮阳网，加强光照及通风，尽快形成秋季产花高峰。

二年生苗夏季不必遮阴，否则会因光照不足而引起植株徒长，花蕾退化，降低切花产量。10月中旬当气温下降，引起夜间结露严重时必须盖尼龙网，否则会引发灰霉病。

6. 施肥

苗期：等移栽的小苗恢复正常生长后，每隔1周用1000倍复合肥（N∶P∶K＝5∶3∶2）浇一次，每2周用1000倍的磷酸二氢钾加1000倍的尿素喷施一次叶面。

成苗期：以氮磷钾复合肥（15－8－25）与高钾复合肥（12－5－42），或（12－2－44）或硝酸钾交替施埋于地表下5cm处，并配合1000倍的磷酸二氢钾10～15天喷一次，不宜过多否则引起徒长（图3-14）。

图3-14　氮肥过多徒长

7. 水分管理

整个生长期以土表湿润为原则，浇水原则是"不干不浇，浇则浇透"，水分太足易诱发根茎腐病。

8. 摘叶和疏蕾

非洲菊整个生育期需要不断地摘叶及疏蕾，及时摘除老叶、病叶和过密叶，改善通风透光条件，调整植株长势，减少病虫害发生。冬季因叶片生长慢，可减少摘叶量，以剥去老病叶为主。一般开花植株单株以保留20片展开叶为宜。幼苗进入初花期时，对未达到5片以上较大功能叶片的植株，要及时摘除花蕾，促进形成较大营养体，为丰产优质打好基础。非洲菊6月下旬切花产量会明显下降，为减少产量下降幅度，必须在5月下旬开始剥去过多的叶片。夏季叶片生长快，定期剥老叶，可促进新芽发育，否则叶层过于郁闭，影响基部光照，不利于花蕾的形成。

9. 通风换气

当大棚内温度高于30℃时，应加强通风换气，通风时不宜一下子通大，以免引起大棚内气温急剧下降。遇连续低温阴雨天，仍应适当通风换气，降低棚内空气湿度，提高植株抗病能力。阴雨天连续闷棚易引起花瓣发生大量斑点，使灰霉病暴发，引发植株基部腐烂。外界气温低时可采用单边通风，并缩短通风时间措施，维持大棚内较高温度。

10. 采收及采后处理

（1）采收　单瓣品种的花朵当2~3轮雄蕊成熟后就可采收了，重瓣品种要成熟一些才采收。采摘时注意：

1）摘下整个花梗，否则切割后留下的部分会腐烂并传染到敏感部位而抑制新花芽的萌发。

2）斜切花梗底部2~4cm。

（2）采后预处理　采收包扎成束后浸入水桶中，并置于无阳光直射的凉爽地方。其中水中要加入适量漂白粉（50~100mg/L）并且处理时间不能超过4h。

（3）保鲜液处理　配制保鲜液：80g/L蔗糖+60mg/L硝酸银+80mg/L水杨酸。

将预处理完成后的非洲菊花梗浸入保鲜液中处理6~24h，插入花梗长度为10~15cm，环境温度为10~15℃。避免干燥和吹风。相对湿度提高至70%左右。

【理论知识】

非洲菊的生产面积仅次于月季、香石竹、百合，是四大切花之一。自2003年以来，非洲菊花价长期低迷，供应量充足。全国各地非洲菊种植面积增长迅速。

1. 非洲菊形态特征

菊科多年生草本植物，全株具细毛，株高为30~45cm，叶基生，叶柄长，叶片长圆状匙形，羽状浅裂或深裂。头状花序单生，高出叶面20~40cm，花径为10~12cm，总苞盘状，钟形，舌状花瓣1~2枚或多轮呈重瓣状，花色有大红色、橙红色、浅红色、黄色等。温度合适时四季有花，以春、秋两季最盛。

2. 原产地及生态习性

原产南非。随着国内温室技术的发展及国外新型温室技术的引进，在我国的栽培量也明显增加，华南、华东、华中等地区皆有栽培。喜冬暖夏凉、空气流通、阳光充足的环境，不耐寒，忌炎热。喜肥沃疏松、排水良好、富含腐殖质的沙质壤土，忌黏重土壤，宜微酸性土壤，生长最适pH为6.0~7.0。生长适温为20~25℃，冬季适温为12~15℃，低于10℃时则停止生长，属于半耐寒性花卉，可忍受短期的0℃低温。

3. 常见切花品种

非洲菊的品种可分为三个类别：窄花瓣型、宽花瓣型和重瓣型。目前尤以黑心品种深受人们喜爱。在华东地区栽培较多的主要品种有北极星、大萨拉斯、冬季阳光、莲花、罗斯、阳光露、新香槟、舞姬（F169）、菜花黄、阳光海岸。

4. 切花栽培中的注意事项

（1）定植时间　浙江以4~6月定植较好，这样可在10月达到第一个开花高峰期，冬季能达到每株3~4个分枝的植株可在春节获得较高的产量。定植期在4月底前，当日最低气温低于15℃时，应采用双层保温。由于非洲菊小苗定植期对低温比较敏感，气温低定植后发根慢，定植成活率低。5月气温最适宜定植，不必采用保温措施，定植成活率高。

（2）温度管理　应用设施栽培尽量满足非洲菊苗期、生长期和开花期对温度的要求，以利正常生长和开花。除我国华南地区外均不能露地越冬，否则会引起休眠（图3-15）。需进行温室栽培，长江流域以外可用不加温的大棚栽培。在夏季，棚顶需覆盖遮阳网，并掀开大棚两侧塑料薄膜降温。冬季外界夜温接近0℃时，应封紧塑料薄膜，棚内增盖塑料薄膜。遇晴暖天气，中午应揭开大棚南端薄膜通风约1h。

图3-15　冬季低温引起休眠

（3）光照管理　喜光花卉，冬季需全光照，但夏季应注意适当遮阴，并加强通风，以降低温度，防止高温引起休眠。

（4）灌水　定植后苗期应保持适当湿润并蹲苗，促进根系发育，迅速成苗。生长旺盛期应保持供水充足，夏季每3～4天浇一次，冬季约半个月浇一次（图3-16）。花期灌水要注意不要使叶丛中心沾水，防止花芽腐烂。露地栽培要注意防涝。另外，灌水时可结合施肥同时进行。

图3-16　冬季适当控水

（5）肥料管理　喜肥宿根花卉，对肥料需求大，氮、磷、钾的比例为15:18:25。追肥时应特别注意补充钾肥。一般每亩施硝酸钾2.5kg，硝酸铵或磷酸铵1.2kg，春、秋季每5～6天施一次，冬、夏季每10天施一次。若遇到高温或偏低温引起植株半休眠状态，则应停止施肥。

（6）病虫害防治

1）疫霉根腐病。

① 症状：先侵染根颈部，受害植株叶片变黄，后变灰褐色至枯死，根颈部变黑色腐烂。

② 防治办法：选健康无病的植株栽培。该病菌主要靠土壤传播，因此定植前必须对圃地进行仔细消毒。药剂可用75%敌克松可湿性粉剂加40%五氯硝基苯可湿性粉剂（3:1），药剂用量为4~6g/m²，消毒时将药剂喷洒在土壤表面，与表土拌匀，用塑料薄膜密封，同时将温室密封熏蒸30h后解除覆盖，通风换气，并重新搅拌表土，15天后即可种植。还可用管道将蒸汽释放到土壤中，这种做法的投资费用较大，但效果较好。定植时要求根颈部露出土表面1.5cm左右，略有倒伏为度。因其有收缩根的特性，植株根颈会深埋入土中，给病菌带来侵染上的方便。为利于幼苗的生长发育，可采用局部使用基质的栽培方法，即在定植点部位先挖出直径15cm左右的圆形种植穴，然后用暴晒消毒过的河沙或珍珠岩＋蛭石（1:1）的基质填满，随后将种苗种于基质上，浇足水，将根部压实，以后进入正常的日常管理，这样能取得立竿见影的效果。发现病株时，初期可用50%烯酰吗啉可湿性粉剂1500倍液或72%霜脲锰锌可湿性粉剂600倍液或69%烯酰吗啉锰锌可湿性粉剂600倍液灌根，发病后期应立即将病株拔除并烧毁，并用上述药剂处理周围的植物及土壤。

2）白粉病。

① 症状：主要发生在叶片上，初期在叶表产生白色小霉点，逐渐扩展成圆形至长椭圆形黄白色斑，上覆白粉，即病原菌无性阶段的菌丝体和分生孢子。后期白粉层变成灰白色，并产生黑色小粒点，即病原菌闭囊壳。严重时叶片褪绿枯死。

② 防治办法：发病前喷80%代森锰锌可湿性粉剂600倍液，或75%百菌清可湿性粉剂600倍液或硫黄三唑酮悬浮剂1000倍液。发病初喷15%三唑酮可湿性粉剂1000倍液或10%苯醚甲环唑可湿性粉剂1500倍液或12.5%腈菌唑乳油或30%特富灵可湿性粉剂3000~3500倍液、25%丙环唑乳油3500~4000倍液、40%氟硅唑乳油7000倍液。三唑酮在部分地区出现严重抗性，效果较差。

3）灰霉病。

① 症状：主要侵害花，也危害根颈部。花器染病初在花蕾和花瓣上产生水渍状斑点，后渐扩大，引起花瓣枯死。根颈部染病后向侧面及下部扩展，引起严重的根颈腐烂。染病株地上部叶柄处出现凹陷深色长形病斑，致叶枯萎变成灰黄色，严重时植株死亡。湿度大时各病部均可长出灰霉。孢子成熟时轻轻振动可见灰色孢子云。

② 防治办法：切花生产中下部枯叶上病菌产生的孢子是切花储运期伤口侵染的重要菌源，为此要彻底清除病残体，以减少生产和储运中的初侵染源；栽植时，把根颈部露出土表，防止根颈部发病。该病可由种子带菌，为此播种前种子用0.1%的50%苯菌灵可湿性粉剂浸种5~10min，可降低幼苗的发病率和死亡率。生产和储运过程中要千方百计地把相对湿度降到93%以下，以减少发病。棚室生产非洲菊时，应在定植前进行灭菌消毒。生产过程中发生灰霉病时，喷洒25%多霉灵可湿性粉剂或65%甲霉灵可湿性粉剂或50%腐霉利可湿性粉剂1000倍液、50%异菌脲可湿性粉剂1000倍液、40%嘧霉胺悬浮剂1200倍液。提倡使用木霉制剂孢子防效好，不产生抗性，应用前景十分广阔。

（7）生理性病害

1）缺钙。

① 症状：幼叶上出现深绿色斑点，严重时幼叶及生长点先发生枯死，而老叶却还能保持正常状态。

② 解决措施：用 0.15% $Ca(NO_3)_2 \cdot 4H_2O$ 叶面喷施，每 25 天喷一次。

2）缺镁。

① 症状：老叶的叶肉部分出现"花叶"，叶片基部形成一个倒"V"形的绿色部分，其顶部也可一直延伸接近叶片顶端。叶片变脆、弯曲，甚至发红，新叶长得又少又小，叶柄细长，幼叶叶脉突出，花序的形成受抑制，花梗细，花朵变小。

② 解决措施：用 0.2% 镁肥喷施 2 次。

3）缺硼。

① 症状：小叶弯曲，变厚，变脆。生长点枯死，花蕾败育或产生畸形的不育花序。

② 解决措施：用 0.05% 的硼砂喷施，每 25 天喷一次。

4）缺锌。

① 症状：幼叶上出现斑点和"花叶"，叶片的一侧发育正常，另一侧不正常，叶片向侧面弯曲。

② 解决措施：用 0.1% 硫酸锌喷施。

5）缺铁黄化。

① 症状：非洲菊叶色变浅，叶肉间失去绿色，呈黄白色，叶脉仍保持绿色，严重时叶片变白，叶缘也变黄，叶尖出现坏死褐斑，甚者叶片干枯。

② 解决措施：栽植非洲菊的温室或露地，要注意增施有机肥，提倡施用保得生物肥或酵素菌沤制的堆肥，使土壤呈微酸性。碱性土壤需通过施用硫酸亚铁、硫酸铵、碳酸氢铵等调整到微酸性后才能栽植非洲菊。应急时叶面喷施 0.1% 硫酸亚铁进行矫治，或用 0.02% 的螯合铁喷施，每 25 天喷一次。

（8）质量缺陷

1）花枝断裂。

① 症状：花枝上出现横向裂口，严重的花枝断裂，裂口呈切口状。

② 解决措施：可用 1‰ ~ 2‰ 硝酸钙喷施，每周喷一次。

2）叶片边缘焦枯。

① 症状：叶片顶部或羽裂的尖部突然出现焦枯。

② 解决措施：由施肥浓度过高引起，应立即喷清水稀释或冲洗叶片附着的肥液；延长施肥间隔时间和降低施肥浓度，过一段时间会自然恢复。

5. 切花采收及处理过程相关处理措施及原因

早采的花朵瓶插寿命会缩短。采后必须先立即放入水中，水必须清洁。

（1）采收时间及手法　当非洲菊花一轮或两轮雄蕊吐出花粉时，才能采花，过早采花将使瓶插寿命缩短。这是因为过早采摘时，外轮边花所储存的能量是不足以完成其发育的。采花时要摘下整个花梗而不能做切割，因为切割后留下的部分会腐烂并传染到敏感的根部，还会抑制新花芽的萌发。采下的花整理后，将花梗底部切去 2 ~ 4cm，切割时要斜切，这样可以避免木质部导管被挤压。花梗底部是由非常狭窄的木质部导管组成的，对水分传输有阻碍作用，切去之后，花朵吸水更加容易，这对于避免花颈部开裂和弯曲是很重要的。此外采花时，空气有可能被吸进导管而阻止花朵吸水，切去一部分花梗也除去了导管中的气泡。

（2）采后预处理 切花采收后，要立即将花梗浸入水桶中，并运送到凉爽的地方。所用的水和水桶要很干净，每次使用之前都要清洗消毒，以防细菌滋生，因为细菌会堵塞导管而使花朵不能吸水。预处理过程中，水的pH要用氯化物（漂白粉）调整为3.5~4.0。过高的pH将为细菌创造一个理想的生活条件。漂白粉既能降低水的pH又能杀菌，其中的氯化钙还能起到延长切花寿命的作用。研究表明漂白粉的加入量以50~100mg/L为宜，处理时间不能超过4h。处理时间过长会使花梗损伤，表现为花梗出现褐色的斑纹或颜色被漂白。做长时间处理时，漂白粉的浓度要降低，最高为25mg/L，最低为3mg/L。低于3mg/L时，应补充漂白粉。处理地点不能有阳光照射，否则将使漂白粉的有用成分发生分解而失效。

（3）保鲜液处理 预处理完成后，将花梗浸入保鲜液中处理6~24h，处理过程中，较多的花梗浸入水中有利于花朵吸水，其长度以10~15cm为宜。环境温度过高会使花朵因为蒸腾作用而失去过多的水分，以10~15℃为宜。水分的丧失会引起非洲菊花朵的衰老，因此在整个采后处理过程中都要避免干燥和吹风，最好将环境的相对湿度提高到70%。此外，在保鲜液处理过程中，要注意防止切花受到乙烯的危害。乙烯是一种衰老激素，会缩短非洲菊的瓶插寿命。卡车发动机排出的废气中含有乙烯，因此在装货的过程中，要把卡车的引擎关掉。非洲菊的保鲜液由以下成分组成：75mg/L蔗糖，3g/L柠檬酸，150mg/L含7个结晶水的磷酸氢二钾（$K_2HPO_4 \cdot 7H_2O$）。其中蔗糖为非洲菊花朵继续开放提供能量，还能促进花朵吸水。柠檬酸使保鲜液的pH降低，从而阻止细菌的滋生。

瓶插寿命是切花商品价值最主要的组成部分之一。采后处理对于非洲菊的瓶插寿命是非常重要的，不经过采后处理的非洲菊切花流入市场后，最终难以让消费者满意，反过来将会降低非洲菊的消费量。

【拓展知识】

一、鲜切花的田间栽培管理措施

1. 光照

在切花生产时，光照度对植株的光合作用影响很大，而光合效率又直接影响切花植株中糖分的积累。栽培在高光照度下的菊花和康乃馨，花茎组织充实，营养物质含量高，瓶插寿命比在低光照条件下的要长。在低纬度、高海拔地区（如我国云南昆明）种植的切花质量高，是因为光质和光照条件优越，昼夜温差大，切花体内积累的糖分多。此外，光照条件还与植物组织发育程度有关。如非洲菊和月季在低光照下，花茎生长较长，组织成熟度不充分，茎秆纤细，瓶插时容易产生弯茎。

光照度还影响花瓣的色泽。当光照度较低时，月季的花瓣会泛蓝较苍白。但并不是光照度越强越好，光照过强时，切花组织泛红，甚至会发生日灼现象。栽培者应该根据具体切花种类的光照要求，采用适当的株行距，利用温室的反光帘和遮阳网调控环境光照度，生产出高质量的切花。

2. 温度

栽培期间温度过高，会使花朵小，缩短切花的货架寿命，因为高温使植株体内积累的糖类大量被消耗，并失去较多水分。各种切花对温度的要求不同，应具体区别对待。

3. 施肥

肥料充足是植物生长的前提。因此为了生产出高质量的切花，应合理施肥，维持氮磷钾和其他营养元素的适宜数量与比例，不要过量施用。过量施氮会缩短切花的采后寿命，增加病害感染机会。土壤基质中含盐及含氯过高会造成植株生理伤害，缩短切花瓶插寿命。

4. 水分管理

土壤水分过多或不足，均会引起植株的生理病害，最终缩短切花的瓶插寿命。空气相对湿度太高会给细菌和真菌（尤其是灰霉病）的发生与发展创造有利条件。染病的切花失水多，产生较多的内源乙烯，加快衰老过程。管理中应注意栽培环境的通风透气。

5. 病虫害防治

在切花栽培过程中，应严格控制病虫害的发生，这对生产高质量的切花至关重要。病虫害损伤植株的组织和器官，降低切花外观质量，使组织脱水，加速切花萎蔫程度，刺激内源乙烯的生成，从而加快切花老化。

6. 空气污染

在切花温室生产中，应注意避免空气污染。污染的主要来源是燃气，如内燃机、烧油器和煤气炉产生的废气。这些废气中含有大量的乙烯和其他有害物质，它们会加快切花的衰老，造成生理伤害。

已授过粉的花朵和腐烂的植物材料也会产生大量的乙烯，促使切花衰老。因此生产中应及时清除腐烂茎叶和授过粉的花朵。

二、鲜切花的采收、分级与包装

鲜切花作为一种观赏性的商品，应具有新鲜的质地、鲜艳的色彩和娇丽的姿态，这样才会有更强的市场优势。鲜切花采收和采后处理与采前管理同样重要，都直接影响着鲜切花的质量和销售价值。

1. 采收时期

商品切花的采收时期随花的种类、季节、环境条件、市场远近和某些特殊消费需求而定。过早或过迟采收都会缩短切花的观赏寿命。通常在能保证切花开花最优品质的前提下，以尽早采收为宜。对于距离市场较远或需进行储运的切花，采收时期应比直接销售的早些。花蕾期采收是目前鲜切花生产的方向之一，在能保证花蕾正常开放、不影响品质的前提下，应尽可能在充分发育的花蕾期采收，便于采后处理和提高栽培土地及储运空间的利用率，降低成本，且有利于切花的开放和发育的控制。具体来说花蕾期采收有如下优点：

1）缩短生产周期，提高周转速度，切花提早上市，较早腾出温室或花圃空间。

2）因花蕾较花朵紧凑，便于采后处理，节省储藏、包装和运输空间，经济效益较高。

3）可躲避早霜、病虫的危害。

4）改善秋冬生产光照时间不足而影响切花质量的状况。

5）降低切花对采后处理和储运期间遇到的高温、低温、低湿和乙烯危害的敏感性，对机械性伤害耐受性强，降低运输和储存中的损失。

6）花蕾期采收的花较开放时采收的花在储存期对乙烯的作用不太敏感。花蕾的呼吸作用不像开放的花那样强，因此切花内储藏的食物（主要指糖类）消耗较慢，储藏期较长，最终可以降低生产成本，延长切花采后寿命。

花蕾期采收多用于香石竹、鹤望兰、非洲菊、丝石竹、金鱼草、鸢尾等。花蕾期采收的切花需达到一定的标准，花蕾发育不充分不能采切。如香石竹花径要达到 1.8～2.4cm。

但是，有些花适宜在花期采收，如在花蕾期采收，则花朵不能完全开放，如月季、菊花、唐菖蒲等。如果采切过早，"弯颈"现象发生更频繁。这是因为月季"弯颈"区域的花茎中维管束组织木质化程度不够，支持结构没有完全成熟。非洲菊则与花茎中心空腔尚未形成有关，这一空腔可作为另一输水通道。有些切花在花蕾期采切后，在清水中不能正常开放，需插入特制的"花蕾开放液"中才会开花。

一些具穗状花序的切花（如乌头花、飞燕草和假龙头花）须在花序基部1~2朵小花开放时采切，否则花蕾将不能正常开放。还有一类花（如雏菊）必须在花充分开放后才能采切。如果切花在本地市场直接销售，就没有必要在花蕾紧实阶段采切。

2. 采收时间

一天中采收最好的时间因季节和切花种类而有所不同。上午切割的优点是可保持切花细胞高的膨胀压，即切花含水量最高。但因露水多，切花较潮湿，易受采后真菌病害感染。下午采切时如果遇高温干燥天气，切花易于失水。在晴朗炎热的下午，深色花朵的温度比白色花朵高出6℃多。一般傍晚切割比较理想，在夏季，最适宜的切割时间是晚上8：00左右。因为经过一天的光合作用，花茎中积累了较多的碳水化合物，质量较高。但在实际中往往因影响当日销售而难以实行。

大部分切花宜在上午采收，尤其是距离市场近的、可直接销售的切花和采切后易失水的切花种类在清晨采收，切花含水量高、外观鲜艳、销售效益好。小苍兰、白兰花等清晨采收香气更浓，且不易萎蔫。但是清晨采收要注意在露水、雨水或其他水汽干燥后进行，以减少病害侵染。对于需储运的切花应在水分含量较低的傍晚采收，便于包装和预处理，有利于保鲜储运。如果切花采后立即放于含蔗糖的保鲜液中处理则采收时间影响不大。

3. 采收方法

切花采收一般用花剪；对于一些木本切花，如梅花、蜡梅、银芽柳等可用果树剪，而草本切花如百合可用割刀采收，也有部分切花如非洲菊可直接用手从花枝基部拔起。切割花茎的部位要尽可能地使花茎长，但如果花茎基部木质化程度过高，基部刀割会导致切花吸水能力下降，缩短切花寿命。因此切割的部位应选择靠近基部而花茎木质化程度适度的地方。

切花采收要轻拿轻放，尽量避免不应有的机械伤害，以提高切花观赏品质。一般来讲，如果切花采收后立即置于水中或保鲜液中，切采方法并不会严重影响瓶插寿命。但是如果剪截时在剪口形成一斜面，以增加花茎吸水面积，这对吸水只能通过切口的木质茎类切花则较为重要。草质茎类切花除由切口导管吸水外，还可从外表皮组织吸水，因此剪口并不那么重要。剪口应当光滑，避免压迫茎部，否则会引起含糖汁液渗出，有利于微生物侵染（可以在水中放杀菌剂来解决感菌的问题），反过来又将形成茎的阻塞。而有些切花会在切口处分泌黏液，在切口处凝固，影响水分吸收，则可在剪切花茎后立即将基部插入85~90℃水中烫60~90s，再插入水中保存则可延长切花采收后寿命。

三、切花分级

切花分级是指由于切花个体的差异按其品质进行分类。分级是根据国际上通用的标准对所采花材进行归类，主要依据是花枝长短、花径、新鲜程度等。

切花的评估与分级是非常重要的一项工作。切花质量的正确评估及分级对于栽培者更为重要，因为这决定了切花的价格，关系到栽培者的经济利益。不同的栽培者对切花的评估与分级会有差异。被某栽培者评定为一等的切花，其他栽培者可能认为不够一等或超过一等。为了避免分级的不一致，应由批发商建立分级中心，统一对切花进行评估。栽培者把切花或盆花运到分级中心，由有资格的专业人员统一进行评估与分级以保证切花材料的一致性和切花价格的合理性，从而保证栽培者获得公平合理的产品价格。

（1）分级方法　一般而言，在国际贸易中，切花的质量通常由有经验的经纪人用肉眼评估，主要基于总的外观。其他品质测定包括物理测定和化学分析，如花茎长度、花朵直径、每花序中小花数量和重量，以及对乙烯敏感的切花（如六出花和香石竹）内所含银离子浓度。尽管有专门的设备可以完成上述物理和化学测定，但人的眼睛仍是主要判断工具，不可能被机器取代。

通常对同一产地、同一批次、同一品种、相同等级的产品作为一个检验批次，从中随机抽取检验的样本，样本数以大样本至少 30 枝、小样本至少 8 枝为准，然后对下列项目进行以目测和感官为主、设备检测为辅的检测。切花质量等级评价见表 3-4。

表 3-4　切花质量等级评价

项目	标准	备注
鲜切花品种	根据品种特性进行目测	
整体效果	根据花、茎、叶的完整性、均衡性、新鲜度和成熟度以及色、姿、香味等综合品质进行目测和感官评定	
花形	根据种和品种的花形特征与分级标准进行评定	
花色	按照色谱标准测定纯正度、是否有光泽、灯光下是否变色，进行目测评定	
花茎和花径	花茎长度和花径大小用直尺或卡尺测量，单位为厘米。花茎粗细均匀程度和挺直程度进行目测	
叶	对其完整性、新鲜度、叶片清洁度、色泽进行目测	
病虫害	一般进行目测，必要时可培养检查	
缺损	通过目测评定，依据《主要花卉产品等级　第 1 部分：鲜切花》（GB/T 18247.1—2000）	

（2）分级标准　在花卉的国际贸易中，商品花卉的标准化分级十分重要。如果忽视国外购买者的需求，花卉出口后常会遇到许多问题。但是至今切花分级还缺乏统一的世界标准，只有欧洲经济委员会（ECE）标准和各个国家自定的标准。现国际上广泛使用的有欧洲经济委员会标准和美国标准（SAF）。

1）欧洲经济委员会标准。该标准控制着欧洲国家之间及进入欧洲市场的切花商品质量。这些标准适用于现在交易的大多数重要切花植物与切叶植物。除了一些特殊植物种外，ECE 的总标准适用于以花束、插花或其他装饰为目的的所有鲜切花和鲜切花蕾。这个总标准叙述了切花的质量、分级、大小、耐受性、外观、上市和标签。表 3-5 为切花花茎长度要求的 ECE 标准。

切花划分为三个等级，即特级、一级和二级，见表 3-6。特级切花必须具有最好的品质、具有该品种的所有特性、没有任何影响外观的外来物质或病虫害。只允许 3% 的特级花、5% 的一级花和 10% 的二级花具有轻微的缺陷。在每一个等级，可以有 10% 的植物材料在茎的长度上有变化，但须符合该代码中的最低要求。

表 3-5 切花花茎长度要求的 ECE 标准

代码	包括花头在内切花花茎长度/cm
0	小于 5 或标记为无茎
5	5～10　　+2.5
10	10～15　　+2.5
15	15～20　　+2.5
20	20～30　　÷5.0
30	30～40　　+5.0
40	40～50　　+5.0
50	50～60　　+5.0
60	60～80　　+10.0
80	80～100　　+10.0
100	100～120　　+10.0
120	大于 120

表 3-6 一般外观的 ECE 切花分级标准

等级	对切花要求
特级	切花具有最佳品质，无外来物质，发育适当，花茎粗壮而坚硬，具备该种或品种的所有特性，允许切花的 3% 有轻微的缺陷
一级	切花具有良好品质，花茎坚硬，其余要求同上，允许切花的 5% 有轻微的缺陷
二级	在特级和一级中未被接受，但满足最低质量要求，可用于装饰，允许切花的 10% 有轻微的缺陷

　　对某一特定花种的分级标准，除了上述要求外，还包括一些对该花种的特殊要求。如对于香石竹，应特别注意其茎的刚性和花萼开裂问题。对一些具有裂萼特性的香石竹，应用带子圈住，分开包装，并在标签上注明。对于月季，最低要求是切割口不要在上个生长季茎的生长起点上。

　　2）美国标准。在美国，美国花卉栽培者协会 SAF 仅对某几种切花种制定出推荐性的分级标准。其分级术语不同于 ECE 标准，采用"美国蓝、红、绿、黄"称谓，大体上相当于 ECE 的特级、一级和二级分类。

　　美国的 C. A. Conover 于 1986 年提出了一个新的切花质量分级标准。这个标准不管花的大小，而完全根据质量打分，质量最高的切花可得到满分 100 分，质量差一些的切花得到的分数相应少一些。质量评分分为四个方面，即花的状态、形状、色泽和茎与叶。每一方面又可细分为几个项目，每个项目具有最高分数点。各方面可能得到的最高分数点之和为 100 分，见表 3-7。

　　美国佐治亚大学教授 A. M. Armitage 总结 ECE、SAF 和 C. A. Conover 的分级特点，于 1993 年提出了一个新的切花总分级方案。他的方案主要内容如下：

　　一级切花：所有的花朵、茎和叶必须新鲜（在过去 12h 内采切，无任何衰老或褪色迹象），无机械及病虫危害，花茎垂直和强壮，足以承担花头重量而不弯曲，切花上没有化学残留物，不表现生长失调和畸变。

表 3-7　C. A. Conover 提出的测定切花质量计分系统

切花状态 （最高分 25）	花朵和花茎均未受到机械损伤或害虫、螨类和病害的侵蚀（最高分 10）
	状态新鲜，材料质地佳，无衰老的症状（最高分 15）
切花形状 （最高分 30）	形状符合种或品种的特性（最高分 10）
	外观不太紧也不太开放（最高分 5）
	叶丛一致（最高分 5）
	花的大小和茎的长度与直径之间相称（最高分 10）
花的色泽 （最高分 25）	澄清，纯净度（最高分 10）
	一致性，符合品种特性（最高分 5）
	未褪色（最高分 5）
	无喷洒残留物（最高分 5）
茎和叶 （最高分 20）	茎强壮、直立（最高分 10）
	叶色适宜，无失绿或坏死（最高分 5）
	无喷洒残留物（最高分 5）

二级切花：所有的花朵、茎和叶近于新鲜（在过去 12 ~ 24h 内采切，很少有衰老迹象，无褪色），受轻微机械损伤或病虫害的花朵、茎和叶数量不超过 10%，所有植物材料必须基本上无化学残留物，具有足够的观赏价值和采后寿命。

三级切花：它们具有一定的质量，但达不到一、二级切花标准，如花茎较短。

所有三个级别花茎长度和成熟度整齐一致，同一等级花茎长度差别不超过最短茎的 10%。

3）中国标准。我国国家质量技术监督局于 2000 年 11 月 16 日发布了主要花卉产品等级标准——国家标准（National Standards），对观赏植物产品中鲜切花、盆花、盆栽观叶植物、种子、种苗、种球等的质量标准进行了严格规定。其中鲜切花质量标准针对 13 种切花制定，包括月季、菊花、香石竹、唐菖蒲、非洲菊、满天星、亚洲型百合、麝香百合、马蹄莲、花烛、鹤望兰、肾蕨、银芽柳。

（3）分级的具体操作　首先进行挑拣，清除收获过程中的脏物和废弃物，丢掉损伤、腐烂、病虫感染和畸形的产品。根据分级标准和购买者要求，严格进行分级。每一个容器内只放置一种尺寸的花卉材料，成熟度一致，在容器外清楚地标明种类、品种、等级、大小、重量和数量情况。对某些产品，只使用官方批准的杀菌剂防治腐败。严格遵守国内、国际通行的农药安全使用标准，出口商品要严格遵循进口目的地农药使用规则行事。分级和包装后，应尽快去除产品田间热，使之冷却下来，减少呼吸作用和内部养分消耗，保证切花的品质。

分级是保证切花品质的质量控制过程，可帮助栽培者和出口商使产品更符合市场的要求，通过官方检查，成为可靠的高质量产品提供者，并获得较高的经济效益。

四、切花包装

包装的作用是保护产品免受机械损伤、水分丧失、环境条件急剧变化和其他有害影响，以便在运输和上市的过程中保持产品的质量，同时还起封闭产品和搬动产品的工具作用。

1. 包装方法

切花经分级后进行包装。在切花批量生产进行包装之前，应使用适宜的保鲜剂进行预处理，以控制呼吸强度和乙烯的产生，同时减少水分消耗。一般切花的包装是按一定数量扎成束（香石竹和月季等多为20枝成一束），然后用包裹材料包裹，置于包装箱内。也有部分切花如月季、非洲菊、花烛、菊花等常先将单枝花头包裹后按一定数量装入包装箱。装箱时应小心地把切花分层交替放置在包装箱内，各层之间放纸衬垫，直至放满，不可压伤切花。为了保护一些名贵切花免受冲击和保持湿度，在箱内放置碎湿纸。常在包装箱内放冰袋，以利降低温度保鲜。

2. 切花包装注意事项

包装应避免装卸过程中的粗暴动作、过重的上方容器对下方容器的挤压、运输过程中的冲击和振动，以及预冷、储藏和运输期间的高湿度。

五、切花运输

过去，切花的主要栽培地靠近销售市场，切花运输时间短，通常不超过几个小时。现在，切花常常由飞机、轮船和卡车远距离运输。运输时间的延长会加快切花在运后的发育和老化速度，促使切花萎蔫、病害发展和花朵褪色。

1. 运输前的化学处理

为防止运输过程中切花品质下降或腐烂，运输前需做一些药剂处理。对灰霉病敏感的切花应在采前或采后立即喷布杀菌剂，以防止该病在运输过程中发生。用于干式包装的切花在包装前，切花表面应是干的，切花应无虫害和螨类。如果切花上有虫害，可用内吸式杀虫剂或杀螨剂处理。运输前用含有糖、杀菌剂、抗乙烯剂和生长调节剂的保鲜剂做短时脉冲处理，这样对于包装运输的切花有很大益处，尤其是在长途横跨大陆或越洋运输之前。

2. 运输前的预冷处理

预冷是指人工快速将切花降温的过程。除了对低温敏感的热带种类外，所有切花在采切后应尽快预冷。

常用切花预冷方法有以下几个：

（1）冷库冷却 直接把切花放在冷库中，不进行包装或打开包装箱，使其温度降至所要求的范围为止。完成预冷的切花应在冷库中包装起来，以防切花温度回升。

（2）包装加冰 把冰砖或冰块放在包装箱中，切花放在塑料袋中隔开。要把植物材料的温度从35℃降到2℃，需融化占产品重量38%的冰。应避免冰与切花直接接触，造成低温伤害。

（3）强制通风冷却 这是一种最常用的预冷方法，可使产品迅速预冷。使用接近0℃的空气直接通过切花，带走田间热，使切花迅速冷却。此法所用时间为冷库预冷法的1/10～1/4。强制通风冷却适合于大部分园艺产品。

切花所需的预冷时间通常取决于切花温度与库温的差异、需冷却切花的数量、切花种类、冷藏设备的效率以及通过包装箱的空气流速。用于切花预冷的冷藏室应有足够的冷藏能力，冷却系统应保持接近0℃的温度，冷却器的效率应由专家决定。如果冷却能力不足，就不能保持最适合的冷却温度，并会延长冷却时间。预冷之后的切花在继续处理和运输过程中仍需继续保持制冷，才能取得预冷的良好效果。

3. 运输前及运输过程中环境因子的控制

（1）温度　切花的运输温度是决定其质量和寿命的关键因子。所有切花（除去对低温敏感的热带种类）在采切后应尽快预冷，然后置于最适低温下运输。原产于温带的花卉运输适温相对较低，通常在5℃以下；原产于热带的花卉则相对较高，通常在14℃左右；而原产于亚热带的花卉运输适温则介于二者之间。切花在低温下运输可以减缓花蕾开放和花朵的老化；防止切花水分丧失；减少切花呼吸和热量释放，防止在运输过程中过热；降低切花对乙烯的敏感性，减少自身乙烯的产生；减缓储藏于茎、叶和花瓣中糖类与其他营养物质的消耗。

（2）湿度　蒸腾是切花采后的一项正常生理活动，但因此会导致产品水分的丧失和鲜度的下降，引起切花水分胁迫。降低蒸腾是鲜切花储运中的首要任务之一。环境的相对湿度是影响植物产品蒸腾强弱的主要因子，因此鲜切花对运输环境相对湿度的要求很高，通常要求相对湿度保持在85%～90%。

（3）光照　在长途运输过程中缺乏光照，尤其在高温条件下，易导致多种切花叶片黄化。

（4）微环境气体组成　包装箱内微环境的气体组成对切花观赏寿命有很大影响。而储运过程中保持较高浓度的CO_2，较低浓度O_2和脱除乙烯对于降低切花的生理代谢活性、减少运输中的损耗是有利的。

六、切花保鲜储藏

切花采切后由于脱离母体，生理生化活动会发生较大变化，生物生长性合成减少，分解速率加快，逐步趋于衰败。而切花内部的自身状况和外部条件都对切花衰败的进程产生影响，通过了解这些因素从而在实际生产中人为地创造适合的条件，能在一定程度上控制切花的衰败进程，达到保鲜的效果。

1. 冷藏

使用冷库、低温冰箱储藏，又分干储藏和湿储藏两种，是目前切花保鲜最常用的方法。

（1）干储藏　对需要较长时间储藏的切花，可采用干储藏方式，即把材料紧密包装在箱子、纤维圆筒或聚乙烯膜袋中，以防水分丧失。干储的好处是切花储期较长，可节省储库空间。但储藏之前要包装切花，需花费较多劳力和包装材料。此外，不是所有的切花都能良好地适应于干储条件。如天门冬、大丽花、小苍兰、非洲菊和丝石竹一类植物更适宜湿储。

（2）湿储藏　对一些只进行短期（1～4周）储藏的切花，可采用湿储藏方式，即把切花置于盛有水或保鲜剂溶液的容器中储藏，这是一种广泛使用的方法。这种储藏方式不需要包装，切花组织可保持高的膨胀度。但湿储法需占据冷库较大空间。用于正常销售或短期储存的切花，采切后立即放入盛有温水或温暖保鲜液（38～43℃）的容器中，再把容器与切花一起放在冷库中。湿储温度多保持在3～4℃，比干储法温度略高一些。与干储于0℃下的切花相比，湿储切花组织内营养物质消耗快一些，花蕾发育和老化过程也快一些，因此湿储的储藏期比干储法短。

在湿储期间，切花应保持干燥，不要喷水，以防叶片受害和灰霉病的发生。水质对切花湿储效果有重要影响，最好不用自来水，以使用去离子水或蒸馏水为好。此外，还需注意用水清洁。切花的茎和叶通常被来自土壤或水中的细菌、真菌和酵母菌污染，它们会在储液中或在花茎导管中繁殖，阻塞茎的吸水作用，加速切花萎蔫。这时可采用一些消毒剂如次氯酸钠、硫酸铝来控制水中微生物生长。次氯酸钠是一种效果很好的消毒剂，一旦与有机物接触，就释放出游离氯，有强烈杀菌作用。使用浓度为0.005%（即62000L水中加1L10%的次氯酸钠）。若使用含氯化合物，容器中的水应一周换一次。而硫酸铝使用浓度为每升水中加0.8~1.0g，由于其杀菌能力不如次氯酸钠，容器中的水应3~4天换一次。

2. 气体调节储藏（简称气调储藏、CA储藏）

气体调节储藏是指通过精确控制气体，主要增加CO_2含量，降低O_2含量，结合低温来储存植物器官的方法。这种调节气体可减弱切花呼吸强度，从而减缓组织中营养物质的消耗，并抑制乙烯的产生和作用从而使切花所有代谢过程变慢、延缓衰老。

气调冷藏库是密闭的装备有冷藏和控制气体成分的设备。在气调库中的植物器官呼吸时吸收O_2，把CO_2排入冷库中，储藏中应去除库内过多的CO_2，避免植物组织中的厌氧反应。控制CO_2浓度的装置为装有活性炭、氢氧化钠、干石灰、分子筛和水的涤气瓶。O_2浓度是通过特殊的燃烧器从空气中消耗O_2来控制。因此，气调储藏是一个比常规冷藏成本更高的方法，在使用中与冷藏、化学保鲜技术相结合效果更好。

3. 切花的保鲜剂处理

保鲜处理的目的是延缓鲜切花衰老，最大限度地保持鲜切花的品质。经保鲜剂处理后，可使鲜切花的货架寿命延长2~3倍，花朵增大，保持叶片和花瓣的色泽。而且化学保鲜操作简便、效果明显、成本较低，是目前切花生产者、销售者以及消费者都普遍欢迎和采用的鲜切花保鲜手段。

（1）保鲜剂主要成分的作用及使用

市场销售的保鲜剂一般都含有糖、杀菌剂、乙烯抑制剂、生长调节剂、水、矿质营养和其他化合物。

① 糖。糖是最早用于切花保鲜的物质之一，参与了延长切花寿命的生理过程。保鲜剂中所含的糖大多为蔗糖，但在一些配方中还采用了葡萄糖和果糖，可以调节水分平衡，增加水分的吸入。不同切花种类的最适糖浓度不同，如在花蕾开放液中，香石竹的最适糖浓度为8%~10%；菊花叶片对糖浓度敏感，浓度以1.4%~2.0%为宜。糖浓度过高容易引起叶片烧伤。因此，在实践中大多数保鲜剂常使用的糖浓度相对较低（小于4%），以避免造成伤害。但若糖的供给不足则不能达到延长瓶插寿命、提高品质的效果。最适糖浓度还与处理的方法与时间有关。处理的时间越长，所需糖浓度越低。如脉冲液（采后短时间处理）的糖浓度高，花蕾开放液的浓度中等，瓶插液的浓度较低。但应注意，糖溶液容易滋生微生物，阻塞花茎吸水的通道。

② 杀菌剂。在保鲜液中生长的微生物有细菌、真菌，这些微生物大量繁殖后会缩短切花的瓶插寿命。为防止微生物的繁殖，可在保鲜剂中加入杀菌剂。8-羟基喹啉硫酸盐和8-羟基喹啉柠檬酸盐是最常用的杀菌剂，可杀除各种细菌和真菌。同时这些杀菌剂可使保鲜液酸化，有利花茎吸水，在月季和香石竹的切花保鲜中杀菌剂还可抑制切花组织中乙烯的释放从而延长瓶插寿命。其使用的浓度范围是200~600mg/L，若使用浓度过高会对切花造成伤害。

其他常用杀菌剂还有硝酸银、硫代硫酸银等。但这些银盐易受光氧化作用，或与水中的氯反应生成不溶性物质，而失去杀菌作用。硝酸银在花茎中的移动性较差。硫代硫酸银有一定杀菌作用，生理毒性比硝酸银小，在花茎中移动性好，可到达切花的花冠，但硫代硫酸银对非洲菊有毒性。

③ 乙烯抑制剂。乙烯对加速鲜切花的衰老过程的作用早已为大众所知，STS（硫代硫酸银）是目前使用最广泛的乙烯抑制剂，在切花体内的移动性较好，对切花内乙烯的合成有高效抑制作用，并使切花对外源乙烯作用不敏感，用量小，保鲜效果较好。但是 STS 溶液最好现配现用，暂时不用的应避光保存，可在 20～30℃黑暗条件下保存 4 天。另外常用的乙烯抑制剂还有 AVG（氨乙基乙烯基甘氨酸）、MVG（甲氧基乙烯基甘氨酸）、2，5 - NBD（2，5 - 降冰片二烯）、DNP（二硝基苯酚）、AOA（氨基氧化乙酸）等。其中 AOA 价格便宜易于获取，在商业性切花保鲜剂中已经常使用。

④ 生长调节剂。同其他生命过程一样，鲜切花的衰老是通过其体内的激素平衡控制的。因此，在保鲜剂中添加一些植物生长调节物质，能延缓鲜切花的衰老和改善品质。目前，在鲜切花保鲜上应用较广的生长调节物质是细胞分裂素，如 KT（激动素）、6 - BA（6 - 苄基腺嘌呤）、IPA（异戊烯基腺苷）等。其主要作用有降低切花对乙烯的敏感性，抑制乙烯的产生；减缓叶绿素的分解，抑制叶片黄化；对脱落酸有拮抗作用，能延缓花瓣和叶片的脱落。细胞分裂素浓度与处理方法和时间有关，10～100mg/L 用于瓶插液和花蕾开放液的长时间处理，100mg/L 用于较短时间的脉冲处理，250mg/L 用于整个花茎的浸蘸处理。浓度过高也会产生不良影响。

⑤ 水。切花采后放置的水和配制保鲜剂的水，大多采用自来水，其水质情况会直接影响切花保鲜液中化学成分的有效性，影响切花寿命。通常切花保鲜用软水比用硬水好，但一些切花对水中的某些离子较为敏感。如含有较多钠离子的软水对月季、香石竹的危害大于含钙和镁的硬水；碳酸氢钠对月季的危害比氯化钠大，而对香石竹影响不大；水中的氟离子对大部分切花都有毒害作用。

⑥ 其他物质。对切花保鲜有影响的还有一些盐类、有机酸、展着剂等物质。一些矿质盐类主要是钾盐（KCL，KNO_3，K_2SO_4）以及钙盐 $Ca(KNO_3)_2$、铵盐（NH_4NO_3）等有类似糖的作用，可促进水分平衡，延缓衰老过程。在鲜切花保鲜剂中常用的盐主要有钾盐、钙盐、硼酸或硼砂、铜盐和镍盐等。它们的作用主要是抑制保鲜液中微生物的生长和繁殖，增加鲜切花花瓣细胞的渗透浓度，有利于维持水分平衡；作为乙烯生成的抑制剂或引导保鲜液中的糖进入花冠。钾盐主要是氯化钾（KCl）、硝酸钾（KNO_3）等。钙盐常用硝酸钙 $[Ca(NO)_3]$，使用浓度为 0.1%；碳酸钙（$CaCO_3$），浓度为 10mg/L。

另外，保鲜液的酸碱度对切花影响也很大。低的 pH（3～4）可抑制微生物的繁殖和促进花枝吸水，对切花保鲜有利。有机酸的作用在于降低水溶液的 pH，促进花茎吸水和减少花茎的阻塞。保鲜液中最常用的有机酸是柠檬酸另外还有抗坏血酸、酒石酸和苯甲酸等。有时还常在保鲜液中加入润湿剂，以促进鲜切花吸水，如 1mg/L 次氯酸钠、0.1% 漂白剂，或 0.01%～0.1% 吐温 - 20。

（2）保鲜剂的分类及使用

鲜切花保鲜剂，根据其使用时期、方法及使用目的可分为预处理液、脉冲处理液、催花液和瓶插液等。

① 预处理液。它是用于切花采收分级之后，或储藏运输前进行预处理所用的保鲜液。

主要目的是促进花枝吸水，提供外源营养物质，灭菌以及降低储藏运输过程中乙烯对切花的伤害作用。

经研究，切花刚一采收，立即用预处理液处理，保鲜效果最好，而一旦经过搁置 3 天之后才采取保鲜处理，就达不到保鲜的目的。这种溶液用蒸馏水加杀菌剂、有机酸（但不加糖）配制而成，pH 为 4.5 ~ 5.0，加入适量润湿剂（如吐温 - 20）0.1% ~ 0.5% 等，装入塑料容器中加热至 35 ~ 40℃，再将切花茎呈斜面剪截浸入溶液中，溶液一般深 10 ~ 15cm，浸泡切花基部数小时，再将溶液和切花一同移至冷室过夜，失水现象即可消除。对于萎蔫较重的切花，可先将整个切花浸没在溶液中 1h，然后再进行上述步骤处理，而对于具有木质花茎的切花如菊花、非洲菊等可将花茎末端在 80 ~ 90℃ 热水中烫数秒钟，再放入冷水中浸泡有利于细胞膨压的恢复。

② 催花液。催花液是指切花采收通过人工技术使花卉保鲜并促使花蕾开放所使用的保鲜剂。催花液的主要成分为：1.5% ~ 2% 的蔗糖、200mg/L 的杀菌剂、75 ~ 100mg/L 的有机酸，但由于催花所需的时间较长（一般需数天），故所用糖的浓度比预处理液的要低。处理时通常在室温和高湿条件下，将花蕾切花放在花蕾开放液中处理数天，当花蕾开放时再在较低温度条件下储存。但是花蕾期采收的切花应掌握好花蕾发育最适宜的采切时期。否则再好的催花液也无法使其开出高质量的花。如采切的花蕾过小，即使使用催花液也不能开放或不能充分开放。

③ 瓶插液。这是切花在瓶插观赏期的保鲜处理方法，其主要成分为：低浓度的糖、1 ~ 2 种杀菌剂、有机酸等，其配方成分、浓度随切花而异，种类繁多复杂，它能有效地延长切花的瓶插寿命，提高其观赏价值，不少国家已由工厂生产成品销售。一般应用于零售花店和家中鲜切花的保鲜。

实训 16　切花非洲菊的种植

一、实训目的
学习和掌握切花非洲菊的种植和管理。

二、实训设备及器件
生产大棚、介质（泥炭:珍珠岩 = 3:2）、爱贝施控释肥、无纺布、70% 的遮阳网、花多多生长期肥和催花肥、磷酸二氢钾等。

三、实训地点
生产性大棚。

四、实训步骤及要求

1. 配培养基质

泥炭:珍珠岩 = 3:2，1m³ 加入 4kg 的控释肥，拌匀。

2. 做床

用无纺布作底，将基质搬入其内，做成宽 60cm、高 30cm 的畦床。浇透水。

3. 定植

定植密度为每畦种 2 行，株距 30cm。

定植技巧：定植前一天要将畦面浇透水，这一点非常重要，栽植时要"深穴浅栽"，即地下根系尽可能伸展，但要使根颈部位刚好露出土表，否则易造成烂心和根颈腐烂，定植太浅植株常因田间农事操作时发生折断，而且不利于前期发棵，定植后立即浇透定根水，5月下旬定植因气温高，不必覆盖薄膜，定植后应及时盖遮阴率为70%的遮阳网遮阴，有效缩短缓苗时间，促进植株生长。

4. 温度管理

一般白天温度控制在22～26℃，夜温20～22℃，开花期昼温以22～28℃、夜温15～16℃为宜，若日平均温度低于8℃会使花蕾发育停止，而且长期低温诱导植株休眠，气温高于35℃则生长停顿。进入11月后，外界气温急剧下降，大棚内最低气温降到12℃时，及时采用双层保温，防止因低温引起植株休眠，一般白天大棚内气温可提高到30～35℃，使切花产量在元旦、春节维持较高水平，春季日最低气温回升至15℃以上后不必保温。

5. 光照管理

一年生苗夏季要选用70%的遮阳网遮阴，9月初去除遮阳网，加强光照及通风，尽快形成秋季产花高峰。

二年生苗夏季不必遮阴，否则会因光照不足引起植株徒长，花蕾退化，降低切花产量，10月中旬当气温下降，引起夜间结露严重时必须盖尼龙网，否则会引发灰霉病。

6. 施肥

苗期：等移栽的小苗恢复正常生长后，每1周用1000倍复合肥（N:P:K=5:3:2）浇一次，每2周用1000倍的磷酸二氢钾加1000倍的尿素喷施一次叶面。

成苗期：以氮磷钾复合肥（15-8-25）与高钾复合肥（12-5-42）或高钾复合肥（12-2-44）或硝酸钾交替施埋于地表下5cm处，并配合1000倍的磷酸二氢钾10～15天喷一次。

7. 水分管理

整个生长期以土表湿润为原则，浇水原则是"不干不浇，浇则浇透"，水分太足易诱发根茎腐病。

8. 摘叶和疏蕾

非洲菊整个生育期需要不断地摘叶及疏蕾，及时摘除老叶、病叶和过密叶，改善通风透光条件，调整植株长势，减少病虫害发生，冬季因叶片生长慢，可减少摘叶量，以剥去老病叶为主，一般开花植株单株以保留20片展开叶为宜。幼苗进入初花期，对未达到5片以上较大功能叶片的植株，要及时摘除花蕾，促进形成较大营养体，为丰产优质打好基础。非洲菊6月下旬切花产量会明显下降，为减少产量下降幅度，必须在5月下旬开始剥去过多的叶片，夏季叶片生长快，定期剥老叶，可促进新芽发育，否则叶层过于郁闭，影响基部光照，不利于花蕾的形成。

9. 通风换气

大棚内温度高于30℃时，应加强通风换气，通风时不宜一下子通大，引起大棚内气温急剧下降，遇连续低温阴雨天，仍应适当通风换气，降低棚内空气湿度，提高植株抗病能力，如阴雨天连续闷棚易引起花瓣发生大量斑点，使灰霉病暴发，引发植株基部腐烂，外界气温低时可采用单边通风，并缩短通风时间，维持大棚内较高温度。

五、实训分析与总结

切花非洲菊的生产对设施设备的要求不高，但需要生产者细心养护，而且施肥和剥叶是非洲菊最经常做的工作也是最难掌握的工作，需要反复练习、反复观察才能较好掌握。

【评分标准】

切花非洲菊种植评价见表3-8。

表3-8 切花非洲菊种植评价

考核内容要求	考核标准（合格等级）
1. 能正确进行切花非洲菊的种植 2. 能进行正常的水肥管理（掌握正确的浇水方法，能根据植株长势选择肥料种类和浓度） 3. 能定期打药进行病虫害防治，并能及时发现感染病株将其拔除销毁 4. 能利用塑料膜、遮阳网等方便设施在恰当的时候进行降温、保温，同时配合适当的光照以获得优质切花	1. 小组成员参与率高，团队合作意识强，服从组长安排，任务完成及时；种植成活率90%以上、植株生长健壮、开花量大并且品质较好。考核等级为A 2. 小组成员参与率较高，团队合作意识较强，比较服从组长安排，任务完成及时；种植成活率70%以上90%以下、植株生长较为健壮、开花量较大并且品质较好。考核等级为B 3. 小组成员参与率一般，团队合作意识还有待加强，有少数不服从组长安排，任务完成及时；种植成活率60%以上70%以下、植株生长一般、开花量少并且品质一般。考核等级为C 4. 小组成员参与率不高，团队合作意识不强，基本不服从组长安排，任务完成不及时；种植成活率60%以下、切花品质不好。考核等级为D

实训17 切花非洲菊的采收和保鲜处理

一、实训目的

通过实际操作，让学生动手进行非洲菊鲜切花的采收、分级、再裁剪、绑扎、预处理、包装等工作，使学生认识切花分级的指标，常规的绑扎、包装方法及所用材料，掌握鲜切花采后处理的环节和技术，深刻认识鲜切花保鲜处理的必要性。

二、实训设备及器件

非洲菊切花（前期种植的非洲菊）、试剂（蔗糖、硝酸银、水杨酸）、剪刀、直尺、水桶、自来水、鲜花包装纸（塑料）、烧杯、量筒、玻璃棒和标签等。

三、实训地点

生产性大棚、实验室。

四、实训步骤及要求

1. 采收

单瓣品种的花朵当2~3轮雄蕊成熟后就可采收了，重瓣品种要成熟一些才采收。采摘时注意：

（1）摘下整个花梗，否则切割后留下的部分会腐烂并传染到敏感部位并抑制新花芽的萌发。

（2）斜切花梗底部2~4cm。

2. 分级

根据切花非洲菊的分级标准，从整体感、花形、花色、花枝长度和粗细、病虫害感染情况等，进行分级，每一级别分别放置。

3. 绑扎

分级完后，每一级别的切花整理成束，花朵或花蕾在同一端并要求整齐，10枝一束或20枝一束。

4. 包装

根据标准，用剪刀剪留需要的长度，用橡皮筋绑扎，松紧以不松散为宜，外用鲜花包装纸包裹起来，上端比花朵或花蕾稍长，花枝下端20~30cm露在外面，方便保鲜液处理然后用胶带固定，然后成束浸入水桶中，并置于无阳光直射的凉爽地方。在水中加入适量漂白粉（50~100mg/L）并且处理时间不能超过4h。

5. 配制保鲜液

80g/L蔗糖 + 60mg/L硝酸银 + 80mg/L水杨酸。

6. 处理切花花梗

将预处理完成后的非洲菊花梗浸入保鲜液中处理6~24h，插入花梗长度为10~15cm，环境温度10~15℃。避免干燥和吹风。相对湿度提高至70%左右。

五、实训分析与总结

重点掌握鲜切花采后处理包括的环节，以及各个环节重点注意的问题。将经过上述保鲜处理的和普通处理的进行对比，统计切花寿命和观赏价值。

【评分标准】

切花非洲菊采收和保鲜处理评价见表3-9。

表3-9　切花非洲菊采收和保鲜处理评价

考核内容要求	考核标准（合格等级）
1. 能采用正确的采收方法在最适合采收的阶段进行采收 2. 对采收下来的切花能正确进行分级、绑扎和包装 3. 会配制非洲菊切花保鲜液	1. 小组成员参与率高，团队合作意识强，服从组长安排，任务完成及时；采收方法正确，采收时机把握准确；分级标准统一，绑扎方法、包装方法正确；配制保鲜液操作方法无误。考核等级为A 　2. 小组成员参与率较高，团队合作意识较强，服从组长安排，任务完成比较及时；采收方法基本正确，采收时机把握基本准确；分级标准比较统一，绑扎方法、包装方法基本正确；配制保鲜液操作方法基本无误。考核等级为B 　3. 小组成员参与率一般，团队合作意识还需加强，基本能服从组长安排，任务完成比较及时；采收方法有少量错误；分级标准比较统一，绑扎方法、包装方法基本正确；配制保鲜液操作方法有少量错误。考核等级为C 　4. 小组成员参与率不高，团队合作意识不强，不服从组长安排，未能及时完成任务；采收方法不正确，采收时机把握不准确；分级标准不统一，绑扎方法、包装方法不正确；配制保鲜液操作方法有误。考核等级为D

任务3　切花月季的周年生产

教学目标

<知识目标>

1. 了解月季的品系分类特点。

2. 掌握切花月季的标准、生长特性。

3. 掌握切花月季的适时采收，合理储存保鲜的意义、理论依据以及常用方法。

4. 掌握嫁接繁殖的相关理论。

5. 了解国内切花月季的生产标准。

＜技能目标＞

1. 能进行月季的"T"字形芽接和接后的管理。

2. 能利用设施进行切花月季的周年生产并产出高品质的切花。

3. 能适时采收并会分级后进行包装处理。

4. 能进行及时的保鲜处理。

＜素质目标＞

1. 培养学生积极思考、做事有责任心的工作态度。

2. 培养学生密切联系当地企业，了解市场动向的习惯。

教学重点

1. 切花月季的嫁接繁殖。

2. 切花月季生产的各个环节、关键技术等。

教学难点

1. 如何通过反复操作实践提高嫁接成活率。

2. 根据植株长势、气候变化管理生产温室或大棚，给植株提供适宜的生产环境，生产出高质量的月季切花。

【实践环节】

一、扦插繁殖（图 3-17）

扦插法只限于发根容易的品种。

1. 介质

配制同盆花栽培里的常春藤的扦插。

2. 穴盘

采用 50 穴规格。

3. 扦插时期

春、秋两季扦插，春插一般在 4 月下旬 ~ 5 月底，秋插从 8 月下旬 ~ 10 月底。

4. 扦插方法

剪取花后半成熟枝条，每 3 ~ 4 个芽为一段。保留插条顶部 2 片小叶，基部用500mg/LIBA 速蘸。插入深度为插条长的 1/3 ~ 1/2。

5. 插后管理

扦插后扣塑料小拱棚保湿，温室用草帘或遮阳网遮阴。保持床温 20℃ 左右，气温 15℃ 左右。插后 25 天左右视生根情况逐步去掉遮阴物，并适度增加通风，根长至 5 ~ 10cm 可移植。

图 3-17　月季扦插

二、嫁接繁殖

嫁接是切花月季最常用的一种繁殖方法。

1. 嫁接时间

芽接在 5 月或 9 月进行。

2. 砧木准备

砧木为蔷薇、野生蔷薇的扦插苗或实生苗。考虑到嫁接的便利性和快速性，建议采用无刺或皮刺极少的蔷薇类种或品种作砧木，所以多采用引自日本的无刺类蔷薇。

3. 插穗准备（图 3-18）

嫁接前 1 天，采取花后的充实枝条，长约 30cm，剪去叶片留叶柄，剪掉皮刺，浸泡于水中备用。

4. 嫁接方法

采用"T"字形芽接（图 3-19）。

5. 接后管理

嫁接后在距接芽上端 10cm 处折弯砧木枝条，但不要折断或剪掉，以保留砧木上端适量的叶片进行光合作用，促进接口愈合和辅养接芽。一般嫁接后 7 ~ 10 天愈合，15 天左右解除绑缚。经常及时抹除砧木萌芽，接芽萌发生长至 15cm 以上，生出 4 ~ 6 枚复叶时剪砧。

图 3-18　月季插穗

三、栽培管理

1. 品种选择

南方地区栽培，应选耐热抗病品种，多用露地栽培。北方应选择较耐寒品种或适于温室栽培的品种，多用温室或塑料大棚栽培。

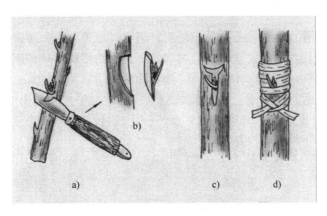

图 3-19 "T"字形芽接

a）削取芽片　b）取下芽片　c）插入芽片　d）绑缚

2. 环境及整地

选择阳光充足、地势高、排水良好、通气、具有良好团粒结构的黏壤土。深翻 40～50cm 土壤，施足基肥，一般 180m² 标准大棚施堆肥 1200～1500kg，调整 pH 至 6～6.5，并进行消毒、杀菌。

3. 苗木选择

嫁接苗根系发达、长势旺、成苗迅速，但种苗繁殖周期长，技术要求高，栽培过程中需经常去除砧木上的萌芽。

扦插苗在根系发达程度、生长势、成苗速度等方面均不如嫁接苗，但种苗繁殖周期短，技术要求低，采用加大密度、加强水肥管理等措施，也可产出符合当前国内市场要求的切花。

4. 定植

温室切花月季定植时间最好在 5～6 月，经过 3～4 月的培育，至 9～10 月开始产花。

定植密度因品种、苗情和环境而异。每 100m² 栽植 700～900 株。

切花月季株行距常用 30cm×30cm。

新栽的植株要修剪，留 15cm 高，尤其是折断的、伤残的根与枝要剪掉，顶芽一定要饱满。

定植深度决定于表面用不用覆盖，芽接的接口部分离土面 5cm。

刚栽下去的一段时间里，一天要喷雾几次，保持地上部枝叶的湿润状态。

5. 定植后整枝

定植后的 3～4 个月为营养体养护阶段。随时将产生的花蕾摘除（不使花蕾大于 0.5～0.6cm）。从接穗上萌发的枝条根据长势强留双、弱则留单（一般留单）的原则选留。第二次萌发枝条后则应留 2～3 枝徒长枝作开花母枝，然后对开花母枝留 50cm 打顶，从其上萌发的枝条则为开花母枝。

对于早期的花枝也可从基部第二片完全叶处折枝下伏至地面，保留叶片，让其进行光合作用。

完成枝叶空间调控一般需要一年左右时间。

6. 水肥管理

定植初期的水分管理，应使土壤见干见湿，肥料以氮肥为主，薄肥勤施，促成新根。

进入孕蕾开花期，水肥需要量增大，增加磷、钾肥施用量，减少氮肥施用量。土壤应经常保持湿润状态，每2～3天浇一次水。

切花月季在生长过程中需要比较均衡的肥料，通常是把月季所需的大量元素或微量元素配成综合肥料施用。浇水最好用滴灌，若用软管浇水，管口要紧贴地表，中压喷洒，尽量不要淋湿叶片。

休眠期修剪

7. 修剪

修剪时期：冬、秋两季，夏季多不修剪，只摘蕾。

冬季修剪应在月季进入休眠后进行，最晚不超过2月。目的是整修树形、控制高度。

秋季修剪在月季生长季节进行。目的是促进枝条发育，更新老枝条，控制开花期，决定出花量。

日常修剪工作：及时除去开花枝上的全部侧蕾和侧芽；及时除去砧木上的蘖芽；及时摘除细弱枝上的花蕾，随时剪除病枝和病叶；每次剪取切花应在枝条基部以上第一、二个芽点处剪断。

8. 摘心

摘心在初期是为了调整株形，但在开花以后，则是为了控制花期。

在新梢生长到15～20cm时，将顶部去掉3cm左右，从而促进侧芽生长成为侧枝，到一定长度仍要摘心1～2次，直到全株的主枝、侧枝的数量足以产生大量的花朵为止。

9. 病虫害防治

黑斑病：主要危害叶片，可用50%多菌灵可湿性粉剂或70%甲基托布津、百菌清可湿性粉剂800～1000倍液防治。

灰霉病：危害芽，用50%苯菌灵可湿性粉剂或50%百菌清可湿性粉剂1000倍液防治。

白粉病：危害叶片、叶柄及花蕾，用15%粉锈宁可湿性粉剂700～2000倍液等多种杀菌剂与液肥混合喷施，交替施用。

虫害有蚜虫、红蜘蛛、蓟马、刺蛾、尺蠖等。

10. 采收

（1）采收标准

1）开花指数1：萼片紧抱，不能采收。

2）开花指数2：萼片略有松散，花瓣顶部紧抱，不适宜采收。

3）开花指数3：萼片松散，适合于远距离运输和储藏。

4）开花指数4：花瓣伸出萼片，可以兼做远距离和近距离运输。

5）开花指数5：外层花瓣开始松散，适合于近距离运输和就近批发出售。

6）开花指数6：内层花瓣开始松散，必须就近很快出售。

但在实际生产中，还要考虑季节和品种特性的关系，进行适当调整。

（2）采切时间和方法　因季节而异。春、夏、秋季一般每天采收两次，分别在上午6：30～8：00和下午6：00～7：30进行，冬天一般每天早上剪切一次。剪切的枝条要有5个节间距或更长一些的长度，在花枝着生基部留2～3个叶腋芽剪切。

（3）分级包装　采收后按枝长、花径、花色等分级包扎，并作保鲜预处理以待上市。

（4）保鲜　立即入低温库储藏，储藏的温度为 1～2℃，最好是插入水中进行温储。温储的水质很重要，pH 低对月季切花有利。盛花容器中的保鲜剂是由硫代硫酸钠和硫酸铝组成的混合液。

【理论知识】

一、月季形态特征

蔷薇科、蔷薇属植物。主要由原产中国、西亚、东欧及西南欧等地多种蔷薇属植物反复杂交而来，栽培遍及世界各地。有刺灌木或攀缘状。有三种枝条类型：开花枝、徒长枝和盲枝。单数羽状复叶互生，小叶 3～9 枚，托叶与叶柄合生。叶片类型也有三种：3 小叶、5 小叶和 7 小叶羽状复叶，是整枝、抹芽、封顶、采花的重要依据。花单生或伞房花序，花瓣多为重瓣。雄蕊多数或退化心皮多数或退化。全年多次开花。

月季分类及养护

二、现代月季的分类

现代月季主要杂交原种是两个产自我国的种：月季（*R. chinensis*）和香水月季（*R. odorata*）。

根据品种的演化关系、形态特征及其习性，现代月季可以分为六大类（品系）。

1. 大花月季系（GF）——茶香月季（Hybrid Tea Rose）（图 3-20）

花大轮、丰满，花瓣 20～30 片，有些品种花径可达 15cm，花色丰富，具有芳香。

图 3-20　茶香月季

2. 聚花月季系（C）——丰花月季（Floribunda Rose）（图 3-21）

植株较矮小，茎枝纤细，花聚生于枝顶，花较小。

3. 壮花月季（Grandiflora Rose）（图 3-22）

植株健壮高大，多在 1m 以上，花形大，重瓣性强，花瓣多达 60 枚以上，雌雄蕊有时退化，花单生或呈有分枝的聚伞花序，花梗较长，花色丰富。

图 3-21　丰花月季　　　　　　　　　　　　　图 3-22　壮花月季

4. 攀缘月季（Climbing Rose）（图 3-23）

为攀缘状藤本，有一年开一次花的，也有连续开花的。

5. 微型月季（miniature Rose）（图 3-24）

株形矮小，高不超过 30cm，花径 2～4cm，花瓣排列整齐，常有雌雄蕊。花色丰富。

图 3-23　攀缘月季　　　　　　　　　　　　　图 3-24　微型月季

6. 地被月季系（Ground Cover Roses）（图 3-25）

月季中的一个新系，分枝特别开张或匍匐地面的类型，是很好的地被植物材料。

三、主要切花品种

用于切花生产的月季主要为茶香月季和壮花月季，也有少量丰花月季（图 3-26）。

1. 切花月季品种要求

1）花形优美，高心卷边或高心翘角，特别是花朵开放 1/3～1/2 时，优美大方，含而不露，开放过程较慢。

图 3-25　地被月季

图 3-26　切花月季

2）花瓣质地硬，花朵衰败慢，花瓣整齐，无碎瓣。

3）花色鲜艳、明快、纯正，不发灰，不发暗。

4）花枝长，花梗硬挺，不下垂。

5）叶片大小适中，叶面平整，有光泽。

6）有一定抗热、抗寒、抗病能力。

7）生长能力旺盛，萌发率强，耐修剪，产花率高，大花形品种每平方米年产花 80 ~ 100 枝，中花形品种年产花达 150 枝。

8）茎秆刺较少。

2. 我国栽培切花月季主要品种

1）萨莎（Samantha）。半直立，长势强，花枝长达 60cm。花大形，红色、有绒光。抗热性强。是美国、日本、中国等地的主要栽培切花品种。

2）红成功（Red Success）。枝长而挺直，可达 80cm。花大形，红色，花瓣质硬。耐热，可作夏秋栽培。

3）红胜利（Madelon）。植株直立，枝硬挺。花枝长 50 ~ 60cm。花大形，高心卷边，朱红色。

4）红衣主教（Kardinal）。株形略矮，花枝长 40 ~ 50cm。花中形，亮红色、有绒光。抗病力强，长势较差。

5）超级明星（Super star）。株形挺立，枝长 50 ~ 60cm。花大形，橙红色或朱红色，开花多。耐热、抗病。

6）荷兰粉红（Holland Pink）。长势强健，刺少。花中大形，浅粉色。耐热抗病。

7）索尼亚（Sonia meilland）。半直立，枝硬挺，少刺。枝长 50 ~ 65cm。花大形，高心卷边，珊瑚粉红色。抗病力强。是世界上栽培最多的粉色品种。

8）婚礼粉（Bridal Pink）。株形中等，半直立，枝较柔软，花枝长 45 ~ 55cm。花粉红色，中形，卷边，花多产量高。

9）金奖章（Golden medal）。植株强健，枝硬直，花枝长 60 ~ 70cm。花大形，花瓣初时深黄色，后渐变浅黄色并有红晕，耐热，抗病力强。

10）金徽章（Olden Emblen）。植株长势强，枝挺直，花枝长 60cm 以上。花大形，金黄色，高心翘角。抗性一般。

211

四、生态习性

1. 花芽分化特性

月季是自诱导植物，即孕育开花不需要日照和低温处理，整枝、采花后，顶端生长点被除去，便会有侧芽萌发，在一定温度范围内直接进行花芽分化，因品种而异。但大多数品种在新芽长至 4～5cm 时开始分化。

2. 对环境的要求

月季喜日照充足、空气流通、排水良好的环境。每天需要接受 5h 以上的阳光直射才能生长良好。最适温度是昼温 20～28℃，夜温 15～18℃，30℃以上进入半休眠状态，超过35℃易引起死亡，低于 5℃即进入休眠状态，可耐 –15℃极限低温。最适宜生长的相对湿度为 75%～80%，如果相对湿度过大，则容易生黑斑病和白霉病。土壤要求排水良好、透气、具有团粒结构的壤土，pH 为 6～7。

五、花期调控

温室切花栽培产花期从 10 月～第二年 5 月，其中以 12 月～第二年 3 月价值最高。利用露地和温室栽培可达到周年供应，但市场价格起伏很大，"圣诞节""情人节""春节"等节日价格最高，因此需有意识地调节花期，争取较高的经济效益。通过以下手段，结合使用可做到周年生产或既定花期的栽培。

温度的调控：保护地栽培，只要提供合适的温度便可周年供花。

修剪、摘心和控制水肥：在节日需要大量用花时，提前 6～8 周修剪一次，然后减少浇水量迫使休眠一周。如为了国庆上市，必须在 8 月初恢复生长，一般品种新梢抽出 60 天即可开花，正好赶上节日上市。

调节花期的参数：由于光照度和气温的不同，春、夏两季两茬采收的时间相距 6 周左右，秋季至冬季要 7～8 周，这可以作为调控花期的一个参考。

【拓展知识】

一、嫁接繁殖

1. 嫁接的概念

嫁接是指将具有优良性状的植物体营养器官，接在另一株植物的茎（或枝）、根上，使二者愈合生长，形成新的独立植株的方法。嫁接所用的优良植物的营养器官叫接穗，接受接穗的植物叫砧木。用嫁接的方法培育出的苗木叫嫁接苗，嫁接苗的砧穗组合常以"穗/砧"表示。

2. 影响嫁接成活的因素

（1）亲和力　亲和力是指砧木和接穗在内部组织结构上、生理和遗传特性上彼此相同或相近似，嫁接在一起后伤口能愈合生长的能力，这是植物嫁接成功的关键因素。

亲和力强弱：一般情况下，共砧嫁接 > 同属不同种间嫁接（苹果/海棠）> 同科不同属间嫁接（辣椒/托鲁巴姆）> 不同科间嫁接（桂花/小叶冬青）。

如，嫁接植株直接死亡（樟树/玉兰）；嫁接植株前期生长良好，后期生长衰弱甚至死亡（大叶女贞/桂花）；嫁接部位出现"绞溢"（图 3-27）"大脚"（图 3-28）"小脚"

（图 3-29）等现象，但不影响生长（藤稔/贝达）。

图 3-27 嫁接"绞溢"

图 3-28 嫁接"大脚"

（2）形成层细胞的再生能力　对于有亲和力的植物，嫁接的成活，主要是依靠砧木和接穗形成层细胞的再生能力。

（3）温度　最适温度 20～30℃，超过 35℃，愈伤组织生长停止。

（4）湿度　空气相对湿度接近饱和，对愈合最为适宜。生产上常用接蜡或塑料薄膜保持接穗的水分，有利于组织愈合。

（5）空气　空气是愈合组织生长的一个必要因子。砧木与接穗之间接口处的薄壁细胞增殖、愈合，需要有充足的氧气，且愈合组织生

图 3-29 嫁接"小脚"

长、代谢作用加强，呼吸作用也明显加大，空气供给不足，代谢作用受到抑制，愈合组织不能生长。

3. 嫁接

（1）砧木准备

1）砧木的选择。

① 砧木与接穗的亲和力要强。

② 砧木要能适应当地的气候条件与土壤条件。

③ 砧木繁殖方法要简便，繁殖材料来源要丰富，易于成活，生长良好。

2）砧木的培育。砧木可通过播种、扦插等方法培育。生产中多以播种苗作砧木，这是因为播种苗具有根系发达、抗逆性强、寿命长等优点，而且便于大量繁殖。有特殊要求的除外，如嫁接龙爪槐、龙爪榆、龙爪柳、红花刺槐等高接换头且对苗干高度有一定要求的，砧木规格通常为干高 2.2m 以上，胸径 3～4cm。嫁接用砧木苗通常选用 1～2 年生、地径为 1～2.5cm 的规格。

（2）接穗的准备

1）接穗的采集。接穗的采集，必须从栽培目的出发，选择品质优良纯正、观赏价值或

经济价值高、生长健壮、无病虫害的壮年期的优良植株为采穗母本。

2）接穗的储藏。春季嫁接用的接穗，一般在休眠期结合冬季修剪将接穗采回，每100根捆成一捆，附上标签，标明树种或品种、采条日期、数量等，在适宜的低温下储藏。可放在假植沟或地窖内。在储藏期间要经常检查，注意保持适当的低温和适宜的湿度，以保持接穗的新鲜，防止失水、发霉。

对有伤流现象、树胶、单宁含量高等特殊情况的接穗用蜡封方法储藏，如核桃、板栗、柿树等植物接穗。

（3）嫁接方法及操作

1）劈接（图3-30）。通常在砧木较粗、接穗较小时使用。根接、高接换头嫁接均可使用。

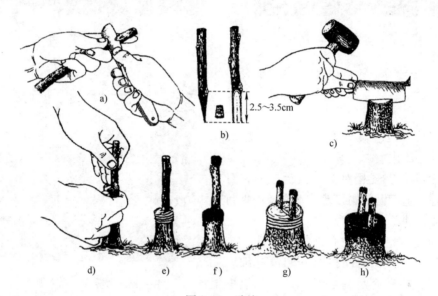

图3-30 劈接

a）削接穗 b）接穗削面 c）劈开砧木 d）插入接穗 e）、g）绑扎 f）、h）涂石蜡

2）切接（图3-31）。切接是枝接中最常见的方法之一。通常在砧木较粗，接穗较细时使用。一般在春季嫁接。

3）靠接。主要用于培育一般嫁接难以成活的珍贵树种，要求砧木与接穗均为自养植株，且粗度相近，在嫁接前还应将二者移植到一起。

4）插皮接。枝接中最易掌握、成活率最高、应用也较广泛的一种嫁接方法。要求在砧木较粗，且皮层易剥离的情况下采用。在园林苗木生产上用此法可高接和低接。

5）腹接（图3-32）。在砧木腹部进行嫁接。常在砧木较细时使用。一般在夏、秋季节使用。

6）嵌芽接（图3-33）。此种方法不仅不受树木离皮与否的季节限制，而且用这种方法嫁接，接合牢固，利于嫁接苗生长，已在生产上广泛应用。

7）"T"字形芽接。这是目前应用最广的一种嫁接方法。需要在夏、秋季进行。

总之，嫁接过程要求做到：

齐：砧木与接穗的形成层必须对齐。

图 3-31　切接

平：砧木与接穗的切面要平整光滑，最好一刀削成。

紧：砧木与接穗的切面必须紧密地结合在一起。

快：操作的动作要迅速，尽量减少砧、穗切面失水，对含单宁较多的植物，可减少单宁被空气氧化的机会。

净：砧、穗切面保持清洁，不要被泥土污染。

（4）嫁接工具（图3-34）

修枝剪：用于剪接穗的枝条。

芽接刀、枝接刀：用于修切芽片或接穗、切开树皮等。

大砍刀、弯刀、手锯：用于处理砧木。

包接穗湿布、盛接穗的水罐：用于接穗的保湿。

绑扎用的材料：固定接穗和芽片。

（5）嫁接后的管理

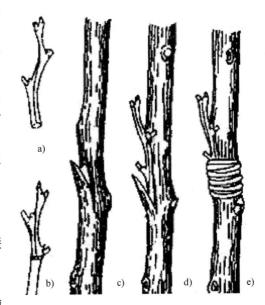

图 3-32　腹接
a）接穗　b）接穗削面　c）砧木削面
d）插接穗　e）绑接穗

1）挂牌。挂牌的目的是防止嫁接苗品种混杂，生产出品种纯正、规格高的优质壮苗。

2）检查成活率。对于生长季的芽接，接后7～15天即可检查成活率。如果带有叶柄，只要用手轻轻一碰，叶柄即脱落的，表示已成活；若叶柄干枯不落或已发黑的，表示嫁接未成活。

3）解除绑缚物。生长季节接后需立即萌发的芽接和嫩枝接，结合检查成活率要及时解除绑扎物，以免接穗发育受到抑制。

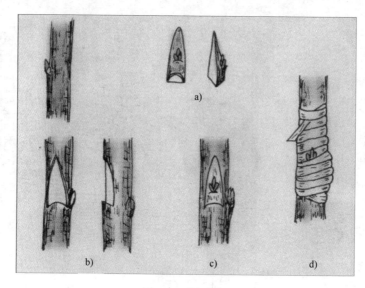

图 3-33　嵌芽接

a）削接芽　b）削砧木接口　c）插入接芽　d）绑缚

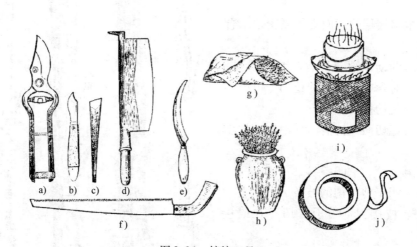

图 3-34　嫁接工具

a）修枝剪　b）芽接刀　c）枝接刀　d）大砍刀　e）弯刀　f）手锯　g）包接穗湿布
h）盛接穗的水罐　i）熔化接蜡的火炉　j）绑扎用的材料

4）剪砧抹芽。剪砧是指在嫁接育苗时，剪除接穗上方砧木部分的一项措施。枝接中的腹接、靠接和芽接的大部分方法，需要剪砧。同时要抹去砧木上萌发的枝芽，以利接穗萌芽生长。

二、月季切花中华人民共和国农业行业标准

1. 范围

本标准规定了月季切花产品质量分级、检验规则、包装、标志、运输和储藏技术要求。

本标准可作为月季切花生产、批发、运输、储藏、销售等各个环节的质量把关基准和产品交易基准。

2. 定义

本标准采用下列定义。

1）切花。通常是指包括花朵在内的植物体的一部分，用于插花或制作花束、花篮、花圈等花卉装饰。

2）整体感。花朵、茎秆和叶片的整体感观，包括是否完整、均匀及新鲜程度。

3）花形。包括花形特征和花朵形状两层含义。

4）蓝变。红色花瓣在衰老时常显现不同程度的蓝色。

5）药害。由于施用药物对花朵、叶片和茎秆造成的污染或伤害。

6）机械损害。由于粗放操作或由于储运中的挤压、振动等造成的物理伤害（含花朵掉头）。

7）采切期。将切花从母体上采切下来的日期。

8）保鲜剂。保鲜剂是用于调节开花和衰老进程，减少流通损耗，延长瓶插寿命的化学药剂。

9）去刺和去叶。用人工或机械手段去掉切花茎秆基部不需要的刺和叶片。

10）催花处理。花蕾期采收的切花，在出售前创造适宜的环境条件，或结合药剂处理，加速开花的技术措施。

3. 质量分级

月季切花产品质量分级标准见表3-10。

表3-10 月季切花产品质量分级标准

评价项目		等级			
		一级	二级	三级	四级
1	整体感	整体感、新鲜程度极好	整体感、新鲜程度好	整体感、新鲜程度好	整体感、新鲜程度一般
2	花形	完整优美，花朵饱满，外层花瓣整齐，无损伤	完整优美，花朵饱满，外层花瓣整齐，无损伤	完整优美，花朵饱满，有轻微损伤	花瓣有轻微损伤
3	花色	花色鲜艳，无焦边、变色	花色好，无褪色失水，无焦边	花色良好，不失水，略有焦边	花色良好，略有褪色，有焦边
4	花枝	1. 枝条均匀、挺直 2. 花茎长度65cm以上，无弯颈 3. 重量40g以上	1. 枝条均匀、挺直 2. 花茎长度55cm以上，无弯颈 3. 重量30g以上	1. 枝条均匀、挺直 2. 花茎长度50cm以上，无弯颈 3. 重量25g以上	1. 枝条均匀、挺直 2. 花茎长度40cm以上，无弯颈 3. 重量20g以上
5	叶	1. 叶片大小均匀，分布均匀 2. 叶色鲜绿有光泽，无褪绿叶片 3. 叶片清洁，平整	1. 叶片大小均匀，分布均匀 2. 叶色鲜绿，无褪绿叶片 3. 叶片清洁，平整	1. 叶片分布均匀 2. 无褪绿叶片 3. 叶片较清洁，稍有污点	1. 叶片分布不均匀 2. 叶色有轻微褪绿 3. 叶片有少量残留物

（续）

评价项目		等级			
		一级	二级	三级	四级
6	病虫害	无购入国家或地区检疫的病虫害	无购入国家或地区检疫的病虫害，无明显病虫害斑点	无购入国家或地区检疫的病虫害，有轻微病虫害斑点	无购入国家或地区检疫的病虫害，有轻微病虫害斑点
7	损伤	无药害，冷害，机械损伤	基本无药害，冷害，机械损伤	有轻度药害，冷害，机械损伤	有轻度药害，冷害，机械损伤
8	采切标准	适用开花指数 1～3	适用开花指数 1～3	适用开花指数 2～4	适用开花指数 3～4
9	采后处理	1. 立即浸入保鲜剂处理 2. 依品种 12 枝捆绑成扎，每扎中花枝长度最长与最短的差别不可超过 3cm 3. 切口以上 15cm 去叶、去刺	1. 保鲜剂处理 2. 依品种 20 枝捆绑成扎，每扎中花枝长度最长与最短的差别不可超过 3cm 3. 切口以上 15cm 去叶、去刺	1. 依品种 20 枝捆绑成扎，每扎中花枝长度最长与最短的差别不可超过 3cm 2. 切口以上 15cm 去叶、去刺	1. 依品种 30 枝捆绑成扎，每扎中花枝长度的差别不可超过 10cm 2. 切口以上 15cm 去叶、去刺

注：1. 开花指数 1：花萼略有松散，适合于远距离运输和储藏。

2. 开花指数 2：花瓣伸出萼片，可以兼作远距离和近距离运输。

3. 开花指数 3：外层花瓣开始松散，适合于近距离运输和就近批发出售。

4. 开花指数 4：内层花瓣开始松散，必须就近很快出售。

实训 18　月季 "T" 字形芽接

一、实训目的

1. 掌握月季 "T" 字形芽接的操作方法。

2. 掌握接后管理技术。

二、实训设备及器件

野蔷薇砧木、切花月季接穗、嫁接刀、绑带。

三、实训地点

生产性大棚。

四、实训步骤及要求

1. 砧木处理

用短刃竖刀在砧木距地面 4～6cm 的无分枝向阳面处横切一刀，为 5～8mm 宽，其深度刚及木质部，再于横切处中部向下竖直切一刀，为 1.5～2cm 长，使皮层构成 "T" 字形开口。

2. 接穗处理

将穗条从母株上剪下，去叶片留叶柄，选择充分饱满的接芽，用利刀在其上方约 0.5cm 处横切一刀深入木质部 3mm 左右，再用刀从接芽下方约 0.5cm 刚及木质部向上推削至接芽上方的切断停止。

3. "T"字形芽接

用刀挑开砧木"T"字形切断面的皮层，将接芽植入切断面内，植入后要进行微调，将接芽的横切断面与砧木的横切断面对齐且不能显露砧木形成层。

4. 绑扎

接芽放妥后即用塑料带绑缚，绑缚时必须显露接芽。

5. 嫁接后管理

嫁接后在距接芽上端10cm处折弯砧木枝条，但不要折断或剪掉；15天左右解除绑缚；经常及时抹除砧木萌芽，接芽萌发生长至15cm以上，生出4~6枚复叶时剪砧。

五、实训分析与总结

嫁接是一项看似简单，实则较难掌握的一个繁殖手段。需要不断地实践、摸索和经验的积累。

【评分标准】

月季"T"字形芽接评价见表3-11。

表3-11 月季"T"字形芽接评价

考核内容要求	考核标准（合格等级）
1. 嫁接操作是否规范正确 2. 嫁接后的管理是否规范、积极	1. 嫁接时对砧木的处理、接穗的处理规范，正确；嫁接方法操作规范，正确；嫁接后管理正确，积极。成活率达到70%以上。考核等级为A 2. 嫁接时对砧木的处理、接穗的处理比较规范，正确；嫁接方法操作比较规范，正确；嫁接后管理比较正确，积极；成活率达到50%以上70%以下。考核等级为B 3. 嫁接时对砧木的处理、接穗的处理有少许不规范；嫁接方法操作不够规范，正确；嫁接后管理不够正确，不够积极；成活率达到40%以上50%以下。考核等级为C 4. 嫁接时对砧木的处理、接穗的处理不规范；嫁接方法操作不正确；嫁接后管理不正确，不积极；成活率达到40%以下。考核等级为D

项目 ④ 水生花卉的生产

由于水生花卉在公园、宾馆等室内外所特有的观赏效果，尤其是对湿地景观构建的逐渐重视，成为近年来花卉消费中一个新的增长点。通过本项目两个任务的操作，目的是能进行常见水生、湿生花卉的生产栽培，并且能对园林露地水生、湿生花卉进行日常管理。

📖 **工作任务**

1. 荷花生产。
2. 再力花生产。

任务 1　荷　花　生　产

🎩 **教学目标**

<知识目标>

1. 了解荷花的生长物候。
2. 掌握荷花分藕繁殖的原理。
3. 掌握分生繁殖的相关理论。
4. 掌握园林中常见水生植物的习性。

<技能目标>

1. 能采用种藕进行荷花的分生繁殖。
2. 能根据荷花一年中的物候反应以及气候进行及时的管理。

<素质目标>

1. 培养学生细心观察，积极思考的习惯。
2. 培养学生吃苦耐劳，积极动手的工作作风。

📢 **教学重点**

1. 分生繁殖的原理及操作注意事项。
2. 荷花的生长物候期及日常管理。

教学难点

1. 荷花的种藕繁殖技术操作。

2. 分生繁殖的技术关键。

【实践环节】

一、种植

挑选生长健壮的根茎，每2~3节切成一段作为种藕，每段带有顶芽和尾节，株行距均以80~100cm为宜。分栽时，左手持种藕，右手握住藕身顶端一节，并用中指保护顶芽，顶芽朝上，成20°~30°插入泥中，藕尾节要翘出泥面，待1~2天后放水15cm左右。一直持续到浮叶期，保持一定的水温，能大大地提高其成活率。随着浮叶的生长逐渐提高水位。

二、肥料

荷花喜肥，但要薄肥勤施。一般荷花要施足基肥、少施追肥。缸盆栽植荷花，一般用豆饼、鸡毛等作基肥，制作基肥应将鸡毛等与土壤充分搅拌，土壤和有机肥的用量比例为2:1，基肥用量为整个栽植土的1/5，将基肥放入缸盆的最底层。在荷花的开花生长期，如发现叶色发黄，则要用尿素、复合肥片等进行追肥，也可用20~60mg/kg铁锰液叶片喷施，或用2mg/kg作灌施。

子莲一般每亩施用3000kg有机肥和磷钾肥作为基肥，追肥的原则是苗期轻施，花蕾形成期重施，开花结果期勤施，具体时间为：5月上旬幼苗期每亩施用30kg磷钾肥、10kg尿素；6月中旬~8月上旬为开花期，为促使荷花盛开，提高结实率，每隔20天应施一次追肥。

藕莲每亩施用400kg有机肥，100kg豆饼作为基肥。藕莲第一次追肥是在6月上旬，施用以尿素、磷钾肥为主的立叶肥；第二次在7月上旬，施用尿素30kg、磷钾肥50kg的坐藕肥以确保藕莲多结藕，结好藕，提高经济效益。

三、适时浇水

荷花对水分的要求在各个生长阶段各不相同。一般生长前期只需浅水，中期满水，后期少水。

四、疏剪老叶

植株封行时摘除枯黄的无花立叶、盛花期摘除无花老叶，这样既美观又能促发新叶，增添植株生长后劲，但植株发病时应避免对荷叶的机械损伤，否则易造成病菌从伤口侵入，使病菌蔓延。

五、病虫害防治

病害以防治腐烂病、黑斑病为主，虫害以防治缢管蚜、斜纹夜蛾为主。莲腐烂病重在预防，种苗移栽前用50%多菌灵可湿性粉剂500倍液喷洒，在莲株生长期间，尤其是4~9月每隔15天喷药一次，用25%多菌灵可湿性粉剂500倍液、68%金雷多米尔水分散粒剂1000倍液交替施用；莲黑斑病用75%甲基托布津可湿性粉剂1000倍液或0.25%波尔多液喷洒；对于斜纹夜蛾，每年以6~10月危害最重，要结合管理及时摘除卵块和群集危害的初孵幼虫，以减少虫源，在成虫群集危害严重时，可用悬挂频振式杀虫灯诱杀成虫或用糖醋液诱杀成虫等方法。危害荷花的蚜虫主要是一种荷缢管蚜，当少量发生时，可随时用手捏死或用洗衣粉水喷杀，有良好的防治效果。

【理论知识】

荷花形态特征及品种分类

1. 形态特征

荷花，通称藕，又名莲花、水芙蓉等，属睡莲科多年生水生草本花卉。地下茎长而肥厚，有长节。横生于淤泥中。节上生根并抽生叶片，叶大，直径可达70cm，呈盾状圆形，被蜡质白粉。花单生，大而色艳，有单瓣、复瓣、重瓣之分，色有深红、粉红、白、浅紫、浅绿及间色等变化。花叶均有清香。花后结实称为莲蓬，内有种子，称为莲子。藕和莲子能食用，莲子、根茎、藕节、荷叶、花及种子的胚芽等都可入药。莲出淤泥而不染之品格恒为世人称颂。

2. 品种分类

我国荷花品种资源丰富，达500种以上，以荷花人工栽培的历史演进，并结合栽培应用的实际，我国将栽培的荷花分为藕莲、子莲、花莲三大系统。根据《中国荷花品种图志》的分类标准共分为3系、50群、23类及28组。从花形上分有单瓣种，花瓣16枚左右，如"东湖红莲""苏州白莲"等；复瓣种，花瓣21~59枚，如"唐婉"等；重瓣种，花瓣可达200枚，如"千瓣莲""重台莲"等。

3. 生态习性

荷花是水生植物，喜湿怕干，喜相对稳定的平静浅水，湖沼、泽地、池塘是其适生地，不爱涨落悬殊的流水。荷花的需水量由其品种而定，池塘植荷以水深0.3~1.2m为宜，初植种藕，水位应在0.2~0.4m之间。在水深1.5m处，就只见少数浮叶，不见立叶，不能开花，如立叶淹没持续10天以上，便有覆灭的危险。荷花喜光、喜温、不耐阴。栽植季节的气温至少需15℃，最适温为20~30℃，冬季气温降0℃以下，盆栽种藕易受冻。在强光下生长发育快，开花早，但凋萎也早。荷花对土壤要求不严，以富含有机质的肥沃黏土为宜。适宜的pH为6.5。花期7~8月。单朵花的花期，单瓣品种3~4天，于早晨开放，中午以后逐渐闭合，次晨复开；复瓣品种5~6天；重瓣品种可达10天以上。

【拓展知识】

一、分生繁殖

1. 概念

分生繁殖是指人为地将植物体分生出来的幼植物体（如吸芽、珠芽等）或者植物营养器官的一部分（如走茎和变态茎等）与母株分离或分割，另行栽植而形成独立生活新植株的繁殖方法。

2. 特点

1）新植株能保持母株的遗传性状，繁殖方法简便，容易成活，成苗较快。

2）繁殖系数低于播种繁殖。

3. 方法

（1）分株繁殖（图4-1）

定义：将根际或地下茎发生的萌蘖切下栽植，形成独立的植株。

萌蘖的促进方法：园艺上可砍伤根部促其分生根蘖以增加繁殖系数。

例如：春兰、玉簪等。

（2）吸芽繁殖

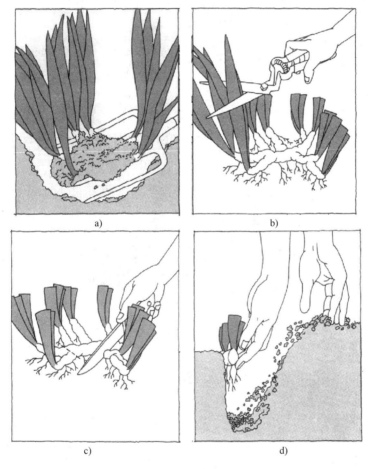

图4-1　分株繁殖

a）植株　b）剪去叶片　c）切割　d）种植

繁殖：吸芽的下部可自然生根，可自母株分离而另行栽植。

例如：芦荟、景天等在根际处常着生吸芽。凤梨的地上茎叶腋间也生吸芽。

（3）珠芽繁殖

定义：珠芽是某些植物具有的特殊形式的芽。生于叶腋间，呈鳞茎状的芽叫珠芽。如观赏葱类。

繁殖：珠芽脱离母株后自然落地即可生根。

（4）走茎繁殖

定义：走茎是自叶丛抽生出来的节间较长的茎。节上着生叶、花和不定根，也能产生幼小植株。

繁殖：分离小植株另行栽植即可形成新株。如虎耳草、吊兰（图4-2）等。

区分：匍匐茎与走茎相似，但节间稍短，横走地面并在节处生不定根和芽，如禾本科的草坪植物狗牙根、野牛草。

（5）根茎繁殖

定义：根茎是一些多年生花卉的地下茎肥大呈粗而长的根状，并储藏营养物质。

繁殖：节上常形成不定根，并发生侧芽而分枝，继而形成新的株丛。

例如：美人蕉、香蒲、紫菀、虎尾兰（图4-3）。

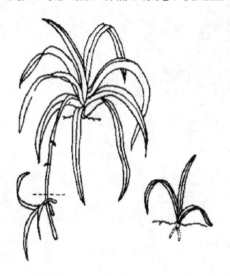

图4-2　吊兰走茎繁殖

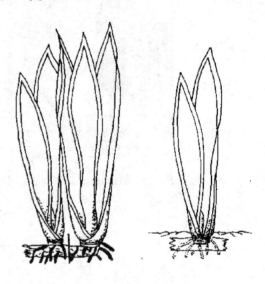

图4-3　虎尾兰根茎繁殖

（6）球茎繁殖

定义：球茎是地下变态茎，短缩肥厚近球状，储藏营养物质。老球茎萌发后在基部形成新球，新球旁常生子球。

繁殖方法：球茎可供繁殖用，或分切数块，每块具芽，可另行栽植。生产中通常将母株产生的新球和小球分离另行栽植。

例如：唐菖蒲、慈姑。

（7）鳞茎繁殖

定义：鳞茎是变态的地下茎，有鳞茎盘，储藏丰富的营养。

繁殖：鳞茎顶芽常抽生真叶和花序；鳞叶间可发生腋芽，每年可从腋芽中形成一个至数个鳞茎并从老鳞茎旁分离开。生产中可栽植子鳞茎。

例如：水仙、郁金香。

（8）块茎繁殖

定义：块茎是多年生花卉的地下茎，外形不一，多近于块状，储藏营养。

繁殖：根系自块茎底部发生，块茎顶端通常具有几个发芽点，表面有芽眼可生侧芽。如马铃薯多用分切块茎繁殖。

二、其他常见水生花卉

1. 睡莲（图4-4）

睡莲科多年生浮水植物，长江流域花期为5月中旬~9月，喜强光，生长季节池水深度以不超过80cm为宜。3~4月萌发长叶，5~8月陆续开花，每朵花开2~5天，日间开放，晚间闭合。花后结实。10~11月茎叶枯萎休眠。分株繁殖，在3~4月间，气候转暖，芽已萌动时，将根茎掘起用利刀切分若干块，另行栽植即可。

2. 萍蓬（图4-5）

睡莲科多年生浮水植物，花期5~7月。喜阳光充分，又很耐热，喜土壤深厚，耐寒，华北地区能露地水下越冬。播种或分株繁殖。为观花、观叶植物，供水面绿化，可与其他水生植物配植。

图4-4　睡莲

图4-5　萍蓬

3. 香蒲（图4-6）

香蒲科多年生沼生草本植物。花单性，肉穗状花序顶生、圆柱状似蜡烛。雄花序生于上部，长10~30cm，雌花序生于下部，花期6~7月。喜温暖、光照充足的环境。一般初春分株繁殖。叶绿、穗奇。常用于点缀园林水池、湖畔，构筑水景。宜作花境、水景背景材料，也可盆栽布置庭院。蒲棒常用于切花材料。

图4-6　香蒲

4. 水葱（图4-7）

莎草科多年生草本，喜生于浅水或沼泽地。喜欢温暖潮湿的环境，需阳光。较耐寒，在北方大部分地区地下根状茎在水下可自然越冬。分株繁殖，初春将植株挖起用快刀切成若干块，每块带3~5个芽。栽培与花菖蒲相似，可露地种植，也可盆栽。水葱生长较为粗放，没有什么病虫害。冬季上冻前剪除上部枯茎。生长期和休眠期都要保持土壤湿润。

图 4-7　水葱

5. 凤眼莲（图 4-8）

雨久花科多年生漂浮植物。喜欢在向阳、平静的水面，或潮湿肥沃的边坡生长。长江中下游地区每年 8～10 月开花，花期较长。喜高温湿润的气候，耐碱性，pH 为 9 时仍生长正常。抗病力强。极耐肥，好群生。无性繁殖能力极强。由腋芽长出的匍匐枝即形成新株。

6. 慈姑（图 4-9）

泽泻科多年生挺水植物。有很强的适应性，在陆地上各种水面的浅水区均能生长，

图 4-8　凤眼莲

但要求在光照充足、气候温和、较背风的环境下生长，分球繁殖。

7. 水生美人蕉（图 4-10）

美人蕉科，南美引进品种，原生长于天然池塘湿地中，是大型的水生花卉。花色丰富、艳丽，花期长，适合湿地及浅水栽植。在池塘边作点缀。分根繁殖。

8. 黄菖蒲（图 4-11）

鸢尾科鸢尾属多年生湿生或挺水宿根草本植物，花期 5～6 月。花色黄。适应性强，喜光耐半阴，耐旱也耐湿，沙壤土及黏土都能生长，在水边栽植生长更好。生长适温 15～30℃，温度降至 10℃ 以下停止生长。在北京地区，冬季地上部分枯死，根茎地下越冬，极

其耐寒。分根繁殖。

图4-9 慈姑

图4-10 水生美人蕉

9. 梭鱼草（图4-12）

雨久花科多年生挺水或湿生草本植物，花果期5～10月。喜温、喜阳、喜肥、喜湿、怕风不耐寒，静水及水流缓慢的水域中均可生长，适宜在20cm以下的浅水中生长，分株可在春、夏两季进行，自植株基部切开即可。

图4-11 黄菖蒲

图4-12 梭鱼草

10. 三白草（图4-13）

忍冬科植物。湿生草本，高约1m；茎粗壮，有纵长粗棱和沟槽，下部伏地，常带白色，上部直立，绿色。叶纸质，密生腺点，阔卵形至卵状披针形，长10～20cm，宽5～10cm，顶端短尖或渐尖，基部心形或斜心形，两面均无毛，上部的叶较小，茎顶端的2～3片叶于花期常为白色，呈花瓣状；喜较凉爽和湿润的气候，耐寒。一般土壤均可种植，但涝洼地不宜种植。忌高温和连作。

图4-13 三白草

实训 19　荷花的种植和管理

一、实训目的

通过实际操作，让学生动手进行荷花种藕的分栽，掌握栽培管理的各个环节和技术要领，深刻认识水生花卉与陆生花卉在各方面的不同。

二、实训设备及器件

荷花种藕、枝剪等。

三、实训地点

池塘。

四、实训步骤及要求

1. 分株移栽

采用种藕移栽。选择无病虫害，具有顶芽、侧芽和叶芽的完整藕进行种植，株行距为 1.6m×1.6m 或 2.0m×1.6m。

2. 肥料

一般荷花施足基肥、少施追肥。但在荷花开花生长期，发现叶色发黄则用尿素、复合肥追肥。

3. 疏剪老叶

植株封行时摘除枯黄的无花立叶、盛花期摘除无花老叶，这样既美观又能促发新叶，增添植株生长后劲，但植株发病时应避免对荷叶的机械损伤，否则易造成病菌从伤口侵入，使病菌蔓延。

4. 病虫防治

病害以防治腐烂病、黑斑病为主，虫害以防治缢管蚜、斜纹夜蛾为主。莲腐烂病重在预防，种苗移栽前用多菌灵 500 倍液喷洒，在莲株生长期间，尤其是 4~9 月每隔 15 天喷药一次，用 50% 多菌灵可湿性粉剂 500 倍液、68% 金雷多米尔水分散粒剂 1000 倍液交替施用；莲黑斑病用 75% 甲基托布津可湿性粉剂 1000 倍液或 0.25% 波尔多液喷洒。

五、实训分析与总结

重点掌握水生花卉在种植和养护过程中与陆地花卉的不同，尤其体现在施肥、病虫害防治方面，由于涉及水体的污染，所以这些与陆地花卉的养护差异很大。

【评分标准】

荷花的种植和管理评价见表 4-1。

表 4-1　荷花的种植和管理评价

考核内容要求	考核标准（合格等级）
1. 能正确种植种藕 2. 能根据长势适当追肥和喷药 3. 能根据生长情况适当地对植株进行调整	1. 小组成员参与率高，团队合作意识强，服从组长安排，责任心强；种植方法正确，管理无误。考核等级为 A 2. 小组成员参与率较高，团队合作意识较强，较能服从组长安排，比较有责任心；种植方法基本正确，管理基本无误。考核等级为 B 3. 小组成员参与率一般，团队合作意识还需加强，基本能服从组长安排，多数成员有责任心；种植方法有较多错误，管理不够及时。考核等级为 C 4. 小组成员参与率不高，团队合作意识不强，不服从组长安排，多数成员没有责任心；种植方法不正确，管理跟不上。考核等级为 D

任务 2　再力花生产

教学目标

<知识目标>

1. 了解再力花的生长物候。

2. 掌握分株繁殖的原理。

<技能目标>

1. 能切割母株上的芽进行正确的繁殖。

2. 能根据再力花一年中的物候反应进行及时的管理。

<素质目标>

1. 培养学生细心观察，积极思考的习惯。

2. 培养学生吃苦耐劳，积极动手的工作作风。

教学重点

1. 分株繁殖的原理及操作注意事项。

2. 再力花的生长物候期及日常管理。

教学难点

1. 再力花分株繁殖技术操作。

2. 园林露地中再力花的四季管理。

【实践环节】

一、分株移栽

将母株上带 1~2 个芽的根茎分栽于缸里或盆里。

二、种植

待长出新株后，移植于池中生长。每丛 10 芽、每平方米 1~2 丛。

三、肥料

定植前施足底肥，以花生麸、骨粉为好。露地栽培一般不需要追肥。

四、疏枝

生长期剪除过高的生长枝和破损叶片，对过密株丛适当疏剪，以利通风透光。

【理论知识】

再力花（图4-14）是当今园林水景工程中十分热门的植物材料，因其优良的观赏性能，一直受市场热宠。再力花别名水竹芋、水莲蕉、塔利亚，为竹芋科再力花属植物。再力花原产美洲热带，为优良的大形湿地挺水植物。观赏价值极高。

1. 形态特征

常绿草本，株高 2 ~ 3m，株幅 2m。具根状茎，叶呈卵状披针形，被白粉，灰绿色，长约50cm，全缘，革质。叶柄长 30 ~ 60cm，叶鞘大部分闭合；花梗长超过叶片 25 ~ 40cm，花紫红色，径 1.5 ~ 2cm，成对排成松散的圆锥花序。苞片常凋落；花期 7 ~ 10月（图4-14）。

2. 生态习性

在微碱性的土壤中生长良好，喜温

图4-14　再力花

暖水湿、阳光充足的环境。稍耐寒，耐半阴，怕干旱。生长适温 20 ~ 30℃。低于 10℃停止生长，冬季温度不能低于 0℃，能耐短时间的 -5℃低温。入冬后地上部分枯死，以根茎在泥中越冬。

【拓展知识】

据农业部统计，我国花卉种植面积已达 24.6 万 hm²，居世界首位，年总产值215.8 亿元，出口额 8000 多万美元。花卉业已经成为我国前景广阔的新兴产业，其中的一大支柱水生花卉作为观赏植物在园林建设、环境美化、经济开发等领域有其独特的作用，是整个园艺业不可或缺的一部分。水生花卉临水而居，随着我国花卉事业的迅速发展，水生花卉也越来越受到人们的普遍重视。尤其是荷花作为水生花卉的主角，其观赏价值的研究开发由来已久，成果斐然。纵观国内外水生花卉的发展不难发现，目前水生花卉已形成了产品种类丰富、产品质量稳定、销售价格适宜、协会组织健全、信息传播快速等健康而稳定的发展状况，并将以长盛不衰的态势实现水生花卉产业的经济全球化和贸易自由化。

一、水生花卉的分类

我国是世界上野生花卉资源和园林植物资源最丰富的国家之一，有 3.5 万多种植物。根据水生花卉的生存习性与形态差异，可将其分为以下几大类型。

1. 挺水型（图4-15）

此类水生花卉植物种类繁多。植株高大，绝大多数有明显的茎叶之分，茎直立挺拔，仅下部或基部沉于水中，根扎入泥中生长，上面大部分植株挺出水面；有些种类具有根状茎或根有发达的通气组织，生长在靠近岸边的浅水处，如荷花、黄花鸢尾、欧洲慈姑、千屈菜、菖蒲、香蒲、梭鱼草、再力花（水竹芋）等，常用于水景园水池、岸边浅水处布置。荷花（莲花）栽培历史悠久、品种繁多，当之无愧是三姐妹（莲、睡莲和王莲）中的老大。我国栽培荷花已有多年的历史，现有荷花的颜色有红、粉、白、黄之不同，花瓣有单瓣、复瓣和重瓣之别，花形有大形、中形和小形之分。按花形的大小和花瓣的颜色及数量区分，我国荷花的品种多达数百种。莲子的外壳坚硬，顽强的生命力使它抵抗住了冰川期的严酷，在亿万年的沧海桑田之变后一直绽放到今天，也正是因为这坚硬的外壳，现代才有了千年古莲子在中华重放花颜的美谈。

图4-15 挺水型

2. 漂浮型（图4-16）

此类水生花卉植物种类较少，植物的根不生于泥中，植株漂浮在水面上，随着水流波浪四处漂泊，多数以观叶为主，用于水面景观的布置。主要有凤眼莲、大藻等。

图4-16 漂浮型

3. 浮叶型（图4-17）

浮叶型水生花卉植物种类繁多。茎细弱不能直立，有的无明显地上茎。植株体内通常储藏有大量的气体，叶片或植株能平稳地漂浮于水面上。根状茎发达，常具有发达的通气组织，生长于水体较深的地方，花大而美丽，多用于水面景观的布置，如玉莲、睡莲、芡实等。玉莲，为睡莲科、王莲属，是较古老的植物，大约一亿六千万年前，地球上已广泛分布有睡莲属植物了。到了冰川期，一部分逐渐适应了寒冷气候，另一部分则只适应热带或亚热带气候，产生了耐寒睡莲和热带睡莲两大类。

4. 沉水型（图4-18）

此类水生花卉植物种类较多，多为无根或根系不发达，整株植物沉没于水中，通气组织特别发达，利于在水下空气极为缺乏的环境中进行气体交换。叶多为狭长形或丝状，植株各部分均能吸收水体中的养分。花较小，花期短，以观叶为主。沉水型水生花卉植物在弱光条件的水下也能生长，但对水质有较高要求。因其影响到对光线的利用，生长于水体较中心的地带，人工栽植通常用于水族箱内装饰。如黑藻、金鱼藻、眼子菜、苦草、菹草之类等。

图 4-17　浮叶型　　　　　　　　　　　　　　　　图 4-18　沉水型

二、水生花卉的繁殖、栽培

1. 繁殖

水生花卉一般采用播种繁殖和分株繁殖。

（1）播种繁殖　水生花卉一般在水中播种。具体方法是将种子播于有培养土的盆中，盖以沙或土，然后将盆浸入水中，浸入水的过程应逐步进行，由浅到深。刚开始时仅使盆土湿润即可，之后可使水面高出盆沿。水温应保持在 18～24℃，王莲等原产热带者需保持 24～32℃。种子的发芽速度因种而异，耐寒性种类发芽较慢，需 3 个月到 1 年，不耐寒种类发芽较快，播后 10 天左右即可发芽。播种可在室内或室外进行，室内条件易控制，室外水温难以控制，往往影响其发芽率。大多数水生花卉的种子干燥后即丧失发芽力，需在种子成熟后立即播种或储于水中或湿处。少数水生花卉种子可在干燥条件下保持较长的寿命，如荷花、香蒲、水生鸢尾等。

（2）分株繁殖　水生花卉大多植株成丛或具有地下根茎，可直接分株或将根茎切成数段进行栽植。分根茎时注意每段必须带顶芽及尾根，否则难以成株。分栽时期一般在春、秋季节，有些不耐寒者可在春末夏初进行。

2. 栽培

（1）基质　应具有丰富、肥沃的塘泥，并且要求土质黏重。盆栽水生花卉的土壤也必须是富含腐殖质的黏土。

（2）肥料　由于水生花卉一旦定植，追肥比较困难，因此，需在栽植前施足基肥。已栽植过水生花卉的池塘一般已有腐殖质的沉积，视其肥沃程度确定施肥与否，新开挖的池塘必须在栽植前加入塘泥并施入大量的有机肥料。

（3）越冬　王莲等原产热带的水生花卉，在我国大部分地区进行温室栽培。半耐寒性水生花卉如荷花、睡莲、凤眼莲等可进行缸植，放入水池特定位置观赏，秋冬取出，放置于不结冰处即可。也可直接栽于池中，冰冻之前提高水位，使植株周围尤其是根部附近不能结冰。

耐寒性水生花卉如千屈菜、水葱、芡实、香蒲等，一般不需要特殊保护，对休眠期水位没有特别要求。

（4）其他问题　有地下根茎的水生花卉一旦在池塘中栽植时间较长，便会四处扩散，以致与设计意图相悖。因此，一般在池塘内需建种植池，以保证其不四处蔓延。

漂浮类水生花卉常随风而动，应根据当地情况确定是否种植，种植之后要否固定位置。如果需固定，可加栏网。

三、水生花卉的应用价值

水生花卉在现代城市园林造景中是必不可少的材料。水生花卉不仅具有较高的观赏价值，更重要的是它还能吸收水中的污染物，对水体起净化作用，是水体天然的净化器。

1. 景观价值

水生植物景观能够给人一种清新、舒畅的感觉，不仅可以观叶、品姿、赏花，还能欣赏映照在水中的倒影，令人浮想联翩。另外，水生植物也是营造野趣的上好材料，在河岸密植芦苇林，大片的香蒲、慈姑、水葱、浮萍，能使水景野趣盎然。水生植物造景最好以自然水体为载体或与自然水体相连，流动的水体有利于水质更新，可减少藻类繁殖，加快净化，但不宜在人工湖、人工河等不流动的水体中做大量布置。种植时宜根据植物的生态习性设置深水、中水、浅水栽植区，分别种不同植物。通常深水区在中央，渐至岸边分别制作中水、浅水和沼生、湿生植物。考虑到很多水生植物在北方不易越冬和管理的不便，最好在水中设置种植槽，不仅有利于管理，还可以有计划地更新布置。

2. 生态价值

早在20世纪70年代，园林学家就注意到水生植物在净化水体中的作用，并开始巧妙地应用于园林以治理污水。近年来，我国对东湖、巢湖、滇池、太湖、洪湖、白洋淀等浅水湖泊的富营养化控制和人工湿地生态恢复的大量研究证明，水生植物可以吸附水中的营养物质及其他元素，增加水体中的氧气含量，抑制有害藻类大量繁殖，遏制底泥营养盐向水中再释放，以利于水体的生态平衡。近年来兴起的人工湿地系统，在净化城市水体方面表现突出，正是水生植物生态价值的最好体现，人工湿地景观已成为城市中极富自然情趣的景观。

3. 食用和药用价值

水生花卉不仅具有观赏价值而且还有很高的食用价值和药用价值，芡实、菱角、莼菜、香蒲、慈姑等，除了能绿化水体环境外，还是十分著名的食用蔬菜，且具有药效和保健作用。目前，对上述水生花卉营养成分组成、生理活性及其加工等都有广泛的研究和报道。

4. 水生花卉在园林绿化中应用时应注意的问题

首先，要注意种植水生花卉的季节要求。夏天是种植和引进各种热带水生花卉的最佳季节。秋天是花卉种植的淡季，在天气变冷前，必须建好温室大棚，把夏天从南方引进的热带水生花卉全部搬进大棚里。

其次，要因地制宜，依山傍湖种植水生花卉。水生花卉在水面布置中，要考虑到水面的大小、水体的深浅，选用适宜种类，并注意种植比例，协调周围环境。栽植的方法有疏有密，多株、成片或三五成丛，或孤植，形式自然。种植面积宜占水面的 30% ~ 50% 为好，不可满湖、塘、池种植，影响园林景观。种类又要多样化，应在水下修筑图案各异、大小不等、疏密相间、高低不等及适宜水生花卉生长的定植池，以防止各类植物相互混杂而影响植物的生长发育。另外，水生花卉配置的原则是根据水面绿化布景的角度与要求，首先选择观赏价值高、有一定经济价值的水生花卉配置水面，使其形成水天一色、四季分明、静中有动的景观。

实训 20　再力花的种植和管理

一、实训目的

通过实践操作，让学生动手进行再力花根茎的分栽工作，掌握栽培管理的各个环节和技术要领，深刻认识水生花卉与陆生花卉在各方面的不同。

二、实训设备及器件

再力花母株、枝剪等。

三、实训地点

池塘。

四、实训步骤及要求

1）分株移栽：将母株上带 1 ~ 2 个芽的根茎分栽于缸里或盆里。

2）种植：待长出新株后，移植于池中生长。每丛 10 芽、每平方米 1 ~ 2 丛。

3）肥料：定植前施足底肥，以花生麸、骨粉为好。露地栽培一般不需要追肥。

4）疏枝：生长期剪除过高的生长枝和破损叶片，对过密株丛适当疏剪，以利通风透光。

5）病虫害防治：再力花一般没有病虫害，养在河道里也不会被鱼吞噬。

五、实训分析与总结

重点掌握水生花卉在种植和养护过程中与陆地花卉的不同，尤其体现在施肥、病虫害防治方面，由于涉及水体的污染，所以这些与陆地花卉的养护差异很大。

【评分标准】

再力花的种植和管理评价见表 4-2。

表 4-2　再力花的种植和管理评价

考核内容要求	考核标准（合格等级）
1. 能正确分割根茎进行分栽 2. 能根据长势适当追肥和喷药 3. 能根据生长情况适当地对植株进行调整	1. 小组成员参与率高，团队合作意识强，服从组长安排，责任心强；种植方法正确，管理无误。考核等级为 A
	2. 小组成员参与率较高，团队合作意识较强，较能服从组长安排，比较有责任心；种植方法基本正确，管理基本无误。考核等级为 B
	3. 小组成员参与率一般，团队合作意识还需加强，基本能服从组长安排，多数成员有责任心；种植方法有较多错误，管理不够及时。考核等级为 C
	4. 小组成员参与率不高，团队合作意识不强，不服从组长安排，多数成员没有责任心；种植方法不正确，管理跟不上。考核等级为 D

参 考 文 献

[1] 郑成淑. 切花生产理论与技术 [M]. 北京: 中国林业出版社, 2009.

[2] 南希. 翁德拉. 花园设计初步 [M]. 北京: 中国建筑工业出版社, 2001.

[3] 罗锡. 花卉生产技术 [M]. 北京: 高等教育出版社, 2005.

[4] 张彦萍. 设施园艺 [M]. 北京: 中国农业出版社, 2002.

[5] 胡繁荣. 设施园艺 [M]. 上海: 上海交通大学出版社, 2008.

[6] 江胜德. 花园植物 [M]. 北京: 中国林业出版社, 2014.

[7] 韩世栋, 黄晓梅, 徐晓芳. 设施园艺 [M]. 北京: 中国农业大学出版社, 2011.

[8] 朱根发, 胡松华. 洋兰欣赏栽培与商品交易 [M]. 北京: 中国农业出版社, 2007.

[9] 许东生. 中国兰花栽培与鉴赏 [M]. 北京: 金盾出版社, 2004.

[10] 胡松华. 年宵花卉栽培与选购实用指南 [M]. 北京: 中国林业出版社, 2008.

[11] 王意成. 轻松学养球根花卉 [M]. 南京: 江苏科学技术出版社, 2010.

[12] 薛麒麟, 郭继红. 月季栽培与鉴赏 [M]. 上海: 上海科学技术出版社, 2004.

[13] 张楠, 谢玉华, 李兴霞. 几种无机盐对非洲菊切花保鲜的影响 [J]. 成都工业学院学报, 2013 (2): 8.

[14] 石乐娟, 吴青青, 郑思乡. 切花非洲菊高产优质设施栽培技术 [J]. 耕作与栽培, 2013 (1): 2.

[15] 张静, 刘金泉. 鲜切花保鲜技术研究进展 [J]. 黑龙江农业科学, 2009 (1): 23.

[16] 郑芝波, 罗华建, 罗诗, 等. 不同种类杀菌剂对防治观叶水培花卉根系病害的研究试验 [J]. 安徽农学通报, 2006 (12): 152 – 153.

[17] 杜明芸, 刘富强, 耿翠萍. 水培花卉的生物驯化试验研究 [J]. 山东林业科技, 2008 (1): 25 – 27.

[18] 侯方, 王国伟. 水培花卉栽培及养护管理技术 [J]. 南方园艺, 2009 (1): 45 – 47.

[19] 李增武, 钟玲, 赵梁军. 野蔷薇杂交后代的性状表现和月季砧木选育 [J]. 北方园艺, 2007 (1): 42 – 44.

[20] 赵张建, 曹群阳, 张超, 等. 蝴蝶兰山区种植越夏节能效果分析 [J]. 农业科技通讯, 2014 (5): 21 – 22.

[21] 姜云天, 闫中雪, 袁浩, 等. 波斯菊种子萌发期的耐盐性评价 [J]. 农业技术与装备, 2014 (18): 15 – 16.

[22] 代建丽, 许梦婷. 玫瑰切花保鲜剂配方研究 [J]. 亚热带植物科学, 2011 (2): 17 – 19.

[23] 闫海霞, 卢家仕, 黄昌艳, 等. 萘乙酸和吲哚丁酸对月季扦插成活率的影响 [J]. 南方农业学报, 2013 (11): 34 – 37.